"十二五"职业教育国家规划教材
经全国职业教育教材审定委员会审定

修订版

典型机电设备安装与调试（西门子）

第2版

主　编　周建清
副主编　陈　丽　蒋志方
参　编　王金娟　刘旭刚　汤旭芳
　　　　邢栋华　杭　萍　蒋小武
　　　　洪　剑　宋　秦　顾旭松
主　审　胡玲洁

机械工业出版社
CHINA MACHINE PRESS

本书是“十二五”职业教育国家规划教材修订版，是根据机电技术应用专业人才培养目标和培养规格，企业机电设备安装、调试岗位技术要求及现代中职学校学生的实际情况编写而成的。

本书遵循学生的认知规律，打破传统的学科课程体系，采取项目化的形式将传感器、机械传动、气动控制、PLC、变频器及触摸屏等知识进行了重新建构，使读者能够通过八个实际生产项目学会机械组装、电路连接、程序输入、参数设置、人机界面工程创建和设备调试等机电技术应用技能。主要内容为送料机构的组装与调试，机械手搬运机构的组装与调试，物料传送及分拣机构的组装与调试，物料搬运、传送及分拣机构的组装与调试，YL-235A 型光机电设备的组装与调试，生产加工设备的组装与调试，生产线分拣设备的组装与调试，多功能加工及分拣设备的组装与调试。每个项目吸纳了企业的施工准备、设备安装、设备调试、现场清理及设备验收等作业流程，以企业工作任务为引导，力求还原企业生产环境。本书内容新颖，形式活泼，图文并茂，通俗易懂。

本书可作为中等职业学校机电技术应用专业教材，同时也可供机电、电气、自动化等相关专业学生实训、考级及备战技能大赛使用，还可作为相应岗位培训教材。

为方便教学，本书配套有教学视频（以二维码形式穿插于各个项目）、助教课件等教学资源，选择本书作为授课教材的教师可登录 www.cmpedu.com 网站，注册、免费下载。

图书在版编目（CIP）数据

典型机电设备安装与调试：西门子/周建清主编. —2 版. —北京：机械工业出版社，2021.5（2025.1 重印）
“十二五”职业教育国家规划教材：修订版
ISBN 978-7-111-68342-1

Ⅰ.①典… Ⅱ.①周… Ⅲ.①机电设备-设备安装-中等专业学校-教材 ②机电设备-调试方法-中等专业学校-教材 Ⅳ.①TH17

中国版本图书馆 CIP 数据核字（2021）第 102421 号

机械工业出版社（北京市百万庄大街 22 号 邮政编码 100037）
策划编辑：赵红梅 责任编辑：赵红梅
责任校对：张 征 封面设计：张 静
责任印制：常天培
固安县铭成印刷有限公司印刷
2025 年 1 月第 2 版第 5 次印刷
184mm×260mm · 14 印张 · 343 千字
标准书号：ISBN 978-7-111-68342-1
定价：47.00 元

电话服务	网络服务
客服电话：010-88361066	机 工 官 网：www.cmpbook.com
010-88379833	机 工 官 博：weibo.com/cmp1952
010-68326294	金 书 网：www.golden-book.com
封底无防伪标均为盗版	机工教育服务网：www.cmpedu.com

前 言

本书是在“十二五”职业教育国家规划教材《典型机电设备安装与调试（西门子）》的基础上，吸收和借鉴各地职业院校使用建议和改革经验进行的修订。编者积极探索课程思政背景下的专业课教学改革，挖掘专业课蕴含的思政资源和思政元素，坚持立德树人的根本任务，改革课程内容和教学方法，更好地发挥专业课程的育人功能，着重培养学生的价值观、社会责任意识和工匠精神，提升学生的认知能力、做事能力、学习能力、沟通能力与合作能力。

本书具有以下特点：

1. 坚持“工学结合、校企合作”的人才培养模式，模拟企业生产环境，重点强调学生职业习惯、职业素养的养成。本书内容仿真企业的生产实际，紧紧围绕企业生产流程（布置施工任务、施工前准备、任务实施和设备改造），处处营造企业生产环境，点点滴滴体现岗位的职业性和技术性，达到工厂作业与学校学习的有机结合，实现企业作业教学化、学习内容项目化。通过细化的操作小任务将知识点、技能点融入其中，将学习内容鲜活化，使学习小目标得以渗透，让学生始终在做中学、学中做，既达到做学合一、理实结合，又符合企业的生产步骤和作业习惯，便于学生职业能力的养成。

2. 遵循学生的认知规律，打破传统的学科体系模式，从人的认知规律出发，充分让学生感知、体验和行动。本书采取项目化的形式对典型机电设备的组装与调试的知识和技能进行重新构建。全书共八个作业项目，将岗位工作任务、专项能力所含的专业知识和专项技能全部嵌入其中，每个项目仿真企业生产实际，在提出施工任务后，做好施工前的准备、任务实施和设备改造，充分体现以学生为主体、以能力为本位和工学结合的理念。

3. 坚持“够用、实用、会用”的原则，吸收了新产品、新知识、新工艺与新技能，重点培养学生的技术应用能力，帮助学生掌握方法，养成习惯，更好地满足企业岗位的需要。本书弱化了理论分析、理论设计，紧紧围绕工作任务的需要，将设备图样及随机资料整理为技术文件，要求学生会识读、能看懂，看懂了便能做。每个项目各环节的施工步骤清晰、任务明确，让学生在完成任务的同时学会机电设备装调的方法，了解施工准备、设备安装、设备调试、现场清理及设备验收等作业流程。书中还介绍了变频、人机界面等新技术，与企业技术接轨，强调施工的工艺要求，满足企业岗位的需要。

4. 将企业的实际工作过程、职业活动的真实场景引入教学内容中，是以工作场所为中心开展教学活动的教材，教学有很大的自由度，每个项目可由个人独立实施，也可由小组合作完成。项目施工各环节（机械装配、电路连接、气动回路连接、程序输入、触摸屏工程创建、变频器参数设置、设备调试等）的操作任务明确，均有对应的作业指导，便于开展小组合作学习和独立探究学习，也便于培养学生与人沟通、与人协作的职业素养。

5. 本书顺应产品的更新换代，贴近生产实际，PLC 以 S7-200 SMART 系列替代 S7-200 系列，满足企业人才的需求。

6. 本书图文并茂、通俗易懂，使用了大量的图表，表现形式直观易懂，一目了然，降低学生的认知难度，提高教材的可读性，符合当下学生的实际情况，便于学生自主学习。

7. 本书将操作内容、操作方法、操作步骤、学习知识、注意事项设计成施工记录表单，渗透各个项目的知识点与小任务，使操作具体化，有章可循、步骤清晰、方法明了，从而提高教材的实践指导意义。质量记录表单中含有标准配分，有助于学生实现自我评价。

本书由武进技师学院周建清任主编，武进技师学院陈丽、蒋志方任副主编。武进技师学院王金娟、刘旭刚、汤旭芳、邢栋华、杭萍、蒋小武、洪剑、宋秦及顾旭松参与了本书的编写工作。本书由常州市高级职业技术学校胡玲洁主审。

本书编写过程中，编者参阅了国内外出版的有关教材和资料，在此表示衷心的感谢！

由于编者水平有限，书中难免有疏漏之处，恳请读者批评指正。

编　者

二维码索引

页码	资源名称	二维码	页码	资源名称	二维码
1	项目一		87	项目五	
21	项目二		118	项目六	
44	项目三		153	项目七	
67	项目四		179	项目八	

目　录

前言
二维码索引
项目一　送料机构的组装与调试……1
项目二　机械手搬运机构的组装与调试……21
项目三　物料传送及分拣机构的组装与调试……44
项目四　物料搬运、传送及分拣机构的组装与调试……67
项目五　YL-235A 型光机电设备的组装与调试……87
项目六　生产加工设备的组装与调试……118
项目七　生产线分拣设备的组装与调试……153
项目八　多功能加工及分拣设备的组装与调试……179
附录　机电设备组装与调试竞赛图形符号……212
参考文献……216

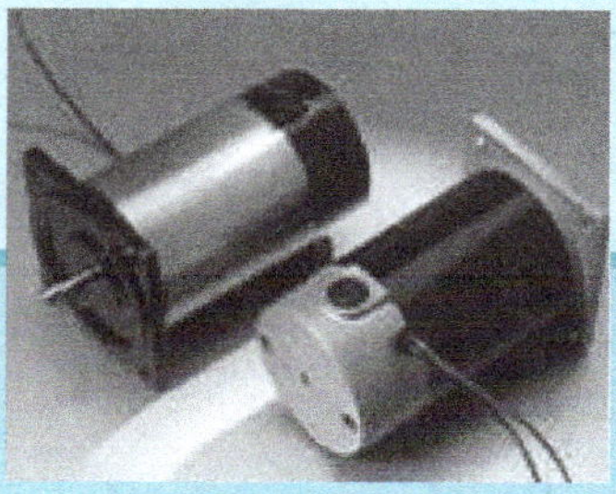

项目一 送料机构的组装与调试

一、施工任务

1. 根据设备装配示意图组装送料机构。
2. 按照设备电路图连接送料机构的电气回路。
3. 输入设备控制程序，调试送料机构实现功能。

扫码看视频

二、施工前准备

施工人员在施工前应仔细阅读机电设备随机配套技术文件，了解送料机构的组成及其工作情况，彻底弄懂其装配示意图、电路图及梯形图等图样，再根据施工任务制订施工计划及方案等。

1. 识读设备图样及技术文件

（1）装置简介　送料机构主要起上料作用。其工作流程如图 1-1 所示。

1）起停控制。按下起动按钮，机构起动。按下停止按钮，机构停止工作。

2）送料功能。机构起动后，自动检测物料支架上的物料，警示灯绿灯闪烁。若无物料，PLC 便控制转盘电动机工作，驱动页扇旋转，物料在页扇推挤下，从物料料盘中移至出料口。当物料检测传感器检测到物料时，转盘电动机停止运转。

3）物料报警功能。若转盘电动机运行 10s 后，物料检测传感器仍未检测到物料，则说明料盘内已无物料，此时机构停止工作并报警，警示灯红灯闪烁。

（2）识读机械装配图样　送料机构的设备布局如图 1-2 所示，其功能是将料盘中的物料移至出料口。

1）结构组成。如图 1-3 所示，送料机构由物料料盘、调节固定支架（转盘支架）、转盘电动机（直流减速电动机）、物料检测光电传感器（出料口检测传感器）和物料检测支架等组成，其中物料料盘固定在调节固定支架上，物料检测传感器固定在物料检测支架上。

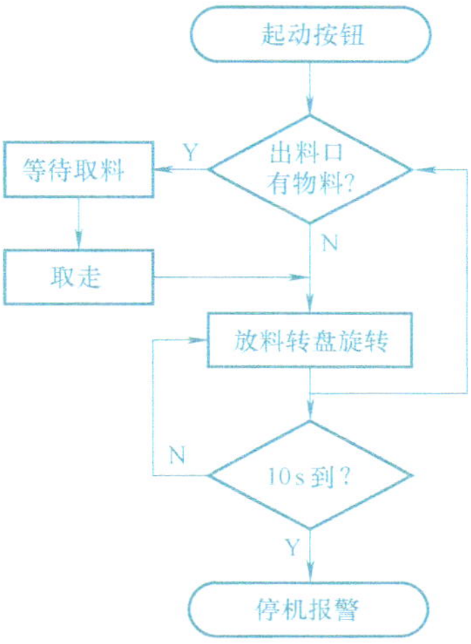

图 1-1　送料机构工作流程图

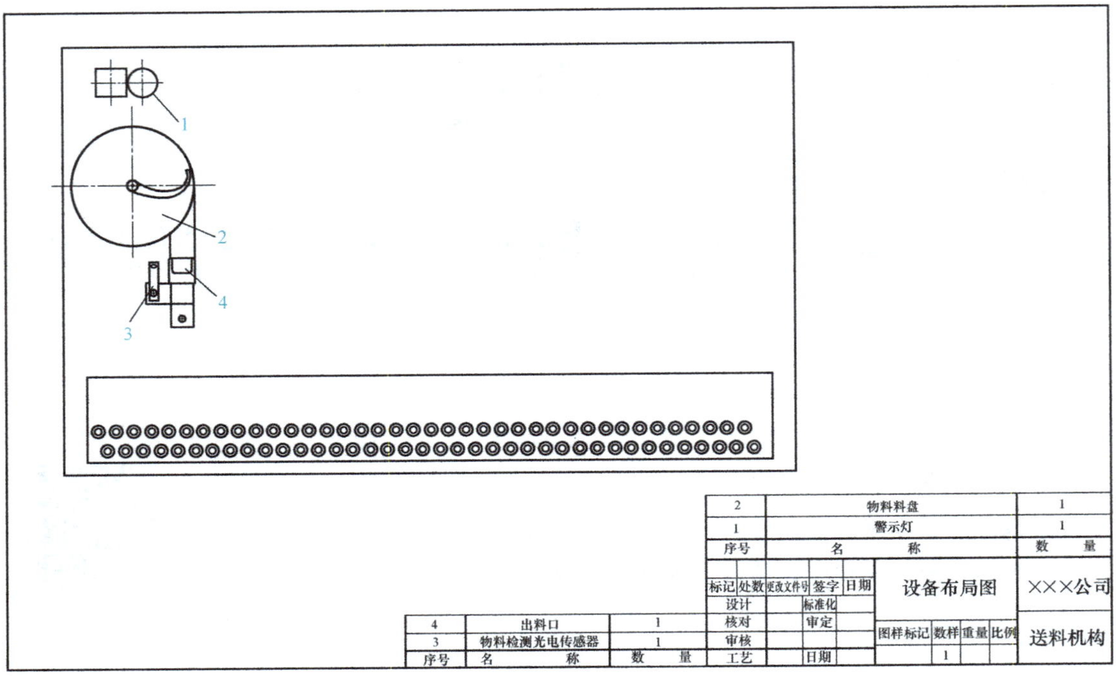

图 1-2 送料机构设备布局图

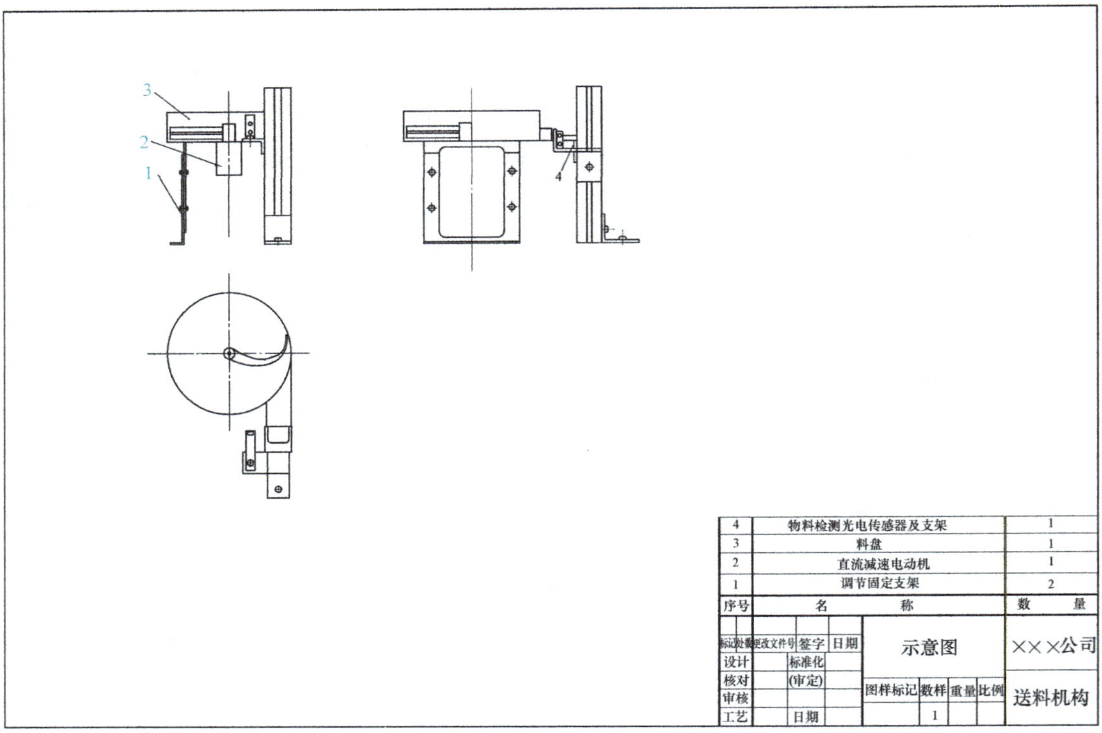

图 1-3 送料机构示意图

送料机构的实物如图 1-4 所示，物料料盘放置物料，其内部页扇经 24V 直流减速电动机驱动旋转后，便将物料推挤出料盘，滑向出料口，电动机的转速为 6r/min。上下移动改变料盘支架的位置可调整料盘的高度。物料检测支架有物料定位功能，并保证每次只上一个物料。

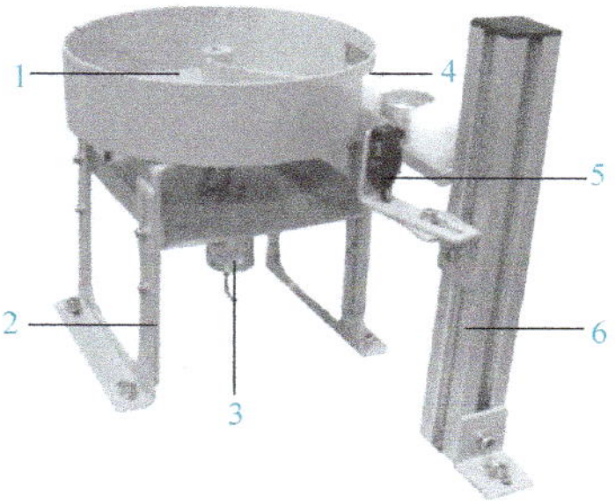

图 1-4　送料机构

1—物料料盘　2—料盘支架　3—直流减速电动机　4—物料　5—物料检测光电传感器　6—物料检测支架

出料口检测使用的传感器为光电漫反射型传感器，是一种光电式接近开关，通常简称为光电开关，此处用途是检测出料口有无物料，为 PLC 提供输入信号。

2）尺寸分析。送料机构各部件的定位尺寸见图 1-5。

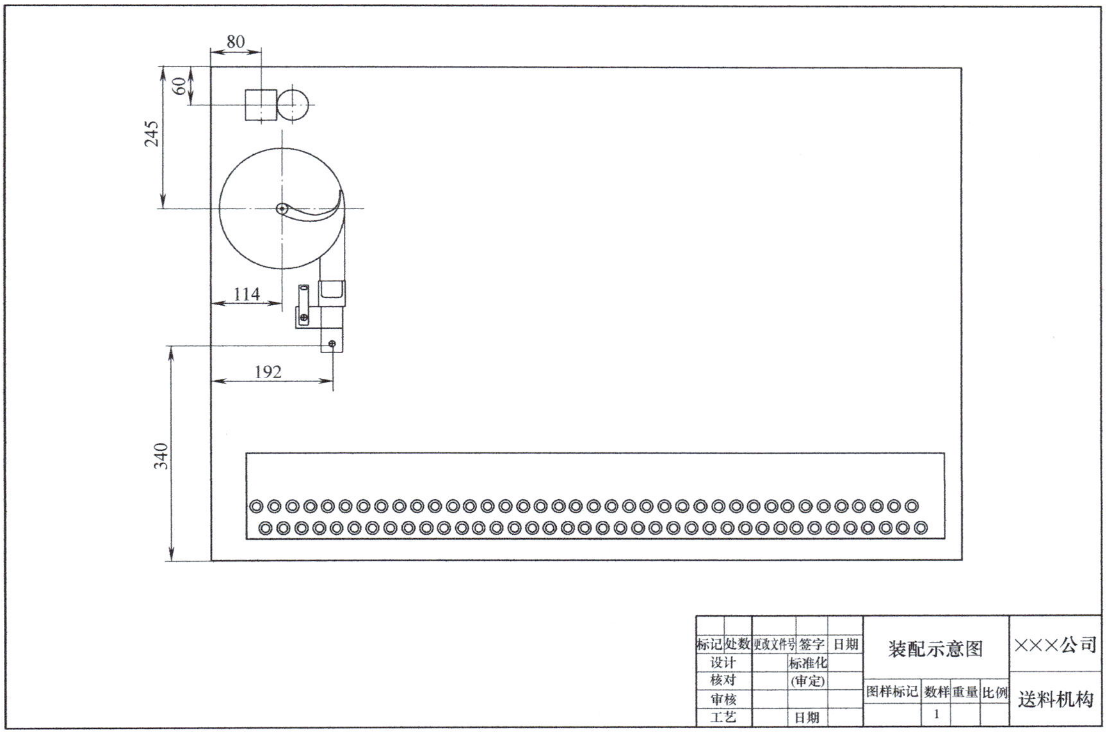

图 1-5　送料机构装配示意图

（3）识读 PLC 相关资料　YL-235A 型光机电设备主要使用西门子系列和三菱系列 PLC 进行自动控制。本书采用西门子 S7 系列 PLC，西门子 S7 系列 PLC 主要有 S7-200、S7-1200、S7-1500 等。S7-200 结构为整体式，具有较高的性价比，图 1-6 所示为西门子 SIMATIC S7-200 SMART SR60 型 PLC 面板图。

（4）识读电路图　如图 1-7 所示，送料机构的电气控制以 PLC 为核心，PLC 输入起停及物料检测信号，输出信号驱动直流电动机、警示灯和蜂鸣器。

图 1-6 西门子 SIMATIC S7-200 SMART SR60 型 PLC 面板图

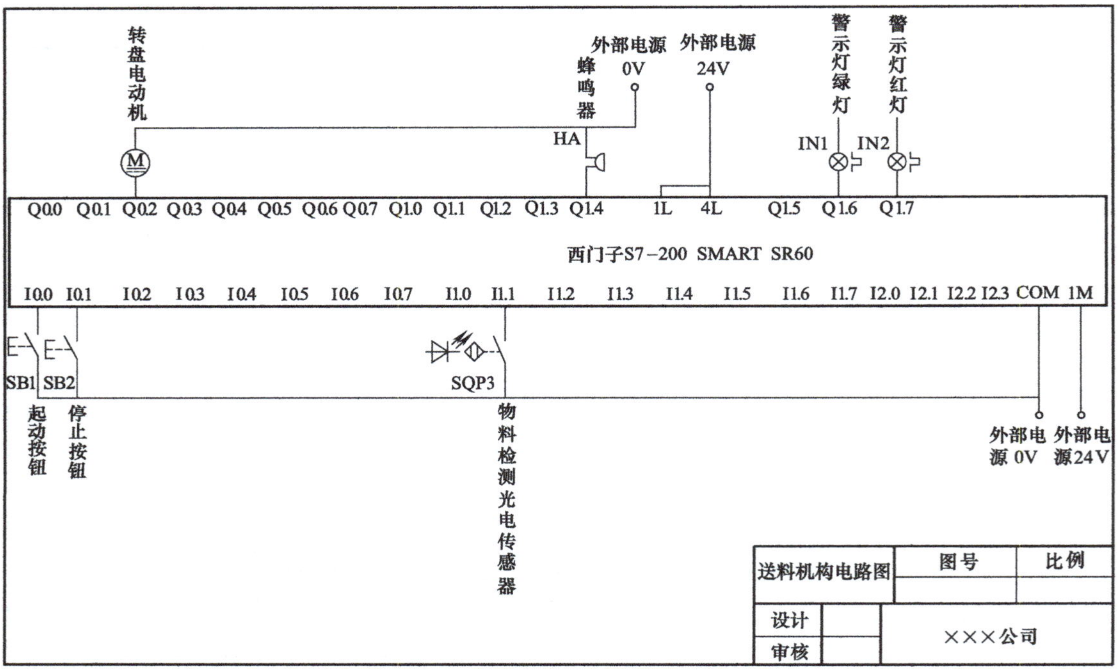

图 1-7 送料机构电路图

1）PLC 机型。PLC 的机型为西门子 SIMATIC S7-200 SMART SR60。

2）I/O 点分配。PLC 输入/输出设备及输入/输出点的分配情况见表 1-1。

表 1-1 输入/输出设备及输入/输出点分配表

输入			输出		
元件代号	功能	输入点	元件代号	功能	输出点
SB1	起动按钮	I0.0	M	直流减速（转盘）电动机	Q0.2
SB2	停止按钮	I0.1	HA	蜂鸣器	Q1.4
SQP3	物料检测光电传感器	I1.1	IN1	警示灯绿灯	Q1.6
			IN2	警示灯红灯	Q1.7

3）输入/输出设备连接特点。本设备中所使用的光电传感器都是三线传感器，它们均

有三根引出线，其中一根接 PLC 的输入信号端子，一根接外部直流输出电源 24V “+”（PLC 面板的 1M），另一根接外部直流电源 0V（PLC 面板的 COM）。从 PLC 的输出回路看，输出点 Q0.2 控制直流减速电动机运转（由 1L 引入外部 24V 直流电源）；输出点 Q1.4 控制蜂鸣器发出报警声（由 4L 引入外部 24V 直流电源）；输出点 Q1.6 控制警示灯绿灯闪烁（绿色线与 4L 接入的公共端棕色线相连）；输出点 Q1.7 控制警示灯红灯闪烁（红色线与 4L 接入的公共端棕色线相连）。

（5）识读梯形图　送料机构系统控制程序如图 1-8 所示，其动作过程介绍如下。

1）起停控制。按下起动按钮 SB1，起停标志辅助继电器 M1.0 为 ON，送料机构起动。按下停止按钮 SB2，M1.0 为 OFF，送料机构停止工作。

2）直流减速电动机控制。当 M1.0 为 ON 后，Q1.6 为 ON，警示灯绿灯闪烁。若出料口无物料，则物料检测传感器 SQP3 不动作，I1.1 为 OFF，Q0.2 为 ON，驱动直流减速电动机旋转，物料被挤压上料。当物料检测传感器 SQP3 检测到物料时，I1.1 为 ON，Q0.2 为 OFF，直流减速电动机停转，一次上料结束。

3）报警控制。Q0.2 为 ON 时，报警标志 M2.5 为 ON 且保持，定时器 T111 开始计时 10s。时间到，若传感器检测不到物料，T111 动作，Q1.6、Q0.2 为 OFF，绿灯熄灭，直流减速电动机停转；同时 Q1.7 和 Q1.4 为 ON，警示灯红灯闪烁，蜂鸣器发出报警声。当 SQP3 动作时，报警标志 M2.5 复位。

（6）制订施工计划　送料机构的组装与调试流程如图 1-9 所示，施工人员应根据施工任务制订计划，填写施工计划表 1-2，确保在定额时间内完成规定的工作任务。

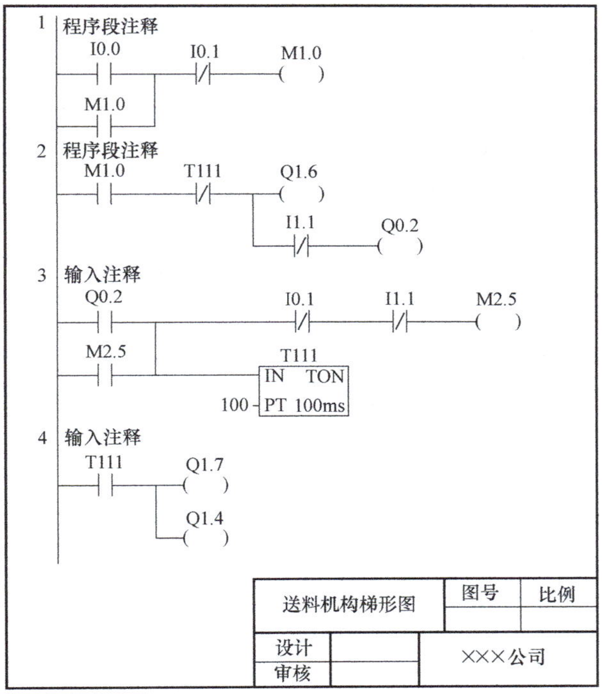

图 1-8　送料机构梯形图

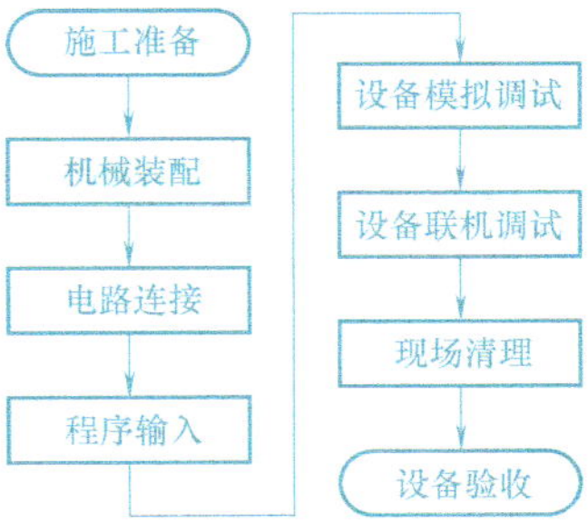

图 1-9　送料机构的组装与调试流程图

表 1-2 施工计划表

设备名称	施工日期	总工时/h	施工人数	施工负责人
送料机构				

序号	施工任务	施工人员	工序定额	备注
1	阅读设备技术文件			
2	机械装配、调整			
3	电路连接、检查			
4	程序输入			
5	设备模拟调试			
6	设备联机调试			
7	现场清理，技术文件整理			
8	设备验收			

2. 施工准备

（1）设备清点　检查送料机构的部件是否齐全，并归类放置。送料机构的设备清单见表 1-3。

表 1-3 设备清单

序号	名称	型号、规格	数量	单位	备注
1	直流减速电动机	24V	1	个	
2	物料料盘		1	个	
3	料盘支架		2	个	
4	光电传感器	E3Z-LS31	1	只	出料口
5	物料检测支架		1	套	
6	警示灯及其支架	红、绿两色	1	套	
7	PLC 模块	YL087、SIMATIC S7-200 SMART SR60	1	块	
8	按钮模块	YL157	1	块	
9	电源模块	YL046	1	块	
10	螺钉	不锈钢内六角螺钉 M6×12	若干	只	
11		不锈钢内六角螺钉 M4×12	若干	只	
12		不锈钢内六角螺钉 M3×10	若干	只	
13	螺母	椭圆形螺母 M6	若干	只	
14		M4	若干	只	
15		M3	若干	只	
16	垫圈	$\phi4$	若干	只	

（2）工具清点　设备组装工具清单见表 1-4，施工人员应清点工具的数量，并认真检查其性能是否完好。

表 1-4 工具清单

序号	名称	规格、型号	数量	单位
1	工具箱		1	只
2	螺钉旋具	一字、100mm	1	把
3	钟表螺钉旋具		1	套
4	螺钉旋具	十字、150mm	1	把
5	螺钉旋具	十字、100mm	1	把
6	螺钉旋具	一字、150mm	1	把

（续）

序号	名称	规格、型号	数量	单位
7	斜口钳	150mm	1	把
8	尖嘴钳	150mm	1	把
9	剥线钳		1	把
10	内六角扳手（组套）	PM-C9	1	套
11	万用表		1	只

三、任务实施

根据制订的施工计划实施任务，施工中应注意及时调整进度，保证定额。施工时必须严格遵守安全操作规程，加强安全保障措施，确保人身和设备安全。

1. 机械装配

（1）机械装配前的准备

1）清理现场，保证施工环境干净整洁，施工通道畅通，无安全隐患。

2）备齐机械装配的相关图样，以方便施工时查阅核对。

3）选用机械组装的工具，且有序摆放。

4）根据装配示意图 1-5 和送料机构示意图 1-3 合理确定设备组装顺序，参考流程如图 1-10 所示。

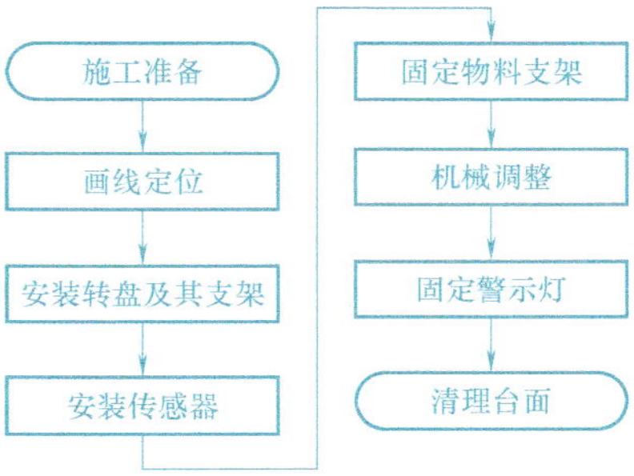

图 1-10　机械装配流程图

（2）机械装配步骤　根据机械装配流程图 1-10 组装送料机构。

1）画线定位。根据送料机构装配示意图对物料检测支架、料盘支架、警示灯支架等固定尺寸画线定位。

2）安装料盘及其支架。如图 1-11 所示，将物料料盘装好支架后固定在定位处，支架的弯脚应在其外侧。

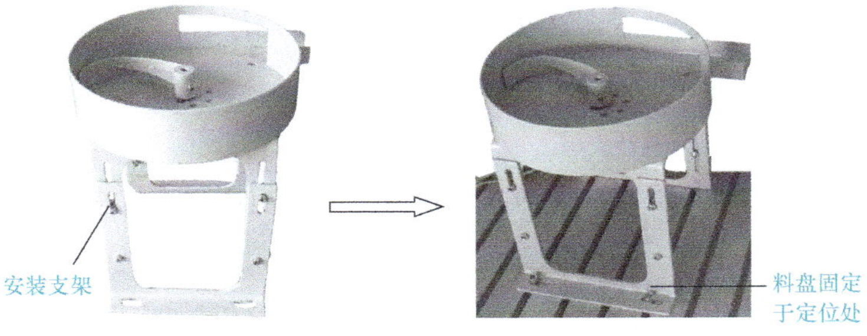

图 1-11　物料料盘及支架的安装过程

3）安装传感器。如图 1-12 所示，将物料检测光电传感器固定在物料支架上，固定时应用力均匀，紧固程度适中，防止因用力过猛而损坏传感器。

4）安装物料检测支架。如图 1-13 所示，安装出料口并将物料检测支架固定在定位处。

5）机械调整。如图 1-14 所示，调整出料口的上下、左右位置，保证物料滑移平稳、不会产生堆积或翻倒现象，完成后将各部件紧固。

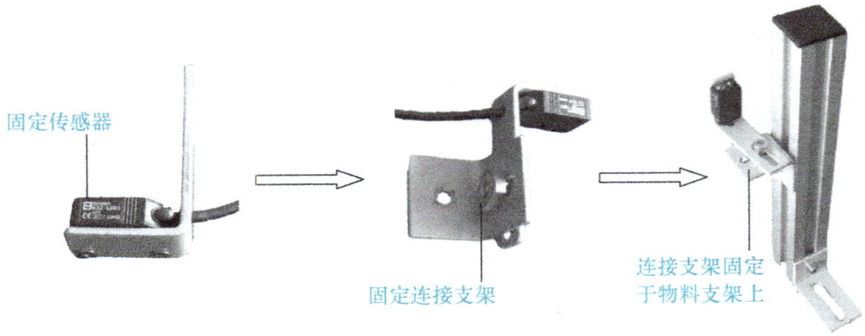

图 1-12 物料检测光电传感器的安装过程

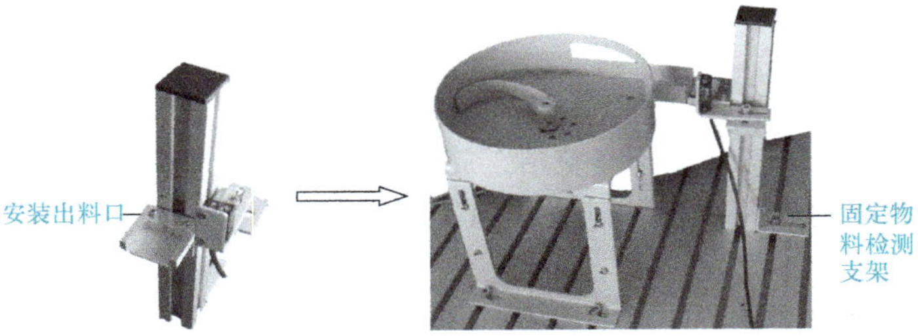

图 1-13 物料检测支架的安装过程

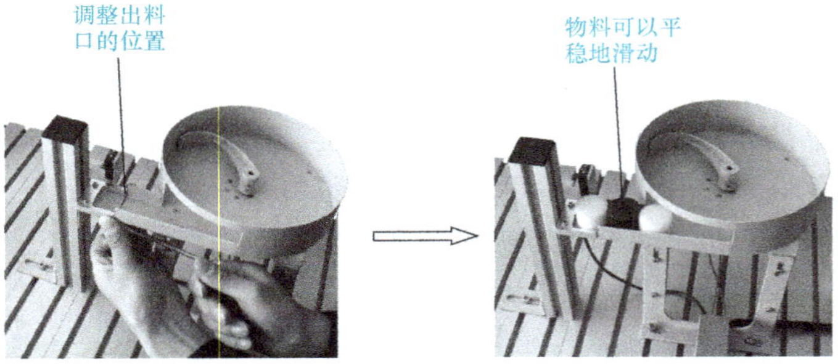

图 1-14 机械调整过程

6）固定警示灯。如图 1-15 所示，将警示灯装好支架后固定于定位处。

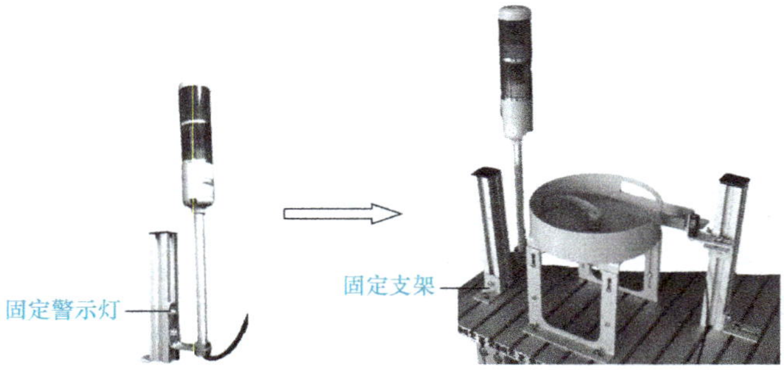

图 1-15 警示灯的安装过程

7）清理台面。保持台面无杂物或多余部件。

2. 电路连接

（1）电路连接前的准备

1）检查电源处于断开状态，做到施工无安全隐患。

2）备齐电路安装的相关图样，供作业时查阅。

3）选用电气安装所需电工工具，并有序摆放。

4）剪好线号管。

5）结合送料机构的实际结构，根据电路图确定电气回路的连接顺序，参考流程如图 1-16 所示。

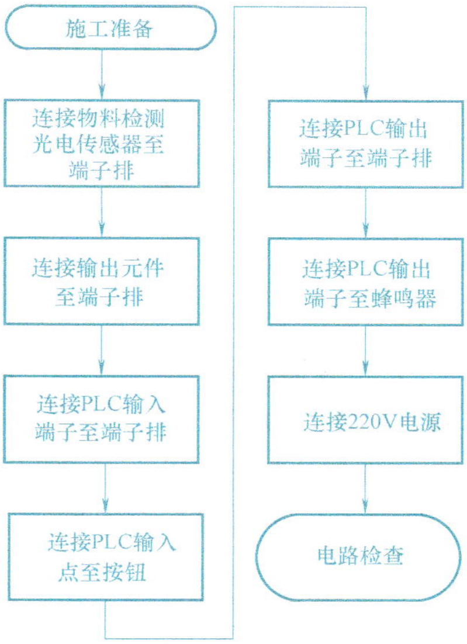

图 1-16 电路连接流程图

（2）电路连接步骤 电路连接应符合工艺、安全规范等要求，所有导线要置于线槽内。导线与端子排连接时，应套线号管并及时编号，避免错编、漏编。插入端子排的连接线必须接触良好且紧固。接线端子排的功能分配如图 1-17 所示。

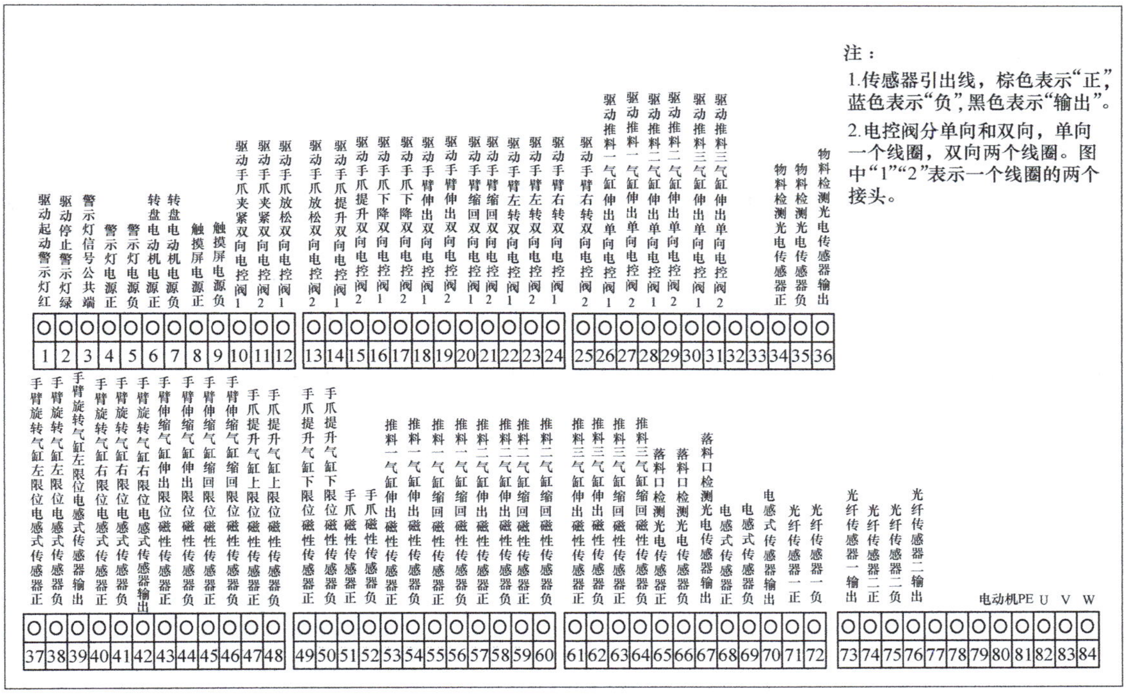

图 1-17 端子接线布置图

1）连接物料检测光电传感器至端子排。如图 1-18 所示，物料检测光电传感器有三根引出线，其连接方法：黑色线接 PLC 的输入信号端子、棕色线接直流电源的 24V “+” 端子、蓝色线接直流电源 24V “-”，其连接情况如图 1-19 所示。

图 1-19 中，接线端子排主要用于外部设备与 PLC 模块、电源模块的连接，其上侧连接电气元件的引出线，下侧是安全插座，方便与模块单元连接。

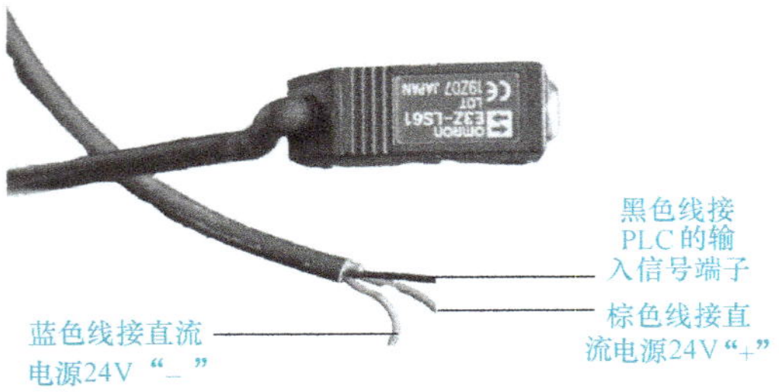

图 1-18　物料检测光电传感器

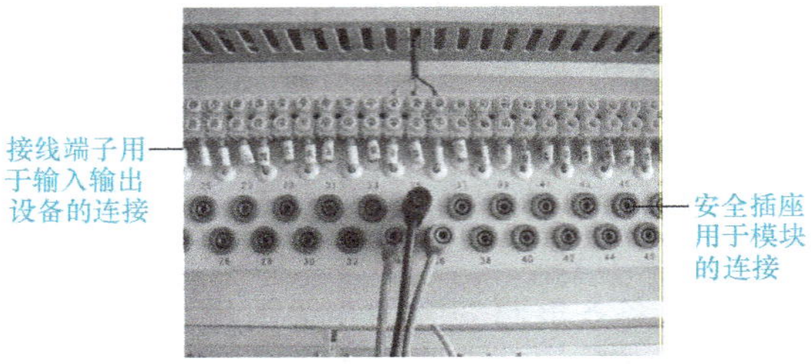

图 1-19　传感器的连接

2）连接输出元件至端子排。输出元件的引出线都为单芯线。连接时，应做到导线与接线端子紧固，无露铜，线槽外的引出线整齐、美观，如图 1-20 所示。

① 连接转盘电动机（直流减速电动机）。如图 1-21 所示，直流转盘电动机有两根线，红色线连接对应的 PLC 输出端子（直流电源 24 V“+”），蓝色线接直流电源 24 V“–”。

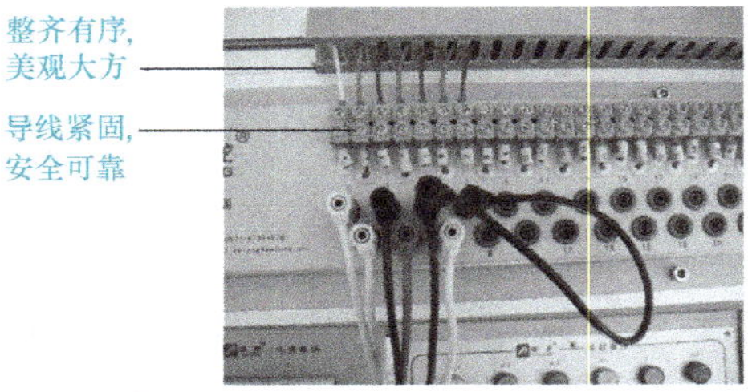

图 1-20　输出元件的连接

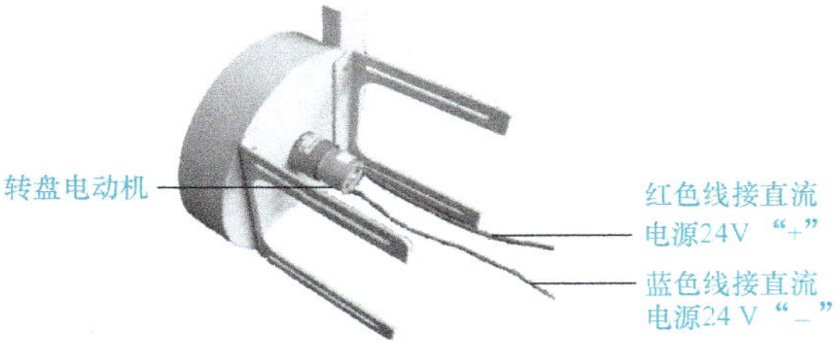

图 1-21　转盘电动机的连接

② 连接警示灯。如图 1-22 所示，警示灯有五根引出线，其中较粗的双芯扁平线为电源线，其红色线接直流电源 24V“+”，黑色线接直流电源 24 V“–”；其余三根线是信号控制线，棕色线为控制信号的公共端 L，红色线内接红色警示灯，绿色线内接绿色警示灯。

3）连接 PLC 的输入端子至端子排。如图 1-23 所示，YL-235A 型光机电设备的 PLC 模块（西门子机型）上半部分是输入部分，设置的钮子开关可用于静态调试 PLC 程序。

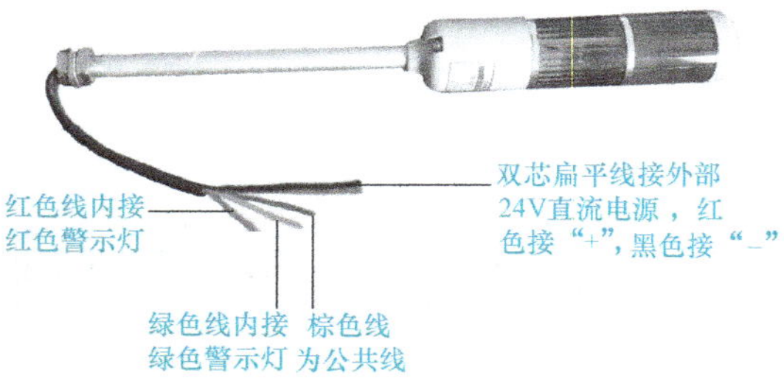

图 1-22　警示灯的连接

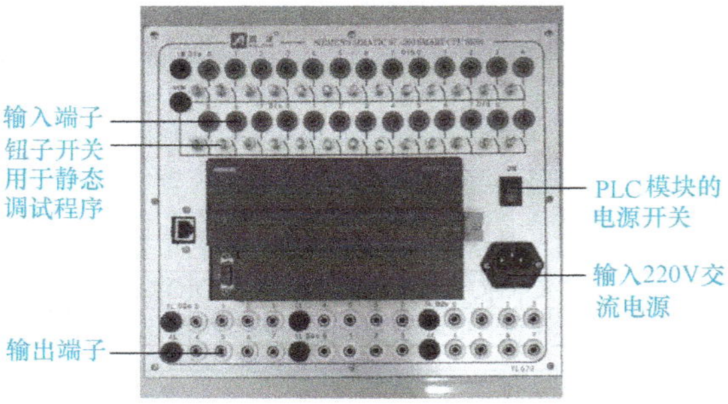

图 1-23　PLC 模块的连接

PLC 模块采用安全插座连接，连接时应将安全插头完全置于插座内，以保证两者有效接触，避免出现电路开路现象。传感器与 PLC 连接时，应看清三线的颜色，确保连接正确，避免烧坏传感器。

4）连接 PLC 的输入端子至按钮模块。如图 1-24 所示，YL-235A 型光机电设备设有按钮

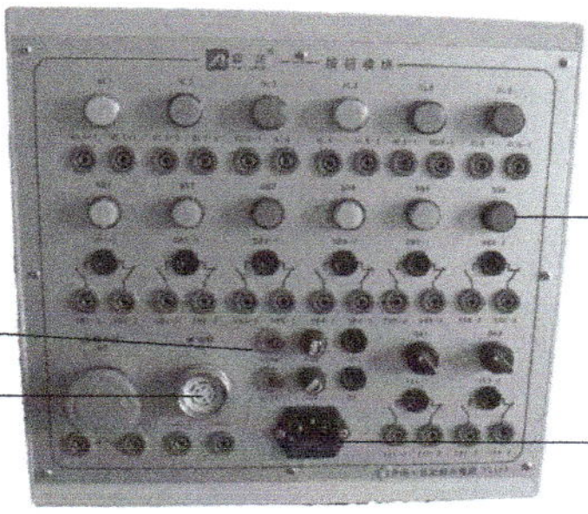

图 1-24 按钮模块的连接

模块，根据电路图将起动、停止按钮与其对应的 PLC 输入信号端子连接。

5）连接 PLC 的输出端子至端子排。如图 1-23 所示，PLC 的下侧部分是输出部分，西门子 SIMATIC S7-200 SMART SR60 型 PLC 共有六组输出端子，其中 Q0.0～Q0.3 公用 1L，Q0.4～Q0.7 公用 2L，Q1.0～Q1.3 公用 3L，Q1.4～Q1.7 公用 4L，Q2.0～Q2.3 公用 5L，Q2.4～Q2.7 公用 6L。

依据图 1-7 所示机构电路图，Q1.6 接警示灯的绿色线，Q1.7 接警示灯的红色线，4L 接警示灯的棕色线；对于转盘电动机回路，红色线接 Q0.2，黑色线接外部直流电源的 24V “-”，而 1L 和 4L 则需短接后与外部直流电源的 24V “+” 连接（负载电源暂时开路，待 PLC 模拟调试成功后连接）。如图 1-24 所示，按钮模块内置 24V 开关电源，专为外部设备供电。

6）连接 PLC 的输出端子 Q1.4 至蜂鸣器。

7）连接电源模块中的单相交流电源至 PLC 模块。如图 1-25 所示，电源模块提供一组三相电源和两个单相电源，单相电源供 PLC 模块和按钮模块使用。

8）电路检查。对照电路图检查是否掉线、错线、漏编、错编，接线是否牢固等。

9）清理台面，工具入箱。

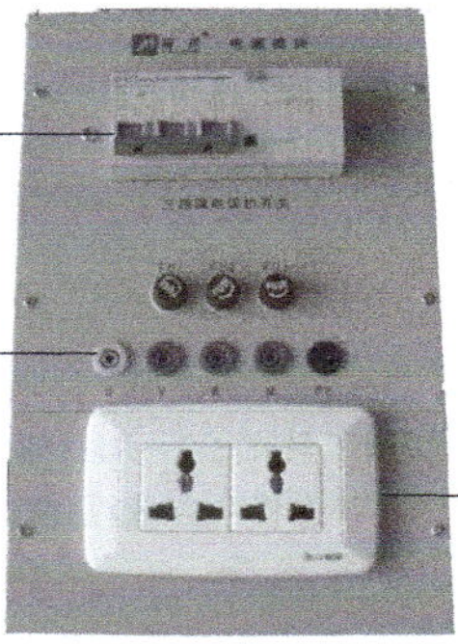

图 1-25 电源模块

3. 程序输入

亚龙 YL-235A 型光机电设备（西门子模块）随机光盘提供了 PLC 编程软件：STEP 7-Micro/WIN SMART（后文简称为 STEP 7）。它的用户界面提供多个窗口，如图 1-26 所示，可用来排列、编程和监控。注意每个窗口均可按自己所选择的方式摆放、浮动以及排列在屏幕上。可单独显示每个窗口，也可合并多个窗口以从单独选项卡访问各窗口。启动西门子 STEP 7-Micro/WIN SMART 编程软件后，在程序编辑器里输入图 1-8 所示的梯形图。

1）启动西门子 PLC 编程软件。双击桌面上的 STEP 7 图标，打开 STEP 7 编程软件，弹出如图 1-27 所示的软件窗口。

2）创建新文件，选择 CPU 类型。如图 1-27 所示，双击图标 CPU ST40，弹出图 1-28 所示的系统块，在 CPU 模块中选择 CPU SR60，若为 RS485 通信，则端口地址选择

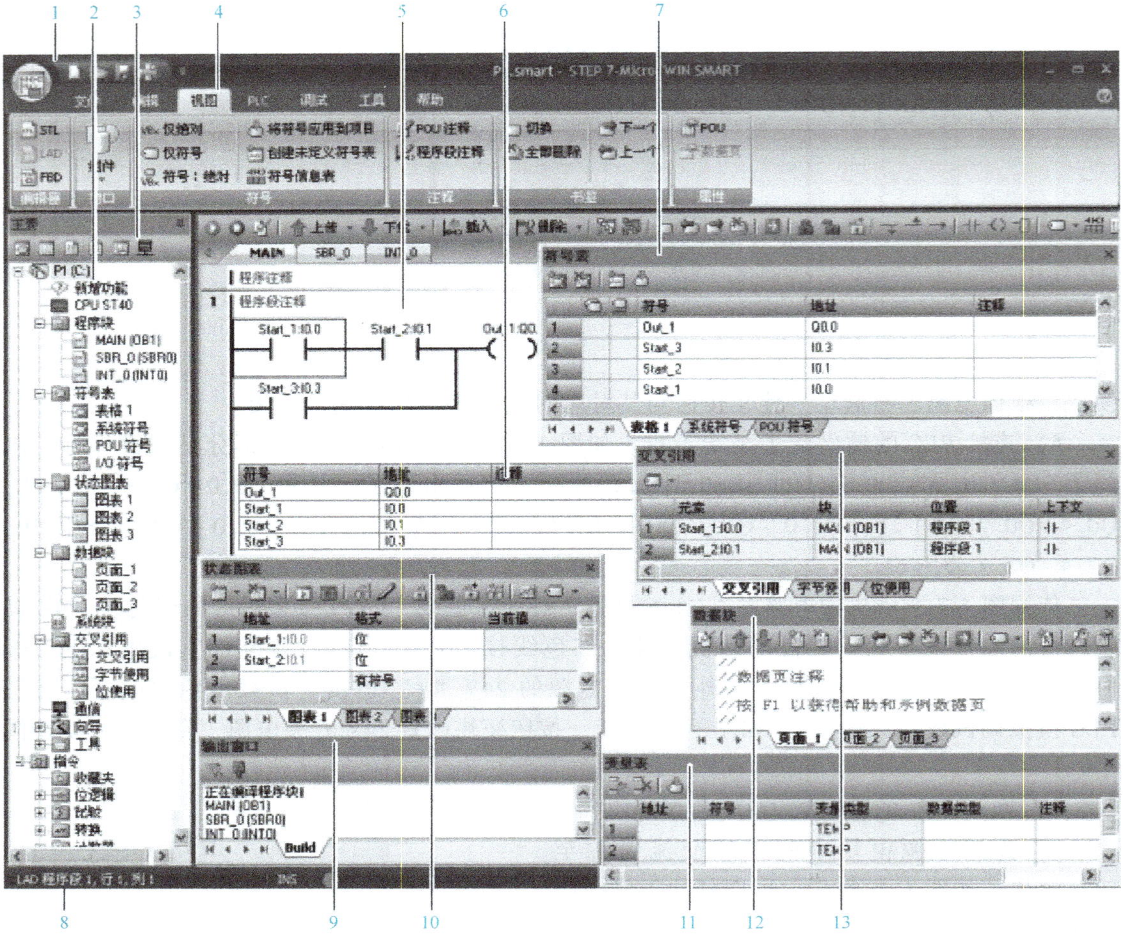

图 1-26 用户界面

1—快速访问工具栏 2—项目树 3—导航栏 4—菜单 5—程序编辑器 6—符号信息表 7—符号表

8—状态栏 9—输出窗口 10—状态图表 11—变量表 12—数据块 13—交叉引用

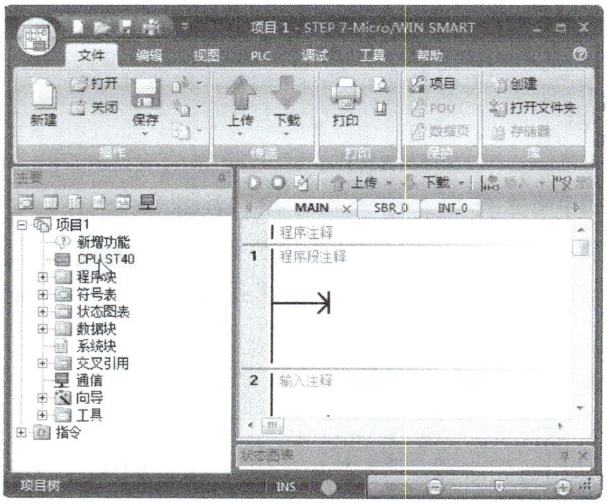

图 1-27 STEP 7 编程软件窗口

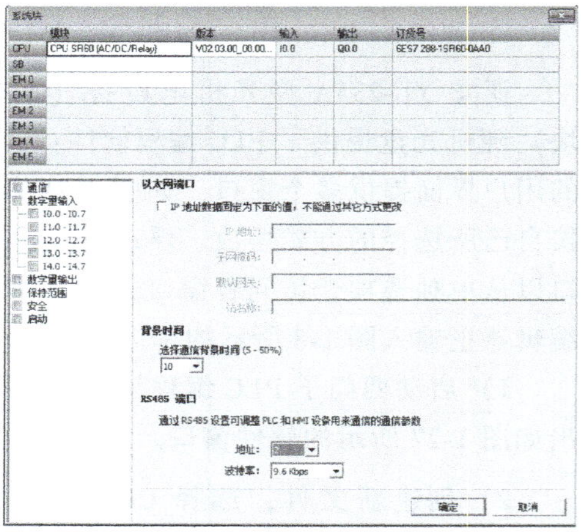

图 1-28 系统块

2，波特率为 9.6kbps；若为以太网端口通信，则必须将 CPU 的 IP 地址与计算机 IP 地址设置在同一网段，子网掩码一致，默认网关一致。设置完成后单击【确定】按钮，进入程序编程界面，如图 1-29 所示。

3）输入程序。

① 输入触点 I0.0。如图 1-29 所示，单击“指令”前的“+”号，打开指令树，选择位逻辑中的“常开”触点，双击或将其拖曳至网格 1，如图 1-30 所示。单击触点上方的“?? .?”，用键盘输入，将其修改为“I0.0”。按【Enter】键后，梯形图编辑区光标处显示常开触点 I0.0，用同样的方法输入常闭触点，如图 1-31 所示。

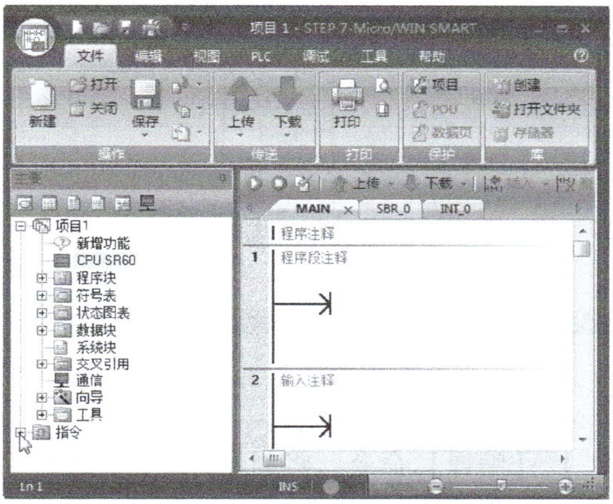

图 1-29　STEP 7-Micro/WIN SMART 编程界面

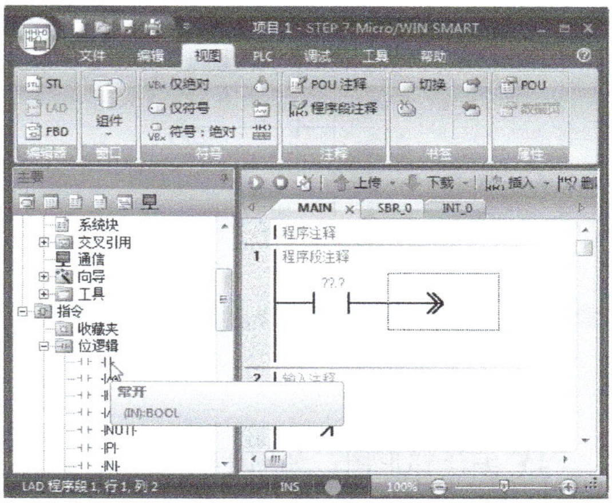

图 1-30　输入常开触点

② 输入输出线圈 Q0.2 或 M1.0。双击线圈或将其拖曳至图 1-32 所示光标处，并将其命名为“M1.0”，如图 1-32 所示。

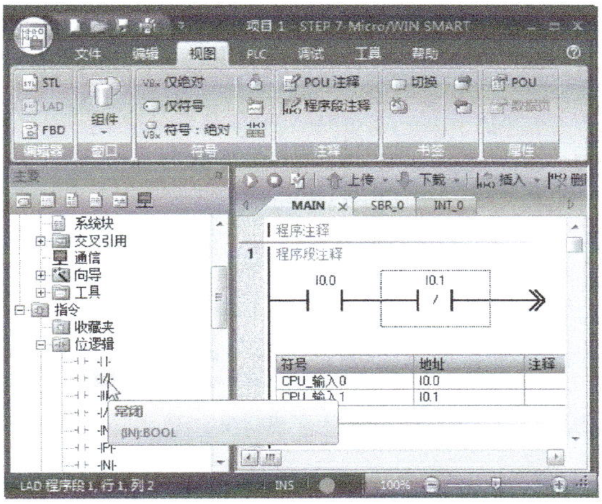

图 1-31　输入常闭触点

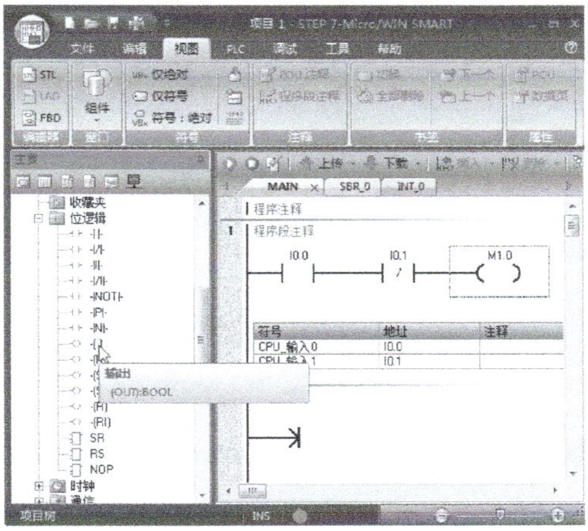

图 1-32　输入线圈

③ 并联常开触点 M1.0。在 I0.0 常开触点下方，输入常开触点 M1.0，如图 1-33 所示。将光标停留在 I0.0 常开触点输入处，执行【编辑】→【垂直向下】命令，或将光标停留在

I0.0 常开触点输入处，单击 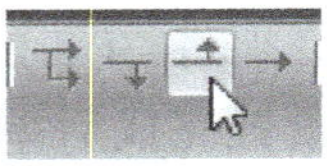 “向上连线”按钮，按【Enter】键确认，实现 M1.0 和 I0.0 常开触点的并联，如图 1-34 所示。

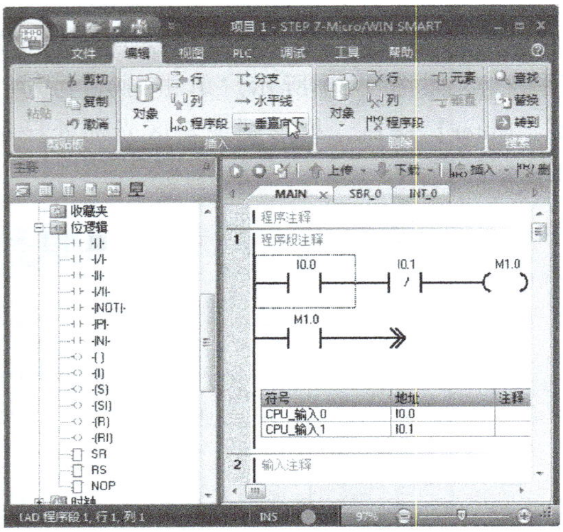

图 1-33 输入 M1.0 常开触点

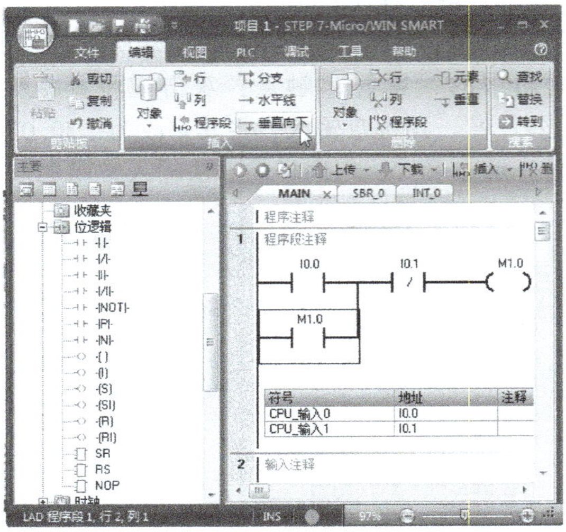

图 1-34 触点并联

4）编译梯形图。如图 1-35 所示，执行【PLC】→【编译】命令，将创建的梯形图编译后存入计算机，计算机将自动识别程序错误，出现 0 个错误，0 个警告，表示程序块输入无误，如图 1-36 所示。

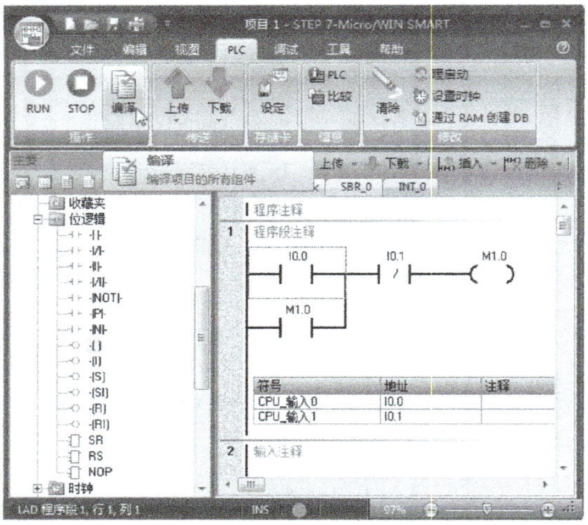

图 1-35 编译梯形图命令

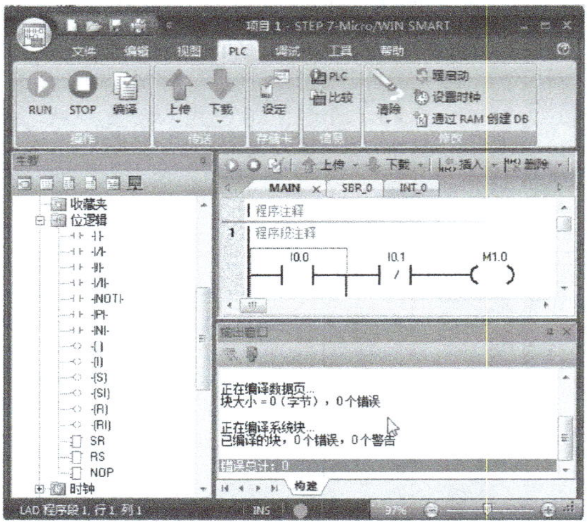

图 1-36 编译完成梯形图窗口

5）保存文件。如图 1-37 所示，执行【文件】→【保存】命令后，单击保存项目按钮，弹出图 1-38 所示“另存为”对话框，在对话框中选择文件保存的硬盘、路径，将文件命名为项目 1 后，单击【保存】按钮进行保存。

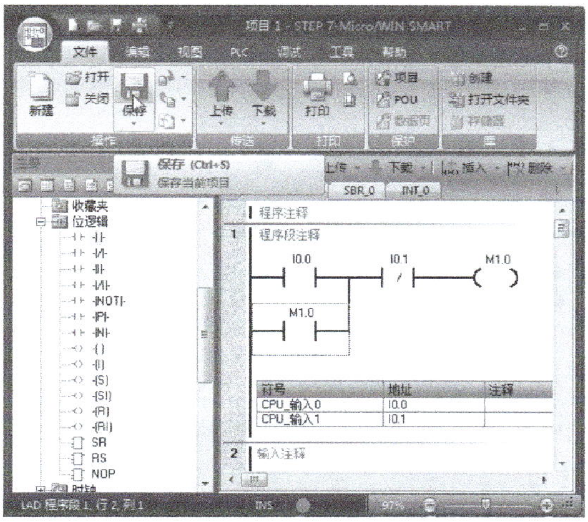

图 1-37　文件保存命令

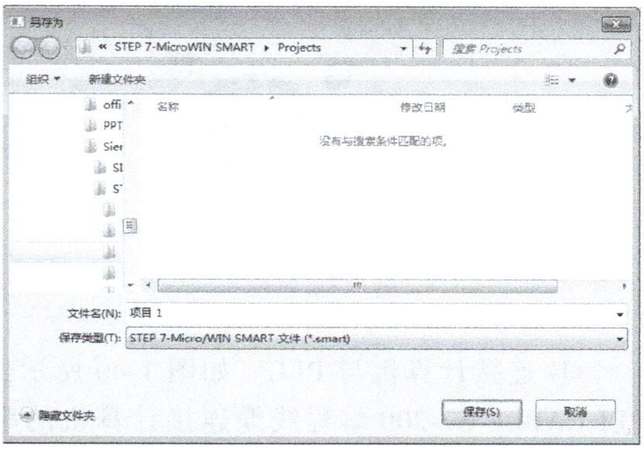

图 1-38　“另存为”对话框

4. 设备调试

为确保调试工作的顺利进行，避免事故的发生，施工人员必须进一步确认设备机械组装及电路安装的正确性、安全性，做好设备调试前的各项准备工作。

（1）设备调试前的准备

1）清扫设备上的杂物，保证无设备之外的金属物。

2）检查机械部分动作完全正常。

3）检查电路连接的正确性，严禁出现短路现象，特别应加强传感器接线的检查，避免因接线错误而烧毁传感器。

4）如图 1-39 所示，细化设备调试流程，理清设备调试步骤，保证设备的安全性。

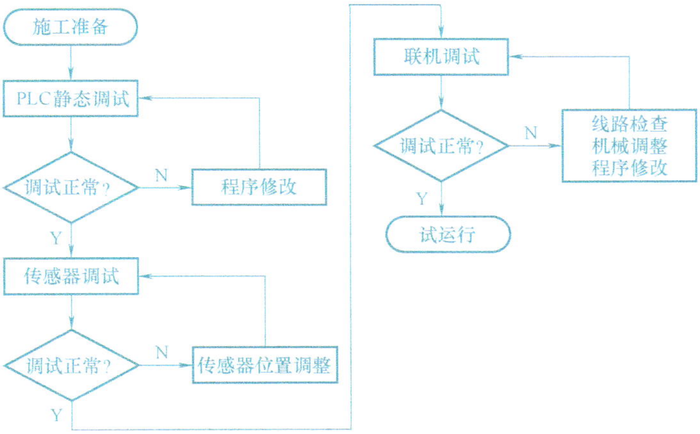

图 1-39　设备调试流程图

（2）设备模拟调试

1）PLC 静态调试。

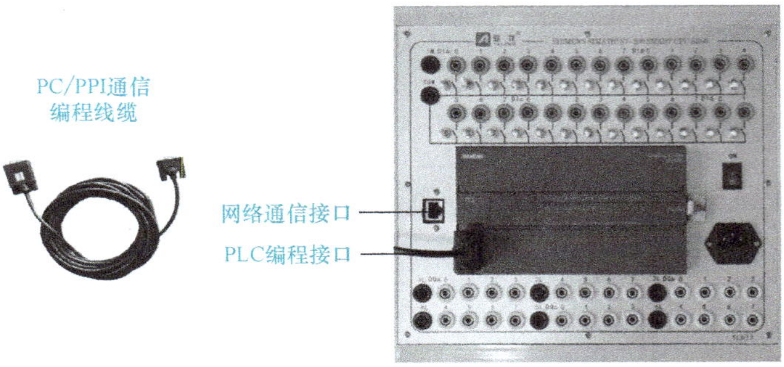

图 1-40 计算机与 PLC 的编程连接

① 连接计算机与 PLC。如图 1-40 所示，用 PC/PPI CABLE S7-200 编程线缆连接计算机的串行接口与 PLC 的编程接口，或用网线连接 PLC 的网络通信接口。

② 确认 PLC 输出负载回路电源处于断开状态。

③ 合上断路器，给设备供电。

④ 通信设置。如图 1-41 所示，单击项目树中 **通信** 命令，弹出通信对话框如图 1-42a 所示，在对话框中选择“通信接口”下拉菜单中的 TCPIP. Auto1 后，单击【查找 CPU】按钮，计算机将自动搜索 CPU 的 IP 地址，并自动添加，如图 1-42b 所示，单击【确定】按钮，PLC 与计算机通信设置完成。

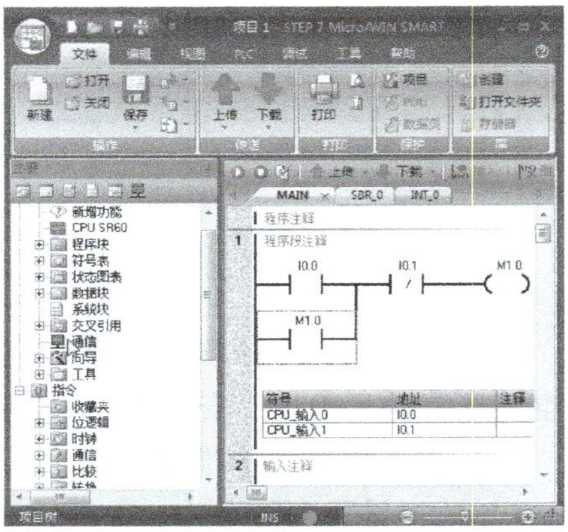

图 1-41 通信设置命令

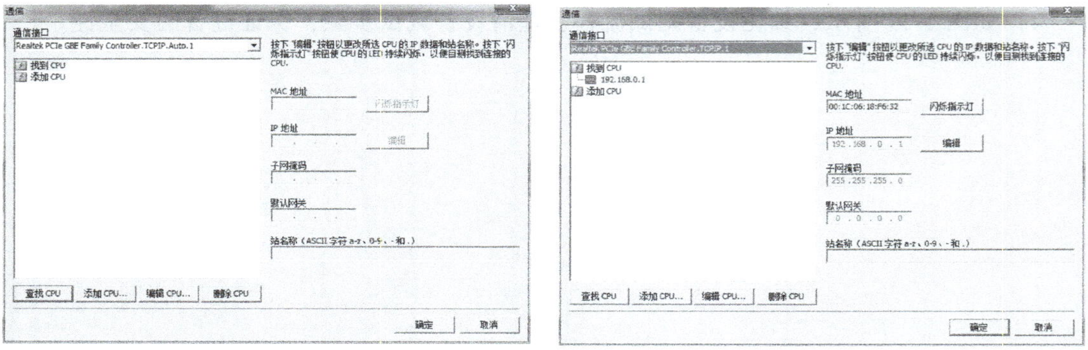

a) b)

图 1-42 通信对话框

⑤ 写入程序。如图 1-43 所示，执行【PLC】→【下载】命令后，弹出图 1-44 所示的 PLC 下载对话框，单击【下载】按钮后，出现如图 1-45 所示的对话框，单击【是】按钮进行下载，如图 1-46 所示。下载完毕后出现如图 1-47 所示的对话框，单击【是】按钮后，PLC 处于运行模式。

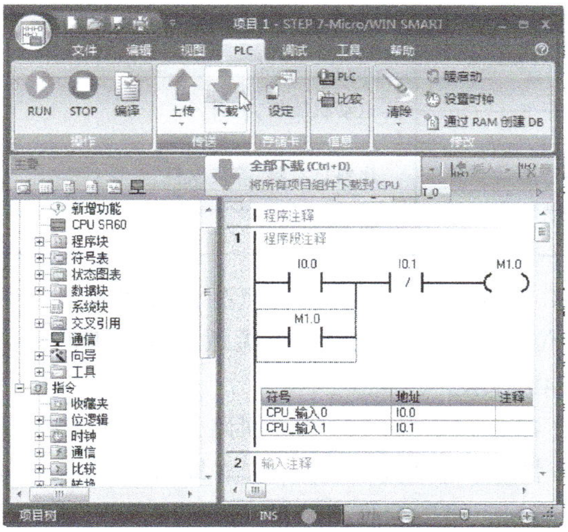

图 1-43　程序下载命令

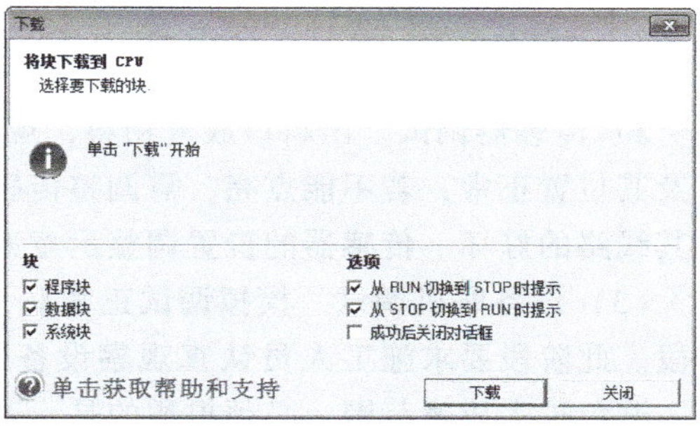

图 1-44　下载对话框

图 1-45　STOP 模式

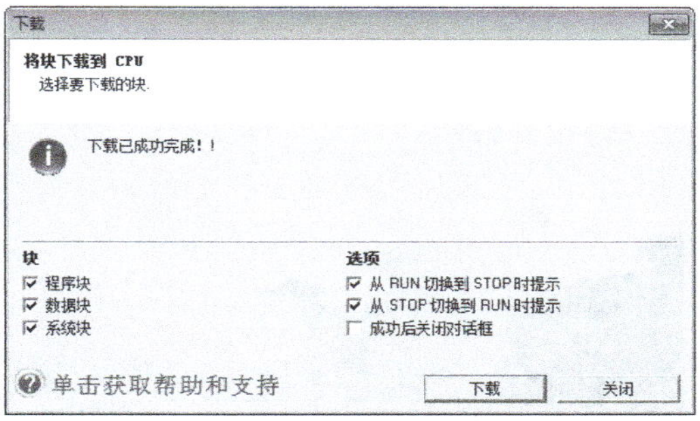

图 1-46　下载完毕

⑥ 执行【PLC】→【RUN】命令。按表 1-5 用 PLC 模块上的钮子开关模拟调试程序，并观察 PLC 输出指示灯的动作情况。

⑦ 执行【PLC】→【STOP】命令。

⑧ 复位 PLC 模块上的钮子开关。

图 1-47　RUN 运行模式

表 1-5　静态调试记载表

步骤	操作任务	观察任务		备注
		正确结果	观察结果	
1	按下起动按钮 SB1	Q1.6 指示灯点亮		警示灯绿灯闪烁
		Q0.2 指示灯点亮		电动机旋转，上料
2	I1.1 在 10s 后仍不动作	Q1.6 指示灯熄灭		10s 后无料，警示灯红灯闪烁，蜂鸣器响，停机报警
		Q0.2 指示灯熄灭		
		Q1.7 指示灯点亮		
		Q1.4 指示灯点亮		
3	动作 I1.1 钮子开关	Q1.6 指示灯点亮		出料口有料，等待取料

（续）

步骤	操作任务	观察任务		备注
		正确结果	观察结果	
4	复位 I1.1 钮子开关	Q1.6 指示灯点亮		电动机旋转，上料
		Q0.2 指示灯点亮		
5	动作 I1.1 钮子开关	Q1.6 指示灯点亮		出料口有料，等待取料
		Q0.2 指示灯熄灭		
6	按下停止按钮 SB2	Q1.6 指示灯熄灭		机构停止

2）传感器调试。出料口放置物料，观察 PLC 的输入指示灯，若能点亮，说明光电传感器及其位置正常；若不能点亮，需调整传感器的位置、调节光线漫反射灵敏度或检查传感器及其线路的好坏。传感器的位置调整示意如图 1-48 所示。

（3）设备联机调试　模拟调试正常后，接通 PLC 输出负载的电源回路，进入联机调试阶段。此阶段要求施工人员认真观察设备的动作情况，若出现问题，应立即解决或切断电源，避免扩大故障范围。必须提醒的是，若程序有误，可能会使直流减速电动机处于连续运转状态，这将直接导致物料挤压支架及其他部件而损坏，调试观察的主要部位如图 1-49 所示。

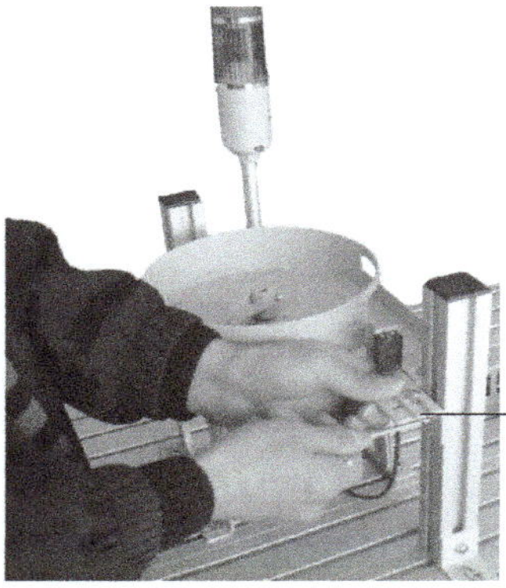

图 1-48　调整传感器的位置

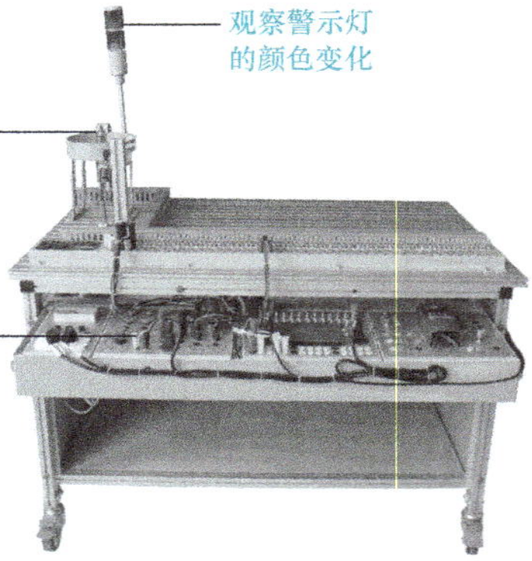

图 1-49　送料机构

表 1-6 为联机调试的正确结果，若调试中有与之不符的情况，施工人员应首先根据现场情况，判断是否需要切断电源，在分析、判断故障形成的原因（机械、电气或程序问题）的基础上，进行检修、调试，直至机构完全实现功能。

表 1-6　联机调试结果一览表

步骤	操作过程	设备实现的功能	备注
1	按下起动按钮 SB1（出料口无物料）	警示灯绿灯闪烁	送料
		电动机旋转	
2	10s 后出料口无料	警示灯绿灯熄灭	停机报警
		警示灯红灯闪烁	
		电动机停转	
		发出报警声	
3	给出料口加物料	警示灯绿灯闪烁	等待取料
4	取走出料口的物料	警示灯绿灯闪烁	送料
		电动机旋转	

（续）

步骤	操作过程	设备实现的功能	备注
5	出料口有物料	警示灯绿灯闪烁 电动机停转	等待取料
6	按下停止按钮 SB2	警示灯绿灯熄灭	机构停止工作

(4) 试运行 施工人员操作送料机构，观察一段时间，确保设备稳定可靠运行。

5. 现场清理

设备调试完毕，要求施工人员清点工量具、归类整理资料、清扫现场卫生，并填写设备安装登记表。

1) 清点工量具。对照清单清点工量具，并按要求装入工具箱。

2) 资料整理。整理归类技术说明书、电气元件明细表、施工计划表、设备电路图、梯形图、安装图等资料。

3) 清扫设备周围卫生，保持环境整洁。

4) 填写设备安装登记表，记录设备调试过程中出现的问题及解决的办法。

6. 设备验收

设备质量验收见表 1-7。

表 1-7 设备质量验收表

验收项目及要求		配分	配分标准	扣分	得分	备注
设备组装	1. 设备部件安装可靠，各部件位置衔接准确 2. 电路安装正确，接线规范	35	1. 部件安装位置错误，每处扣 2 分 2. 部件衔接不到位、零件松动，每处扣 2 分 3. 电路连接错误，每处扣 2 分 4. 导线反圈、压皮、松动，每处扣 2 分 5. 错、漏编号，每处扣 1 分 6. 导线未入线槽、布线凌乱，每处扣 2 分			
设备功能	1. 设备起停正常 2. 警示灯动作及报警正常 3. 送料功能正常	60	1. 设备未按要求起动或停止，每处扣 10 分 2. 警示灯未按要求动作，每处扣 10 分 3. 驱动转盘的电动机未按要求旋转，扣 20 分 4. 送料不准确或未按要求送料，扣 10 分			
设备附件	资料齐全，归类有序	5	1. 设备组装图缺少，每份扣 2 分 2. 电路图、梯形图缺少，每份扣 2 分 3. 技术说明书、工具明细表、元件明细表缺少，每份扣 2 分			
安全生产	1. 自觉遵守安全文明生产规程 2. 保持现场干净整洁，工具摆放有序		1. 漏接接地线，一处扣 5 分 2. 每违反一项规定，扣 3 分 3. 发生安全事故，按 0 分处理 4. 现场凌乱、乱放工具、乱丢杂物、完成任务后不清理现场扣 5 分			
时间	3h		提前正确完成，每 5min 加 5 分 超过额定时间，每 5min 扣 2 分			
开始时间		结束时间		实际时间		

四、设备改造

送料机构的改造要求及任务如下：

(1) 功能要求

1) 送料功能。起动后，机构开始检测物料支架上的物料，警示灯绿灯闪烁。若无物料，PLC 便起动送料电动机工作，驱动页扇旋转，物料在页扇推挤下，从物料料盘中移至出料口。当物料检测传感器检测到物料时，电动机停止旋转。

2）物料报警功能。若送料电动机运行 10s 后，物料检测传感器仍未检测到物料，则说明料盘内已无物料，此时机构停止工作并报警，警示灯红灯闪烁，蜂鸣器报警。

3）当物料被取走 10 个时，要求打包，打包指示灯点亮，20s 后开始新的工作循环。

（2）技术要求

1）机构的起停控制要求。

① 按下起动按钮，上料机构开始工作。

② 按下停止按钮，上料机构必须完成当前循环后停止。

③ 按下急停按钮，机构立即停止工作。

2）电源要有信号指示灯，电气线路的设计符合工艺要求、安全规范。

（3）工作任务

1）按机构要求画出电路图。

2）按机构要求编写 PLC 控制程序。

3）改装送料机构实现功能。

4）绘制设备装配示意图。

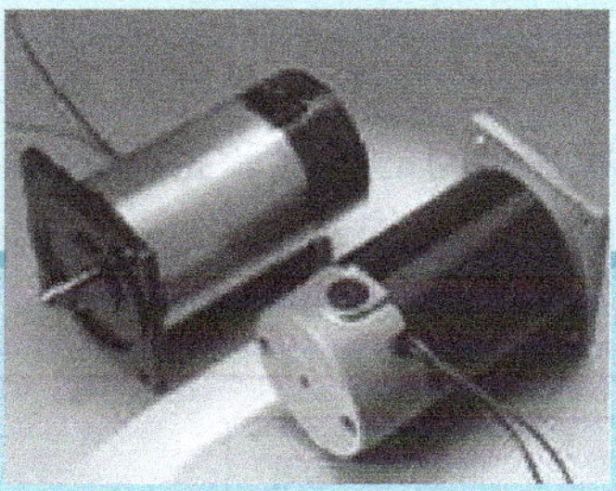

项目二 机械手搬运机构的组装与调试

一、施工任务

1. 根据设备装配示意图组装机械手搬运机构。
2. 按照设备电路图连接机械手搬运机构的电气回路。
3. 按照设备气路图连接机械手搬运机构的气动回路。
4. 输入设备控制程序，调试机械手搬运机构实现功能。

扫码看视频

二、施工前准备

机械手搬运机构为 YL-235A 型光机电设备的第二站（本项目对 YL-235A 型光机电设备的机械手释放物料的去处作了适当修改，变传送带的落料口为料盘），其结构部件相对比较复杂，施工前应仔细阅读设备随机技术文件，了解机械手搬运机构的组成及其动作情况，看懂机械手机构的装配示意图、电路图、气动回路图及梯形图等图样，然后根据施工任务制订施工计划、施工方案等。

1. 识读设备图样及技术文件

（1）装置简介　机械手是一种在程序控制下模仿人手进行自动抓取物料、搬运物料的装置，它通过四个自由度的动作完成物料搬运的工作。如图 2-1 所示，在气压控制下它能实现以下功能：

1）复位功能。PLC 上电，机械手手爪放松、伸出，手臂缩回、左旋至左侧限位处停止。

2）起停控制。机械手复位后，按下起动按钮，机构起动。按下停止按钮，机构完成当前工作循环后停止。

3）搬运功能。起动后，若加料站出料口有物料，气动机械手臂伸出→到位后提升臂伸出，手爪下降→到位后，手爪抓物夹紧 1s→时间到，提升臂缩回，手爪上升→到位后机械手臂缩回→到位后机械手臂向右旋转→至右侧限位处，定时 2s 后手臂伸出→到位后提升臂伸出，手爪下降→到位后定时 0.5s，手爪放松、释放物

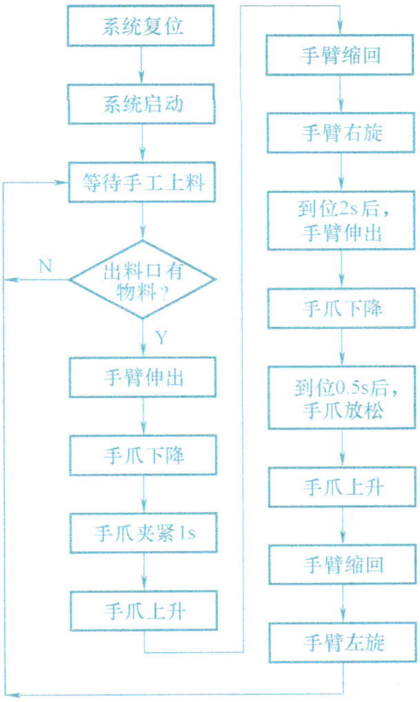

图 2-1　机械手搬运机构动作流程图

料→手爪放松到位后，提升臂缩回，手爪上升→到位后机械手臂缩回→到位后机械手臂向左旋转至左侧限位处，等待物料开始新的工作循环。

（2）识读装配示意图 机械手搬运机构的设备布局如图 2-2 所示，其功能是准确无误地将加料站出料口的物料搬运至物料料盘内，这就要求机械手与两者之间的衔接紧密，安装尺寸误差要小，且前后部件配合良好。施工前，施工人员应认真阅读结构示意图 2-3，了解各部分的组成及其用途。

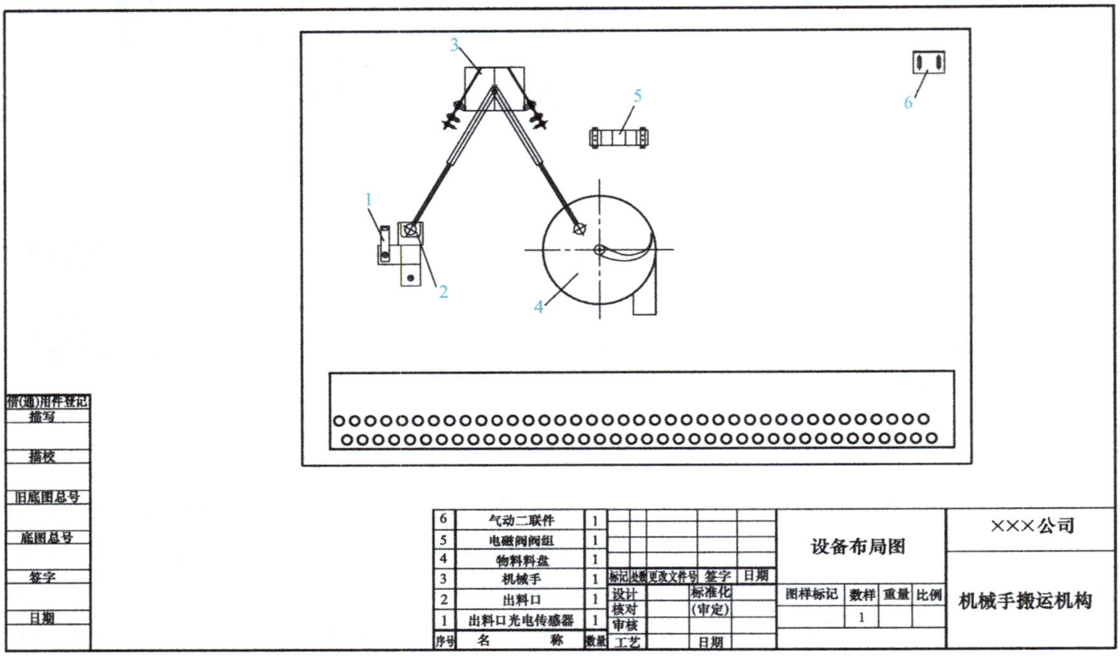

图 2-2 机械手搬运机构的设备布局图

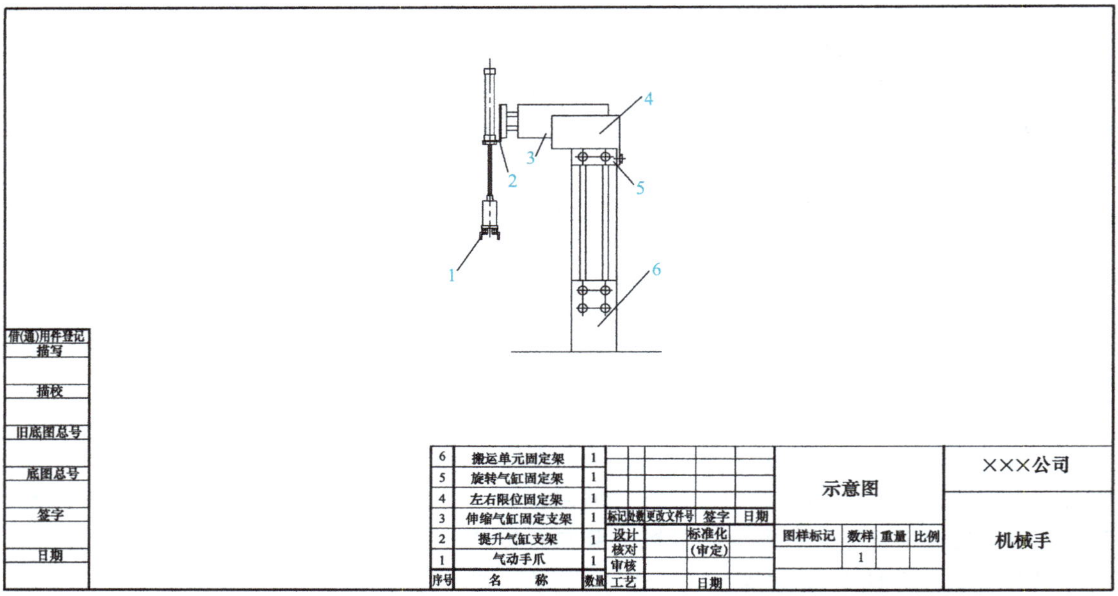

图 2-3 机械手的结构示意图

1）结构组成。机械手搬运机构由气动手爪部件、提升气缸部件、手臂伸缩气缸（简称伸缩气缸）部件、旋转气缸部件及固定支架等组成。这些部件实现了机械手的4个自由度的动作：手爪松紧、手爪上下、手臂伸缩和手臂左右旋转。具体表现为气动手爪张开即机械手松开、气动手爪夹紧即机械手夹紧；提升气缸活塞杆伸出即手爪下降、提升气缸活塞杆缩回即手爪上升；伸缩气缸活塞杆伸出即手臂前伸、伸缩气缸活塞杆缩回即手臂后缩；旋转气缸左旋即手臂左旋、旋转气缸右旋即手臂右旋。

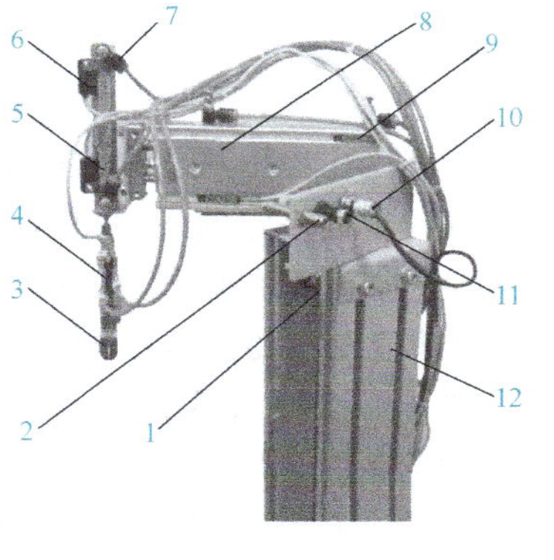

图 2-4　机械手

1—旋转气缸　2—非标螺钉　3—气动手爪　4—手爪传感器　5—提升气缸　6—手爪升降限位传感器　7—节流阀　8—伸缩气缸　9—手臂伸缩限位传感器　10—左右限位传感器　11—缓冲器　12—安装支架

为了控制气动回路中的气体流量，在每一个气缸的气管连接处都设有节流阀，以调节机械手各个方向的运动速度。

图2-4所示为机械手的实物图，气动手爪、提升气缸和伸缩气缸上均有到位检测传感器，它们是一种磁性开关，气缸动作到位后，开关动作，便给PLC发出到位信号。旋转气缸的到位检测由左右限位传感器完成，它是一种金属检测传感器，又称电感式接近开关。为防止伸缩气缸撞击限位传感器，在安装支架上还设有缓冲器。

2）尺寸分析。机械手搬运机构各部件的定位尺寸如图2-5所示。

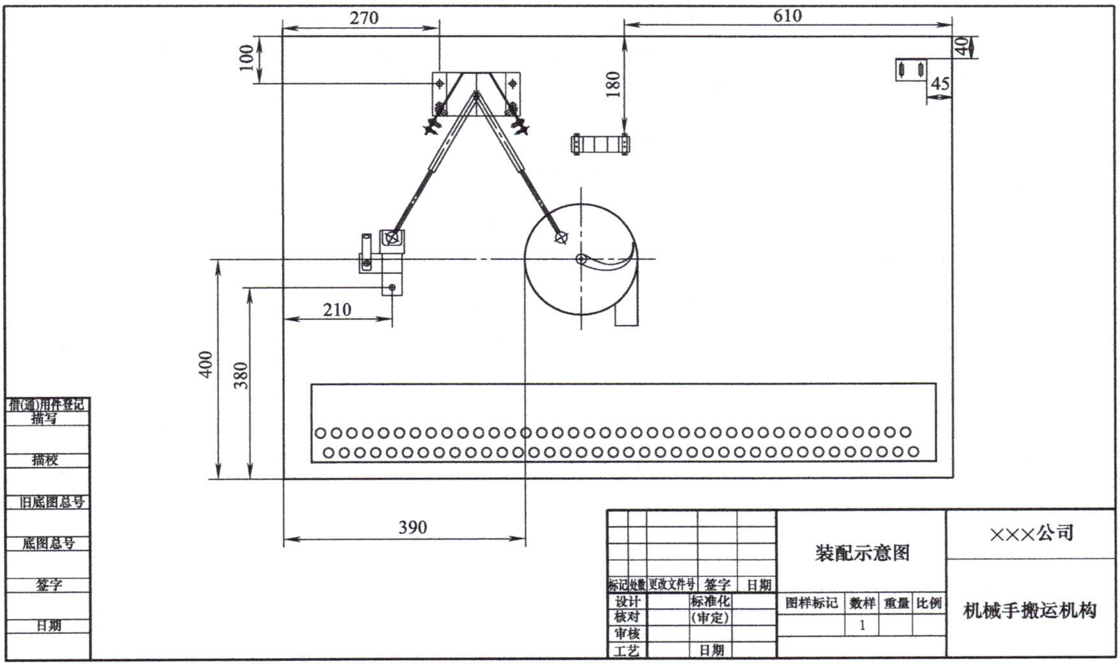

图 2-5　机械手搬运机构装配示意

（3）PLC相关指令

1）顺序控制的基本概念。顺序控制是按照生产工艺预先规定的顺序，在各个输入信号的作用下，根据内部的状态和时间顺序，在生产过程中各个执行机构自动有序地工作。对于一些顺序控制过程，特别是各过程之间的逻辑关系较为复杂，采用基本逻辑指令编程比较困难时，利用顺序控制语言编程可大大降低程序设计难度，提高程序设计效率。西门子 S7-200 和 S7-300 都提供了顺序控制的编程语言。

2）顺序功能图。顺序功能图又称功能流程图或功能图，它是将控制过程分成若干个“步”，每一步按一定的条件执行，完成若干项功能，连在一起组成程序控制的流程图。它是一种描述控制系统控制过程功能和特性的图形，也是设计 PLC 的顺序控制程序的有力工具。顺序功能图主要由步、转移、动作及有向线段等元素组成。

① 步。一个控制系统的工作周期可以划分为若干个顺序相连的阶段，这些阶段称为步。在顺序功能图中，一个步对应一个控制步骤。

② 转移。转移是用一个有向线段来表示转移的方向。为了说明从一个步到另一个步的变化条件，可在两个步之间的有向线段上加一段横线来表示这一转移的条件。

③ 单流程顺序功能图。单流程顺序控制中，两个步之间只有一个转移条件，每个步都按顺序相继激活，到达最后一个步时，可以直接结束，也可以跳转至前面的某一步实现循环操作。

3）相关指令。S7-200 的顺序控制指令包含三个部分：段开始指令 LSCR、段转移指令 SCRT 和段结束指令 SCRE。

① 段开始指令 LSCR。段开始指令的功能是标记一个顺序控制程序段的开始，其操作数是状态继电器 Sx. y（如 0. 0）。Sx. y 是当前顺序控制程序段的标志位，当 Sx. y 为 1 时，允许该顺序控制程序段工作。步进控制指令 SCR 只对状态元件 S 有效，为了保证程序的可靠运行，驱动状态元件 S 的信号应采用短脉冲。

② 段转移指令 SCRT。段转移指令的功能是将当前的顺序控制程序段切换到下一个程序段，其操作数是下一个顺序控制程序段的标志位 Sx. y（如 S0. 1）。当允许输入有效时，进行切换，即停止当前顺序控制程序段工作，启动下一个顺序控制程序段工作。

③ 段结束指令 SCRE。段结束指令的功能是标记一个顺序控制程序段的结束。每个顺序控制程序段都必须使用段结束指令来表示该程序段的结束。

采用步进指令编程时，应注意不能在一个以上例行程序中使用相同的状态位元件，即使是在主程序和子程序中也是如此；当前元件的状态需要保持时，可使用 S/R 指令将其置位或复位；另外，在 SCR 段中不能使用 FOR、NEXT 和 END 指令，也不能使用 JMP 和 LBL 指令。

（4）识读电路图　如图 2-6 所示，机械手搬运机构主要通过 PLC 驱动电磁换向阀来实现其四个自由度的动作控制。输入为起停按钮、物料检测光电传感器、旋转限位传感器、气动手爪传感器及各气缸伸缩到位检测传感器，输出为驱动电磁换向阀的线圈。

1）PLC 机型。PLC 的机型为西门子 SIMATIC S7-200 SMART SR60。

2）I/O 点分配。PLC 输入/输出设备及 I/O 点的分配情况见表 2-1。

表 2-1　PLC 输入/输出设备及 I/O 点分配表

输入			输出		
元件代号	功能	输入点	元件代号	功能	输出点
SB1	起动按钮	I0. 0	YV1	旋转气缸右旋	Q0. 0
SB2	停止按钮	I0. 1	YV2	旋转气缸左旋	Q0. 1

（续）

输入			输出		
元件代号	功能	输入点	元件代号	功能	输出点
SCK1	气动手爪传感器	I0. 2	YV3	手爪夹紧	Q0. 3
SQP1	旋转左限位传感器	I0. 3	YV4	手爪放松	Q0. 4
SQP2	旋转右限位传感器	I0. 4	YV5	提升气缸活塞杆下降	Q0. 5
SCK2	气动手臂伸出传感器	I0. 5	YV6	提升气缸活塞杆上升	Q0. 6
SCK3	气动手臂缩回传感器	I0. 6	YV7	伸缩气缸活塞杆伸出	Q0. 7
SCK4	手爪提升限位传感器	I0. 7	YV8	伸缩气缸活塞杆缩回	Q1. 0
SCK5	手爪下降限位传感器	I1. 0			
SQP3	物料检测光电传感器	I1. 1			

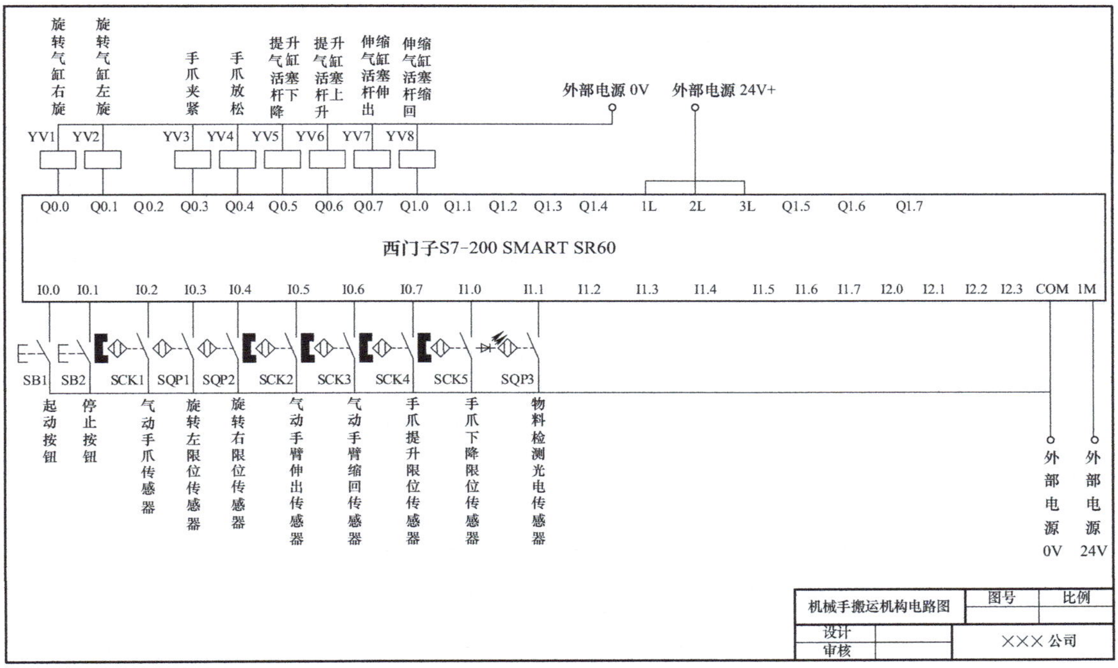

图 2-6　机械手搬运机构电路图

3）输入/输出设备连接特点

手爪夹紧和放松检测传感器、手臂伸缩到位检测传感器、手爪升降限位检测传感器均为两线磁性传感器（也称磁性开关）。手臂旋转左右限位检测使用的是三线电感式传感器（也称电感式接近开关），其中一根线接 PLC 的输入信号端子，一根线接外部直流输出电源 24V “+”（接 PLC 面板的 1M），另一根线接外部直流电源 24V “-”（PLC 面板的 COM）。PLC 的输出负载均为电磁换向阀的线圈。

（5）识读气动回路图　机械手搬运工作主要是通过电磁换向阀改变气缸运动方向来实现的。

1）气路组成。如图 2-7 所示，气动回路中的气动控制元件是 4 个二位五通双控电磁换向阀及 8 个节流阀；气动执行元件是提升气缸、伸缩气缸、旋转气缸及气动手爪；同时气路配有气动二联件及气源等辅助元件。

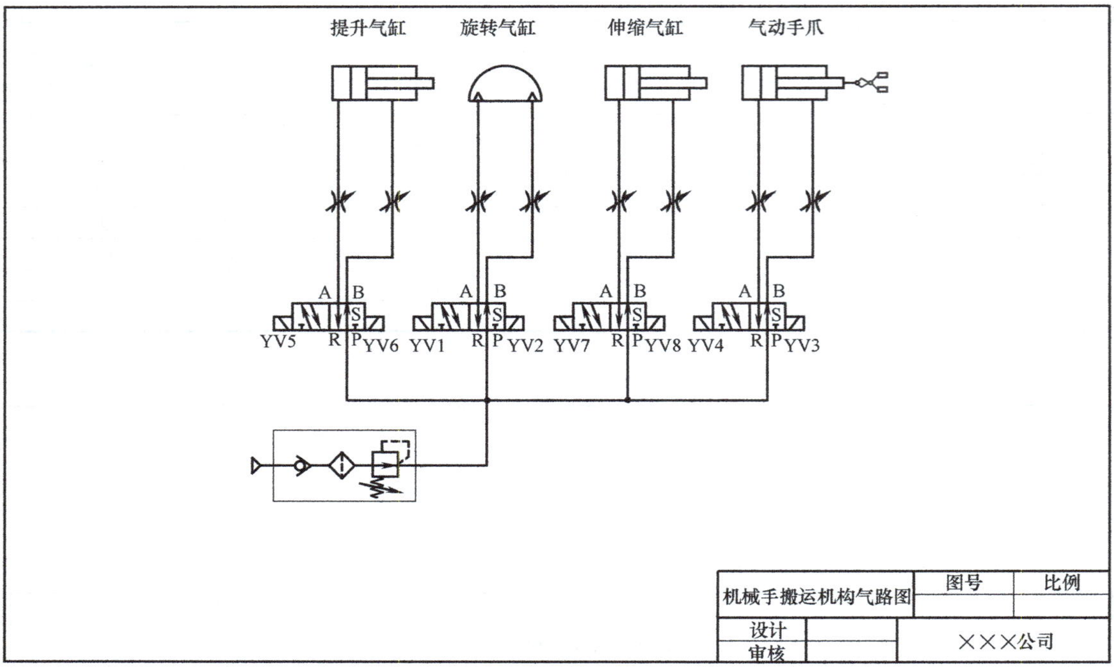

图 2-7 机械手搬运机构气路图

2）工作原理。机械手搬运机构气动回路的动作原理见表 2-2。若 YV1 得电、YV2 失电，电磁换向阀 A 口出气、B 口回气，从而控制旋转气缸正转，手臂右旋；若 YV1 失电、YV2 得电，电磁换向阀 A 口回气、B 口出气，从而改变气动回路的气压方向，旋转气缸反转，手臂左旋。机构的其他气动回路工作原理与之相同。

表 2-2 控制元件、执行元件状态一览表

电磁阀换向线圈得电情况								执行元件状态	机构任务
YV1	YV2	YV3	YV4	YV5	YV6	YV7	YV8		
+	-							旋转气缸正转	手臂右旋
-	+							旋转气缸反转	手臂左旋
		+	-					气动手爪夹紧	手爪抓料
		-	+					气动手爪放松	手爪放料
				+	-			提升气缸活塞杆伸出	手爪下降
				-	+			提升气缸活塞杆缩回	手爪上升
						+	-	伸缩气缸活塞杆伸出	手臂伸出
						-	+	伸缩气缸活塞杆缩回	手臂缩回

（6）识读梯形图 图 2-8 为机械手搬运机构的梯形图，其动作过程如图 2-9 所示。

1）起停控制。按下起动按钮 SB1，I0.0 为 ON，起动准备就绪，辅助继电器 M5.1 为 ON，辅助继电器 M2.0 为 ON，机械手复位完成就绪，起停标志辅助继电器 M1.0 为 ON，激活机械手运行初始状态 S0.1。运行时，按下停止按钮 SB2，I0.1 为 ON，M1.1 为 ON，机构完成当前工作循环结束后，机械手运行初始状态 S0.1 复位，PLC 无法从 S0.1 状态向下执行程序，机构停止工作。

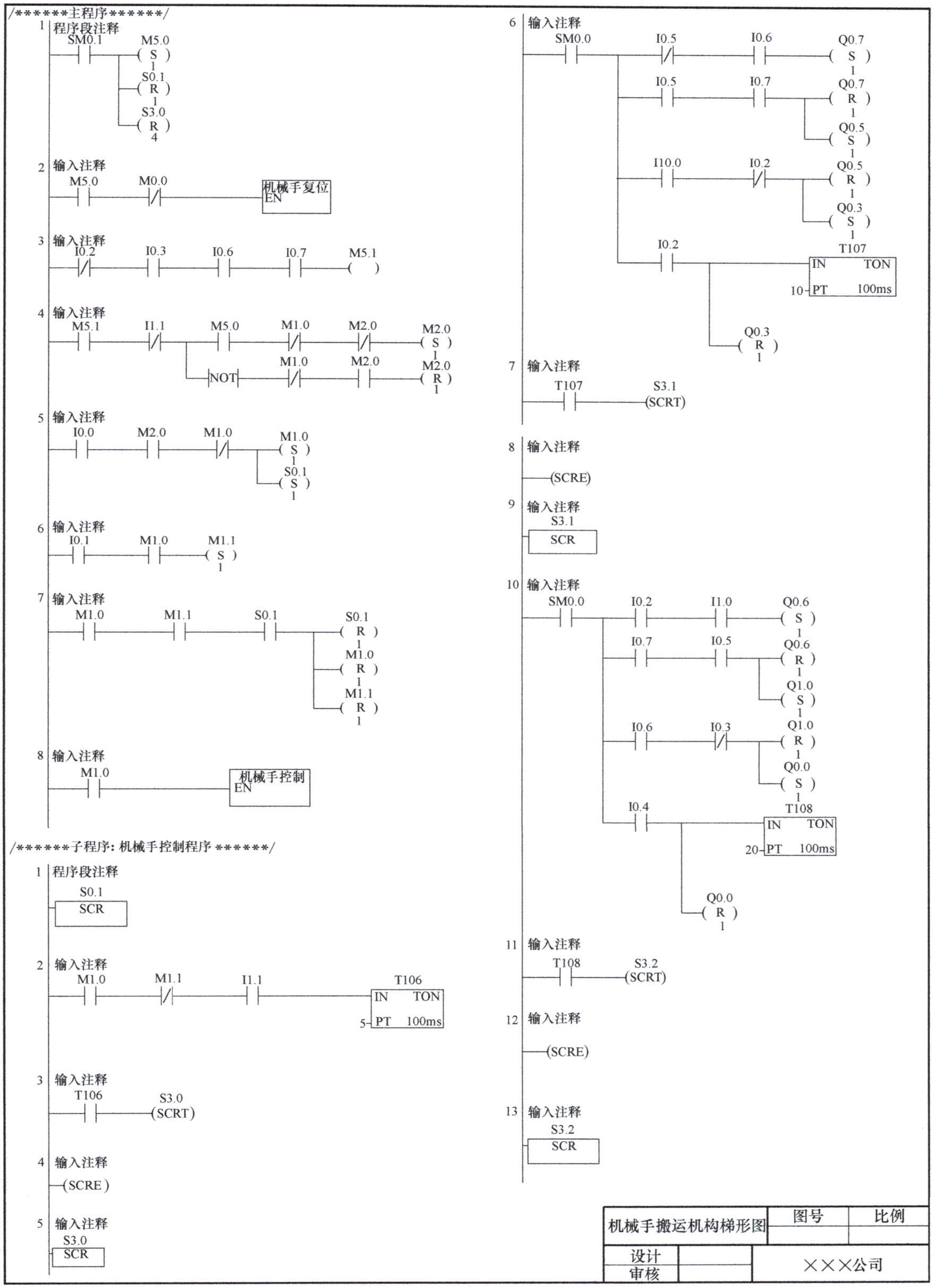

图 2-8　机械手搬运机构梯形图

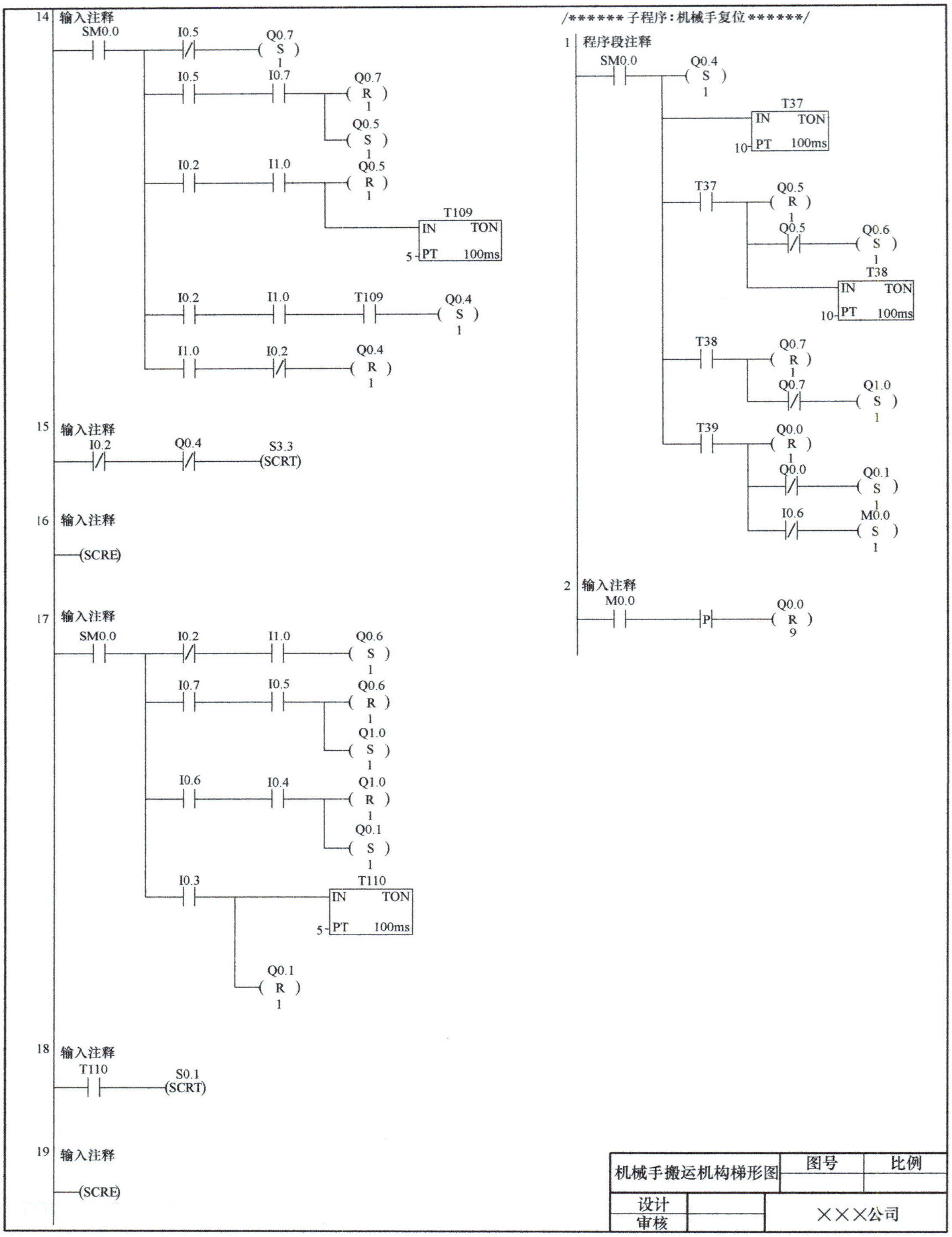

图 2-8 机械手搬运机构梯形图（续）

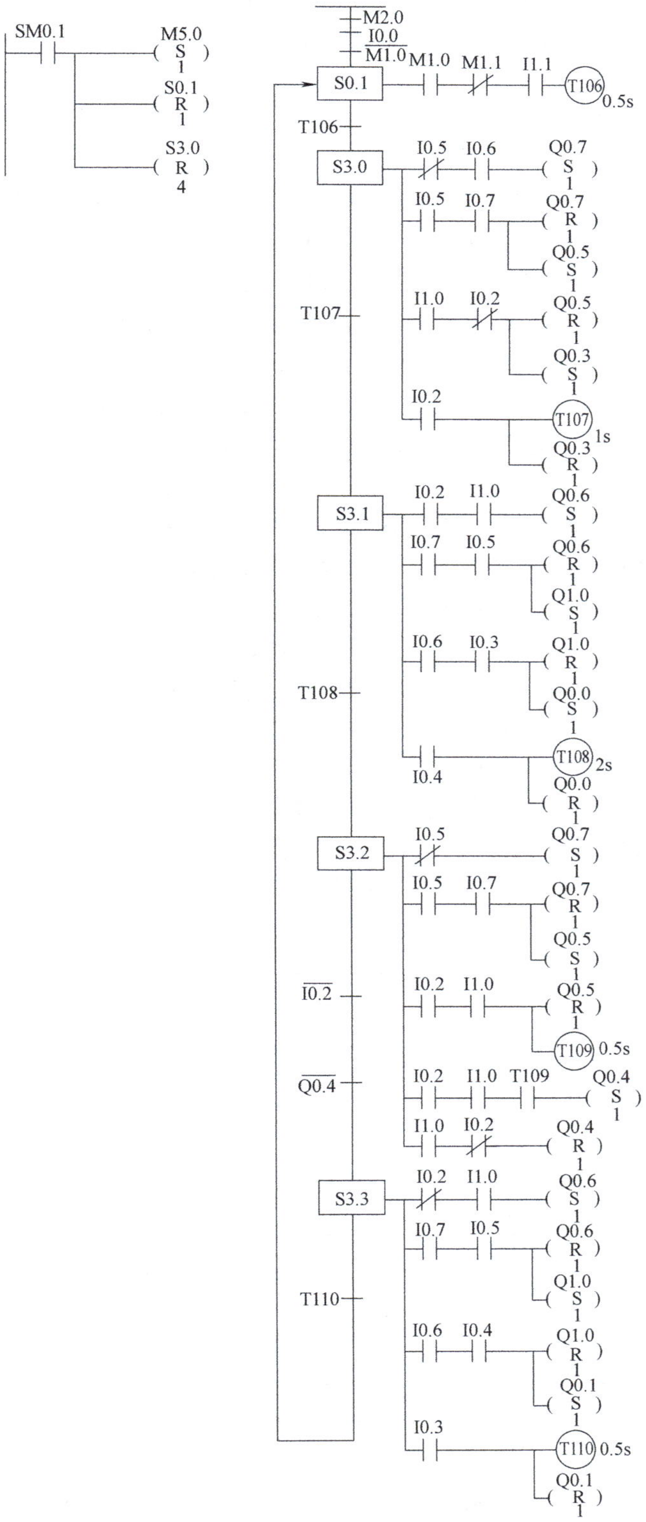

图 2-9　机械手搬运机构状态图

2）机械手复位控制。PLC 运行的第一个扫描周期，SM0.1 为 ON，将所有顺序控制继电器 S 复位，上电检测辅助继电器 M5.0 置位，执行机械手复位程序子程序，Q0.4 置位，手爪放松→1s 后，将 Q0.5 复位、Q0.6 置位，手爪上升→1s 后，Q0.7 复位、Q1.0 置位，手臂缩回→1s 后，Q0.0 复位、Q0.1 置位，机械手臂向左旋转至左侧限位处停止，I0.6＝OFF，M0.0 置位。

3）物料搬运控制。当送料机构出料口有物料时，I1.1 为 ON，稳定 0.5s 后，激活 S3.0 状态→Q0.7 置位，手臂伸出→I0.5 为 ON，I0.7 为 ON，Q0.7 复位、Q0.5 置位，手爪下降→I1.0 为 ON，I0.2 为 OFF，Q0.5 复位、Q0.3 置位，手爪夹紧→夹紧定时 1s 到，激活 S3.1 状态 →I0.2 为 ON，I1.0 为 ON，Q0.3 复位、Q0.6 置位，手爪上升→I0.7 为 ON，I0.5＝ON，Q0.6 复位、Q1.0 置位，手臂缩回→I0.6 为 ON，I0.3 为 ON，Q1.0 复位、Q0.0 置位，手臂右旋→ 手臂右旋到位定时 2s 后，激活 S3.2 状态→I0.5 为 OFF，Q0.7 置位，手臂伸出→I0.5 为 ON，I0.7 为 ON，Q0.7 复位、Q0.5 置位，手爪下降→ I0.2 为 ON，I1.0 为 ON，手爪下降到位开始定时，Q0.5 复位→ 0.5s 时间到，Q0.4 置位，手爪放松→ I1.0 为 ON，I0.2 为 OFF，Q0.4 复位，I0.2 为 OFF，Q0.4 为 OFF，激活 S3.3 状态→I1.0 为 ON，I0.2 为 OFF，Q0.6 置位，手爪上升→I0.7 为 ON，I0.5 为 ON，Q0.6 复位、Q1.0 置位，手臂缩回→I0.6 为 ON，I0.4 为 ON，Q1.0 复位、Q0.1 置位，手臂左旋→手臂左旋到位，I0.3 为 ON，Q0.1 复位，0.5s 后激活 S0.1 状态，开始新的循环。

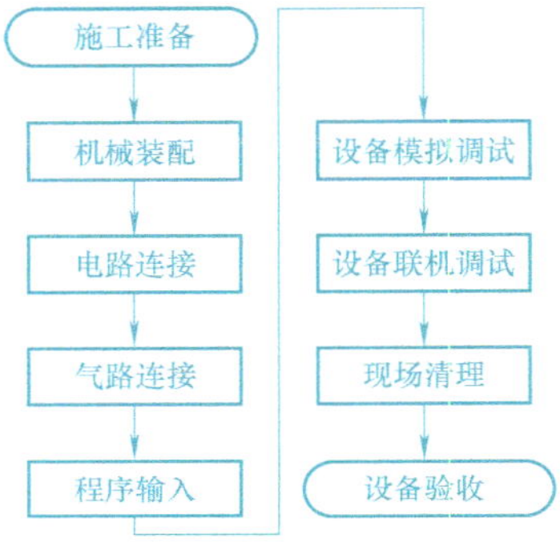

图 2-10 机械手搬运机构的组装与调试流程

（7）制订施工计划 机械手搬运机构的组装与调试流程如图 2-10 所示。以此为依据，施工人员填写表 2-3，合理制订施工计划，确保在额定时间内完成规定的施工任务。

表 2-3 施工计划表

设备名称	施工日期	总工时/h	施工人数	施工负责人
机械手搬运机构				

序号	施工任务	施工人员	工序定额	备注
1	阅读设备技术文件			
2	机械装配、调整			
3	电路连接、检查			
4	气路连接、检查			
5	程序输入			
6	设备模拟调试			
7	设备联机调试			
8	现场清理，技术文件整理			
9	设备验收			

2. 施工准备

（1）设备清点 检查机械手搬运机构的部件是否齐全，并归类放置。机构的设备清单见表 2-4。

表 2-4　设备清单

序号	名称	型号规格	数量	单位	备注
1	伸缩气缸套件	CXSM15-100	1	套	
2	提升气缸套件	CDJ2KB16-75-B	1	套	
3	手爪套件	MHZ2-10D1E	1	套	
4	旋转气缸套件	CDRB2BW20-180S	1	套	
5	固定支架		1	套	
6	加料站套件		1	套	
7	料盘套件		1	套	
8	电感式传感器	NSN4-2M60-E0-AM	2	只	
9	光电传感器	E3Z-LS61	1	只	
10	磁性传感器	D-59B	1	只	手爪紧松
11		SIWKOD-Z73	2	只	手臂伸缩
12		D-C73	2	只	手爪升降
13	缓冲器		2	只	
14	PLC 模块	YL087、S7-200 SMART SR60	1	块	
15	按钮模块	YL157	1	块	
16	电源模块	YL046	1	块	
17	螺钉	不锈钢内六角螺钉 M6×12	若干	只	
18		不锈钢内六角螺钉 M4×12	若干	只	
19		不锈钢内六角螺钉 M3×10	若干	只	
20	螺母	椭圆形螺母 M6	若干	只	
21		M4	若干	只	
22		M3	若干	只	
23	垫圈	ϕ4	若干	只	

（2）工具清点　设备组装工具清单见表 2-5，施工人员应清点工具的数量，并认真检查其性能是否完好。

表 2-5　工具清单

序号	名称	规格、型号	数量	单位
1	工具箱		1	只
2	螺钉旋具	一字、100mm	1	把
3	钟表螺钉旋具		1	套
4	螺钉旋具	十字、150mm	1	把
5	螺钉旋具	十字、100mm	1	把
6	螺钉旋具	一字、150mm	1	把
7	斜口钳	150mm	1	把
8	尖嘴钳	150mm	1	把
9	剥线钳		1	把
10	内六角扳手（组套）	PM-C9	1	套
11	万用表		1	只

三、任务实施

根据制订的施工计划，按照顺序对机械手搬运机构实施组装，施工中应注意及时调整进度，保证定额。施工时必须严格遵守安全操作规程，加强安全保障措施，确保人身和设备安全。

1. 机械装配

(1) 机械装配前的准备

按照要求清理现场、准备图样及工具，并参考图 2-11 安排装配流程。

(2) 机械装配步骤　按图 2-11 组装机械手搬运机构。

1) 画线定位。

2) 安装旋转气缸。如图 2-12 所示，将旋转气缸的两个工作口装上节流阀后固定在安装支架上。固定节流阀时，既要保证连接可靠、密封，又不可用力过大，以防节流阀损坏。

3) 组装机械手支架。如图 2-13 所示，将旋转气缸的安装支架固定在机械手垂直主支架上，注意两主支架的垂直度、平行度，完成后装上弯脚支架。

图 2-11　机械装配流程图

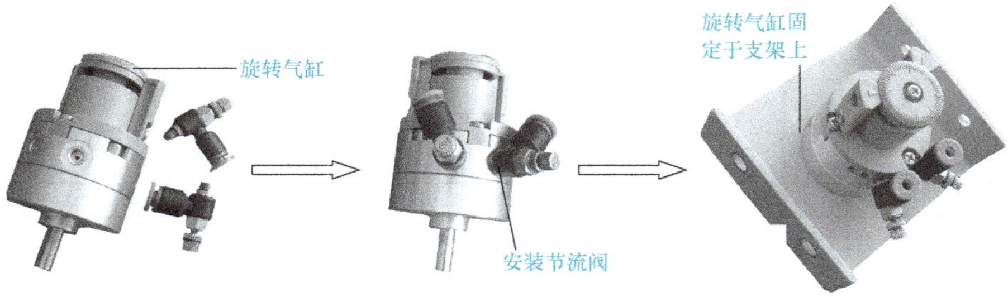

图 2-12　旋转气缸的组装过程

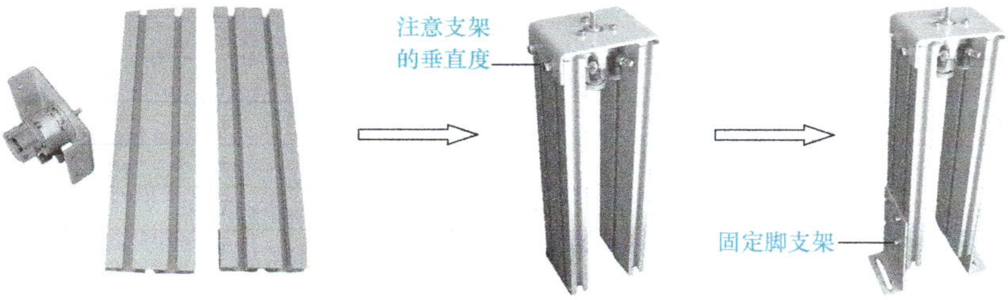

图 2-13　机械手支架的组装过程

4) 组装机械手手臂。如图 2-14 所示，将提升臂支架固定在伸缩气缸的活塞杆上后，将其固定在手臂支架上。

5) 组装提升臂。如图 2-15 所示，将提升气缸装好节流阀后固定在提升臂支架上。

6) 安装手爪。如图 2-16 所示，将气动手爪固定在提升气缸的活塞杆上。

7) 固定磁性传感器。图 2-17 所示为机械手搬运机构所用的磁性传感器，将它们固定在其对应的气缸上，固定时要用力适中，避免损坏。完成后将手臂装在旋转气缸上，如图 2-18 所示。

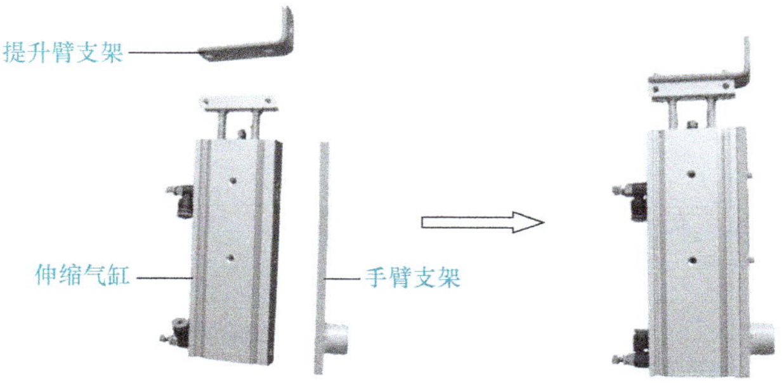

图 2-14　机械手手臂的组装过程

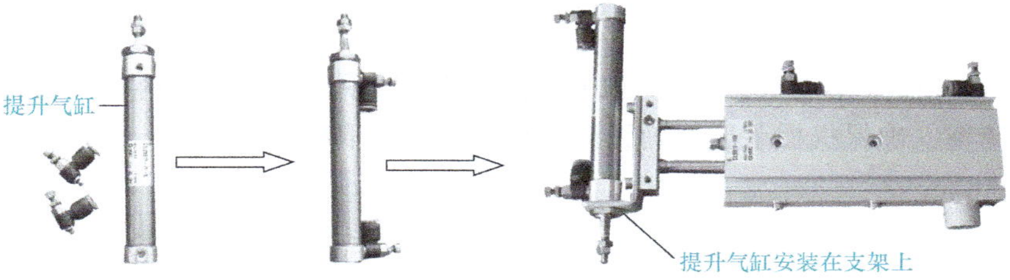

图 2-15　提升臂的安装过程

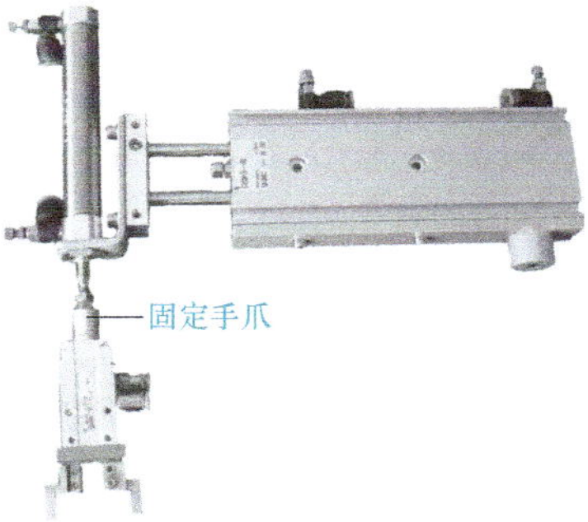

图 2-16　固定手爪

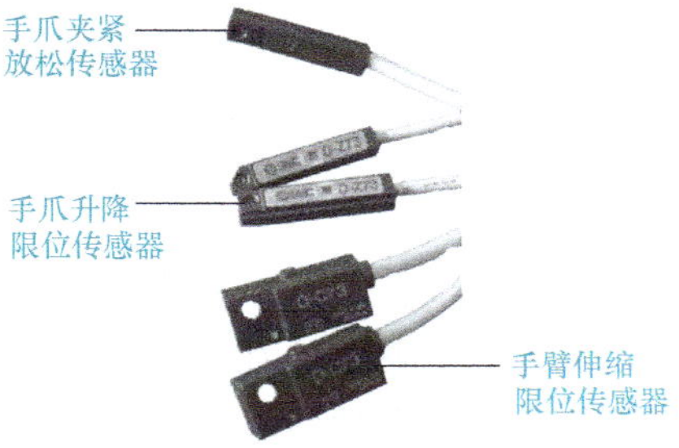

图 2-17　机械手搬运机构所用的磁性传感器

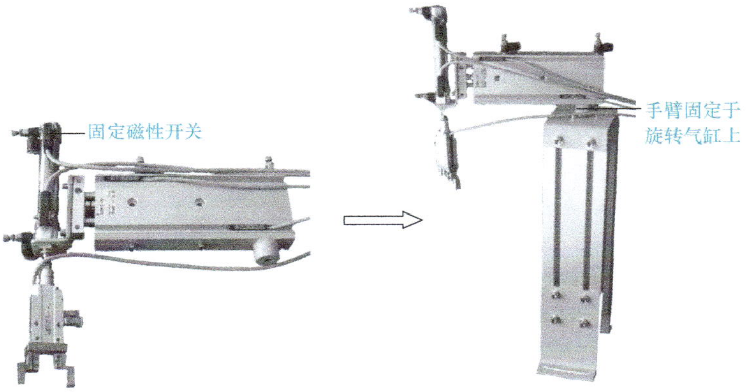

图 2-18　固定手臂

8）固定左右限位装置。如图 2-19 所示，将左右限位传感器、缓冲器及定位螺钉安装在支架上后，将其固定于机械手垂直主支架的顶端。

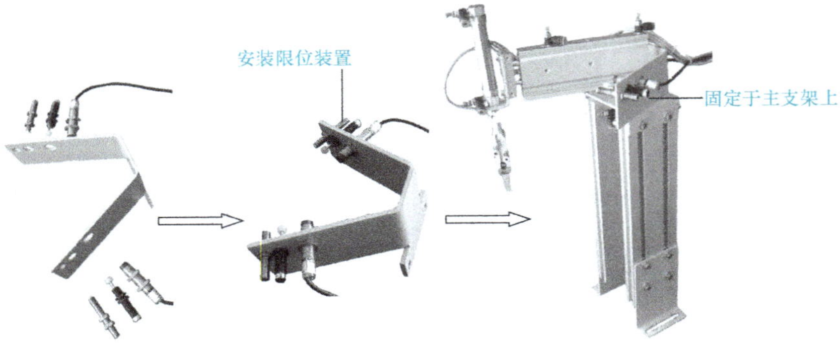

图 2-19 左右限位装置的安装过程

9）固定机械手及落料口。如图 2-20 所示，将机械手及加料站落料口固定在定位处。注意进行机械调整，确保机械手能准确无误地从出料口抓取物料。

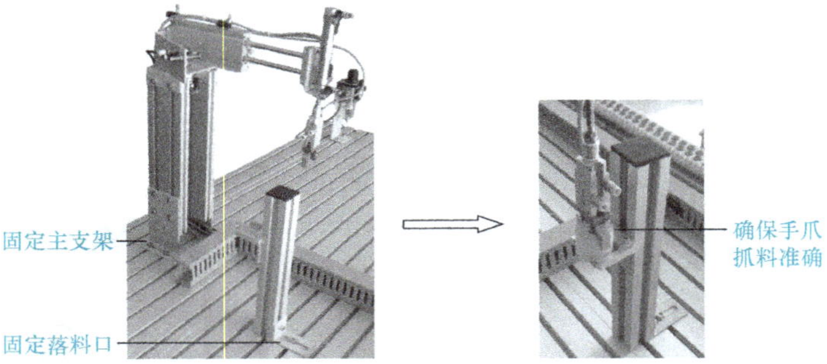

图 2-20 固定机械手及落料口

10）固定物料料盘。如图 2-21 所示，将物料料盘固定在定位处，并进行机械调整，保证机械手能准确无误地将物料放进料盘中，同时注意让手爪下降的最低点与料盘盘底的距离大于两个物料的高度，避免调试时手爪撞击料盘内的物料。

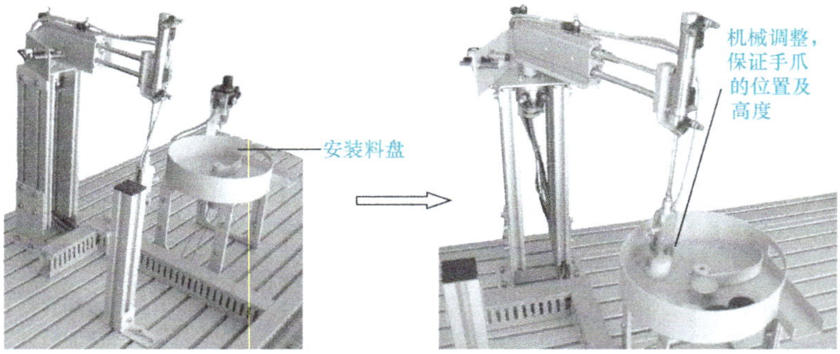

图 2-21 固定物料料盘

11）固定电磁阀阀组。如图 2-22 所示，将电磁阀阀组固定在定位处。

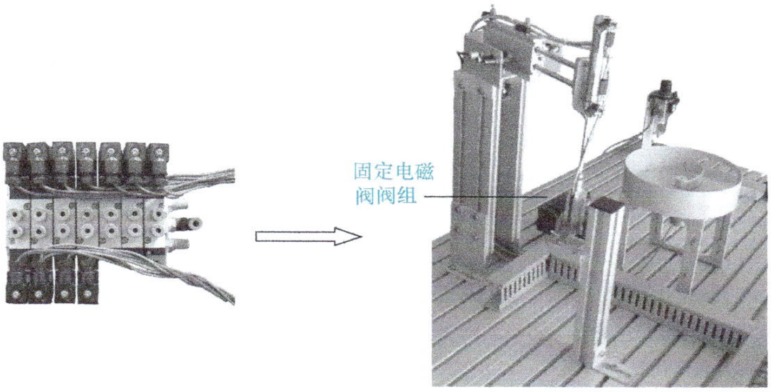

图 2-22　固定电磁阀阀组

12）清理台面，保持台面无杂物或多余部件。

2. 电路连接

（1）电路连接前准备　按照要求检查电源状态、准备图样、工具及线号管，并安排电路连接流程。参考流程如图 2-23 所示。

（2）电路连接步骤　电路连接应符合工艺、安全规范要求，所有导线应置于线槽内。导线与端子排连接时，应套线号管并及时编号，避免错编、漏编。插入端子排的连接线必须接触良好且紧固，接线端子排的功能分配如图 1-17 所示。

1）连接传感器至端子排。如图 2-24 所示，根据电路图将传感器的引出线连接至端子排。

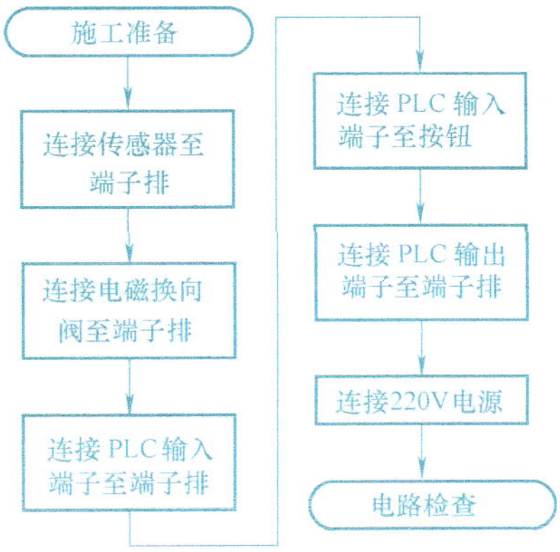

图 2-23　电路连接流程

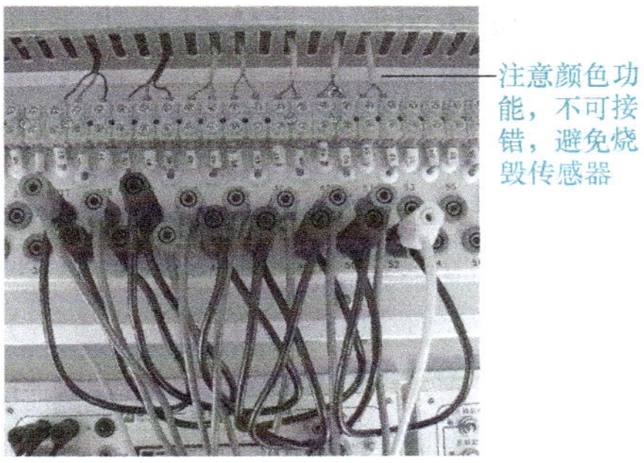

图 2-24　输入端子接线

连接时要注意区分两线传感器与三线传感器引出线的颜色功能，引出线不可接错，否则会损坏传感器。如图 2-25 所示，磁性传感器有两根引出线，其中棕色线接 PLC 的输入信号端子、蓝色线接 PLC 面板的 COM 端。而光电式接近开关、电感式接近开关有三根引出线，其中黑色线接 PLC 的输入信号端子、棕色线接 PLC 直流电源 24V “+”、蓝色线接 PLC 直流电源 24 V “−”。

2）连接输出元件至端子排。机械手搬运结构 PLC 的输出元件都为电磁换向阀的线圈，根据电路图将它们的引出线连接至端子排。由于这些电磁换向阀被集束为一个单元，其内部将各个换向阀的进气口、排气口连通，称为阀组，故气路连接时只需一根引气管连接其进气

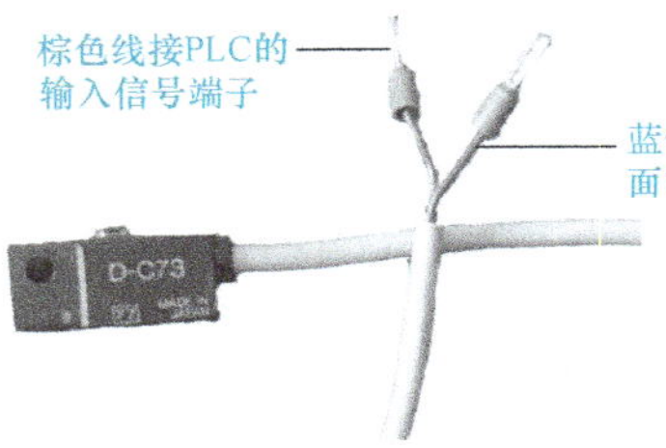

a) 磁性开关

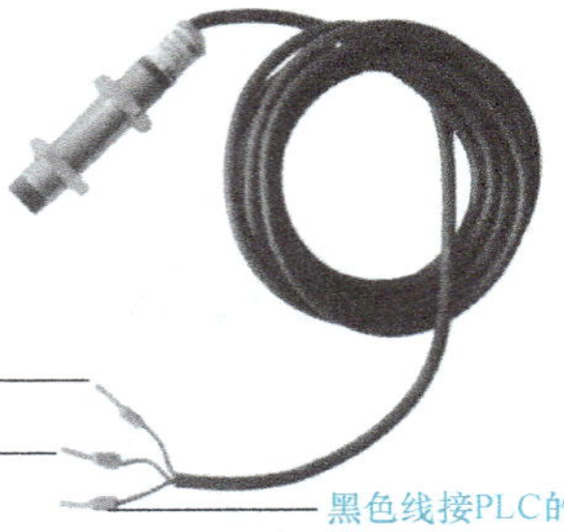

b) 电感式接近开关

图 2-25 磁性开关、电感式接近开关连接线

口即可，如图 2-26 所示。

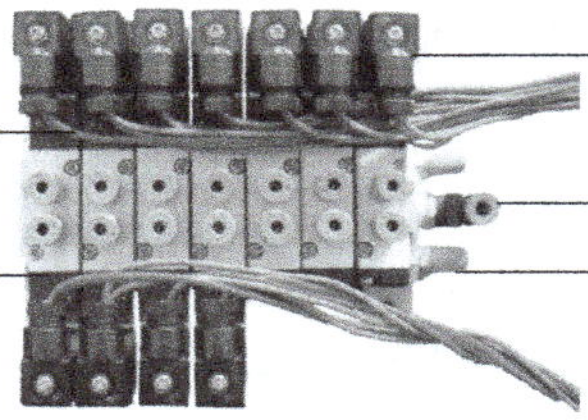

图 2-26 电磁阀阀组

阀组中有两种电磁换向阀：二位五通双控电磁换向阀和二位五通单控电磁换向阀，所以施工人员应首先根据设备气路图及电路图，分配、明确及标识各电磁换向阀的具体控制功能，如哪只阀控制手爪气动回路、哪只阀控制旋转气缸气动回路等。再将确定好功能的电磁换向阀线圈按端子分布图连接至端子排，如图 2-27 所示。

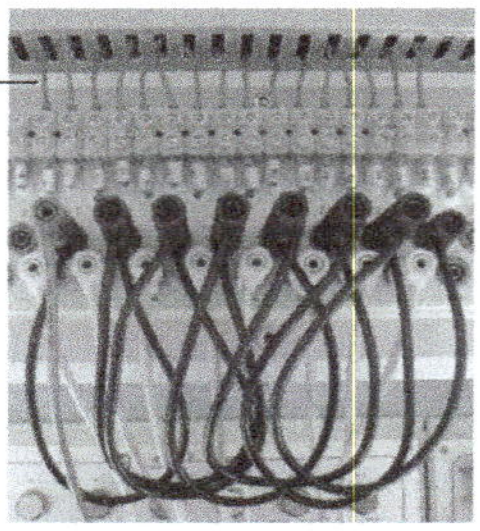

图 2-27 输出端子接线

电磁换向阀线圈有两根引出线，其中红色线接 PLC 的输出信号端子（直流电源 24V“+”），绿色线接直流电源 24V“−”。若两线接反，电磁换向阀的指示灯不能点亮，但不会影响电磁换向阀的动作功能。

3）连接 PLC 的输入信号端子至端子排。

4）通过端子排，将 PLC 的输入信号端子引至按钮模块。

5）连接 PLC 的输出信号端子至端子排。将输出信号端子与对应的端子排连接，同时将 1L、2L 和 3L 短接（负载电源暂不连接，待 PLC 模拟调试成功后再连接）。

6）连接电源模块中的单相交流电源至 PLC 模块。

7）电路检查。

8）清理台面，工具入箱。

3. 气动回路连接

（1）气路连接前的准备　按照要求检查空气压缩机状态、准备图样及工具，并安排气路连接步骤。

（2）气路连接步骤　YL-235A 型光机电设备气路的连接方法：快速接头与气管对接。气管插入接头时，应用手拿着气管端部轻轻压入，使气管通过弹簧片和密封圈到达底部，保证气路连接可靠、牢固、密封；气管从接头拔出时，应用手将管子向接头里推一下，然后压下接头上的压紧圈再拔出，禁止强行拔出。用软管连接气路时，不允许急剧弯曲，通常弯曲半径应大于其外径的 9～10 倍。管路的走向要合理，尽量平行布置，力求最短，弯曲要少且平缓，避免直角弯曲。

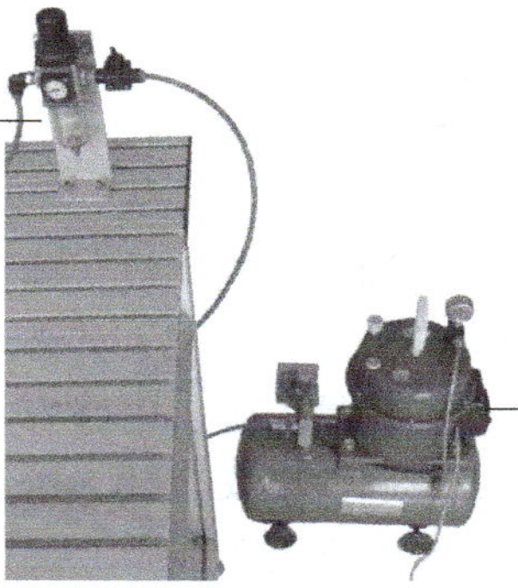

图 2-28　气源连接

1）连接气源。如图 2-28 所示，用 Φ6 气管连接空气压缩机与气动二联件，再将气动二联件与电磁换向阀阀组用 Φ4 气管相连。剪割气管时要垂直切断，尽量使截断面平整，并修去切口毛刺。

2）连接执行元件。根据气路图，将各气缸与其对应的电磁换向阀用 Φ4 气管进行气路连接。

① 气动手爪的连接。将气动手爪气腔节流阀的气管接头分别与控制它的电磁换向阀的两个工作口相连。连接时，不可用力过猛，避免损坏气管接头而造成漏气现象；同时还应保证管路连接牢固，避免软管脱出引起事故。

② 提升气缸的连接。将提升气缸的气腔节流阀与控制它的电磁换向阀进行气路连接。

③ 伸缩气缸的连接。将伸缩气缸的气腔节流阀与控制它的电磁换向阀进行气路连接。

④ 旋转气缸的连接。将旋转气缸的气腔节流阀与控制它的电磁换向阀进行气路连接。

3）整理、固定气管。以保证机械手正常动作所需气管长度及安全要求为前提，对气管进行扎束固定，要求气管通路美观、紧凑，避免气管吊挂、杂乱、过长或过短等现象，如图 2-29 所示。

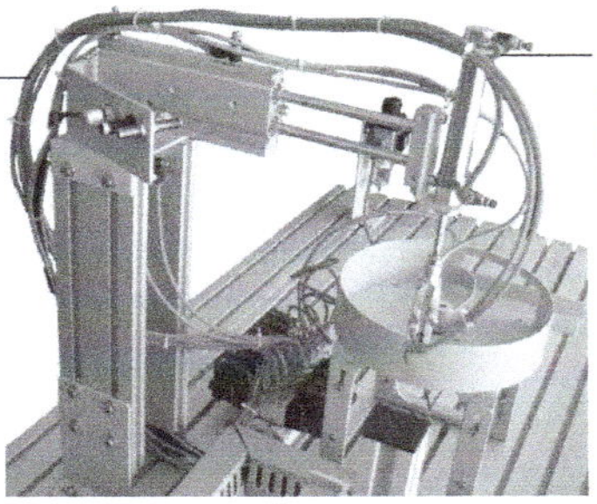

图 2-29　气路连接

4）封闭阀组上的未用电磁换向阀的气路通道。阀组除了备有机械手机构所需的电磁换向阀外，还剩有未用电磁换向阀，因它们的进气口相通，故必须对本次施工中未用阀的气口进行封闭。如图 2-30 所示，将一根气管对折后用尼龙扎头扎紧，再将此气管的两端分别插入剩余电磁换向阀的两个工作口。

5）清理杂物，工具入箱。

4. 程序输入

启动西门子 PLC 编程软件，输入图 2-8 所示梯形图。

1）启动西门子 PLC 编程软件。

2）创建新文件，选择 PLC 类型。

3）输入程序。

4）编译梯形图。

5）保存文件。

5. 设备调试

为了避免设备调试出现事故，确保调试工作的顺利进行，施工人员必须进一步确认设备机械安装、电路安装及气路安装的正确性、安全性，做好设备调试前的各项准备工作。

图 2-30 未用电磁换向阀的气路封闭

（1）设备调试前的准备

1）清扫设备上的杂物，保证无设备之外的金属物。

2）检查机械部分动作是否完全正常。

3）检查电路连接的正确性，严禁短路现象。尤其应加强传感器接线的检查，避免因接线错误而烧毁传感器。

4）检查气动回路连接的正确性、可靠性，绝不允许调试过程中有气管脱出现象。

5）细化设备调试流程，理清设备调试步骤，保证设备的安全性，调试流程如图 2-31 所示。

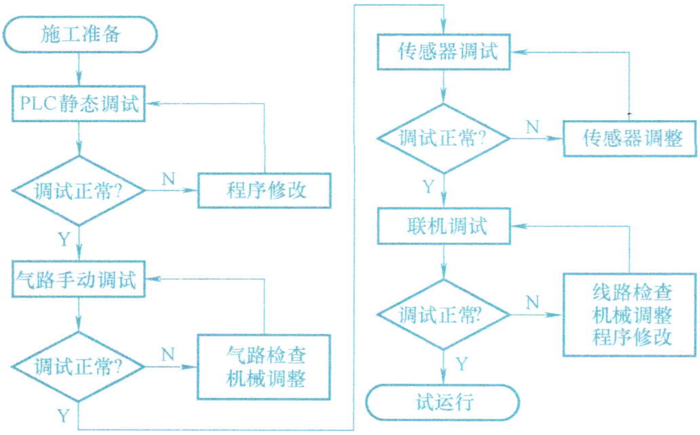

图 2-31 设备调试流程图

（2）模拟调试

1）PLC 静态调试。

① 连接计算机与 PLC。

② 确认 PLC 的输出负载回路电源处于断开状态，并检查空气压缩机的阀门是否关闭。

③ 合上断路器，给设备供电。

④ 写入程序。

⑤ 运行 PLC，按表 2-6 所示步骤用 PLC 模块上的钮子开关模拟 PLC 输入信号，观察

PLC 的输出指示灯状态，将结果记入表 2-6 中。

表 2-6　静态调试情况记载表

步骤	操作任务	观察任务		备注
		正确结果	观察结果	
1	动作 I0.2 钮子开关，PLC 上电	Q0.4 指示灯点亮		手爪放松
2	复位 I0.2 钮子开关	Q0.4 指示灯熄灭		放松到位
		Q0.6 指示灯点亮		手爪上升
3	动作 I0.7 钮子开关	Q0.6 指示灯熄灭		上升到位
		Q1.0 指示灯点亮		手臂缩回
4	动作 I0.6 钮子开关	Q1.0 指示灯熄灭		缩回到位
		Q0.1 指示灯点亮		手臂左旋
5	动作 I0.3 钮子开关	Q0.1 指示灯熄灭		左旋到位
6	动作 I1.1 钮子开关，按下起动按钮 SB1	Q0.7 指示灯点亮		有料，手臂伸出
7	动作 I0.5 钮子开关，复位 I0.6 钮子开关	Q0.7 指示灯熄灭		伸出到位
		Q0.5 指示灯点亮		手爪下降
8	动作 I1.0 钮子开关，复位 I0.7 钮子开关	Q0.5 指示灯熄灭		下降到位
		Q0.3 指示灯点亮		手爪夹紧物料
9	动作 I0.2 钮子开关，1s 后	Q0.6 指示灯点亮		手爪上升
10	动作 I0.7 钮子开关，复位 I1.0 钮子开关	Q0.6 指示灯熄灭		上升到位
		Q1.0 指示灯点亮		手臂缩回
11	动作 I0.6 钮子开关，复位 I0.5 钮子开关	Q1.0 指示灯熄灭		缩回到位
		Q0.0 指示灯点亮		手臂右旋
12	动作 I0.4 钮子开关，复位 I0.3 钮子开关	Q0.0 指示灯熄灭		右旋到位
13	2s 后	Q0.7 指示灯点亮		手臂伸出
14	动作 I0.5 钮子开关，复位 I0.6 钮子开关	Q0.7 指示灯熄灭		伸出到位
		Q0.5 指示灯点亮		手爪下降
15	动作 I1.0 钮子开关，复位 I0.7 钮子开关	Q0.5 指示灯熄灭		下降到位
16	0.5s 后	Q0.4 指示灯点亮		手爪放松
17	复位 I0.2 钮子开关	Q0.4 指示灯熄灭		放松到位
		Q0.6 指示灯点亮		手爪上升
18	动作 I0.7 钮子开关，复位 I1.0 钮子开关	Q0.6 指示灯熄灭		上升到位
		Q1.0 指示灯点亮		手臂缩回
19	动作 I0.6 钮子开关，复位 I0.5 钮子开关	Q1.0 指示灯熄灭		缩回到位
		Q0.1 指示灯点亮		手臂左旋
20	动作 I0.3 钮子开关，复位 I0.4 钮子开关	Q0.1 指示灯熄灭		左旋到位
21	一次物料搬运结束，等待加料			
22	重新加料，按下停止按钮 SB2，机构完成当前工作循环后停止工作			

⑥ 将 PLC 的 RUN/STOP 开关置于“STOP”位置。

⑦ 复位 PLC 模块上的钮子开关。

2）气动回路手动调试。

① 接通空气压缩机电源，起动机器压缩空气，等待气源充足。

② 将气源压力调整到工作范围（0.4～0.5MPa）。打开空气压缩机阀门，旋转气动二联件的调压手柄，将压力调到 0.4～0.5MPa，然后开启气动二联件上的阀门给机构供气，如图 2-32

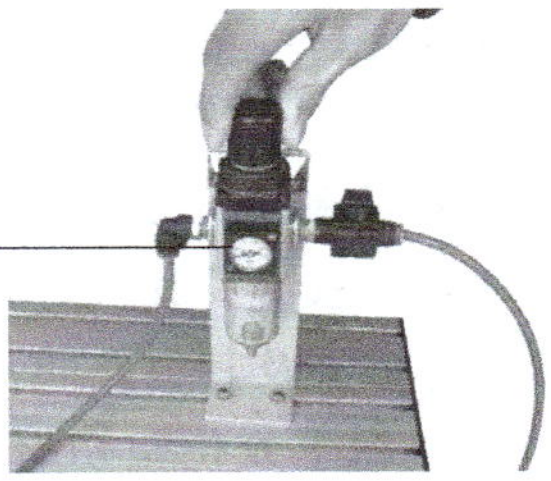

图 2-32　调节空气压力

所示。此时施工人员注意观察气路系统有无泄漏现象，若有，应立即解决，确保调试工作在无气体泄漏环境下进行。

③ 如图 2-33 所示，在正常工作压力下，按照机械手动作节拍逐一进行手动调试，直至机构动作完全正常为止。对于机械部分出现的异常现象，施工人员应注意先关闭气源，再进行排故工作；若需气路拆卸或改建，应关闭气源，待排净回路中的残余气体后方可重新搭建。手动调试时，不可将电磁换向阀锁死。若发现气缸动作方向相反，对调其两个工作口的气管即可。

④ 调整节流阀至合适开度，使气缸的运动速度趋于合理，避免动作速度过快而产生机械撞击。图 2-34 所示为气缸运动速度的（手臂伸出速度）调整。

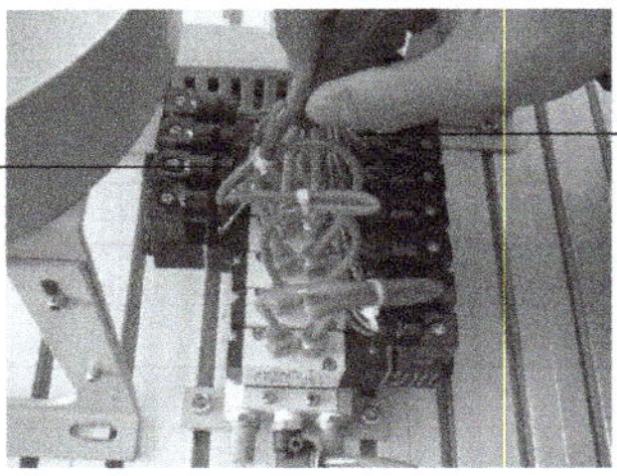

图 2-33 气动回路手动调试

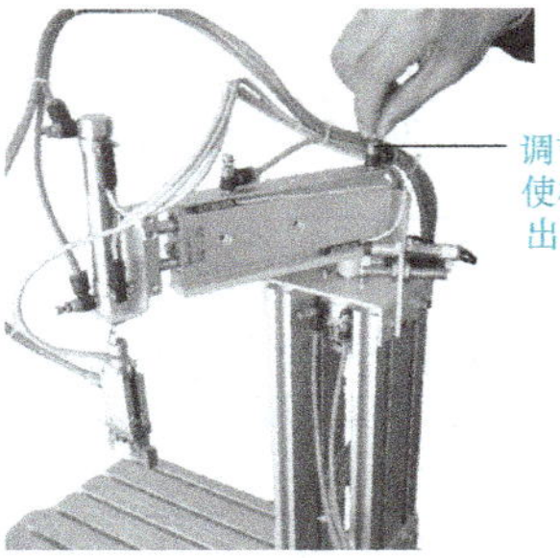

图 2-34 调整气缸运动速度

3）传感器调试。图 2-35 所示为伸缩气缸伸出传感器、左旋限位传感器及缓冲器的调整固定。

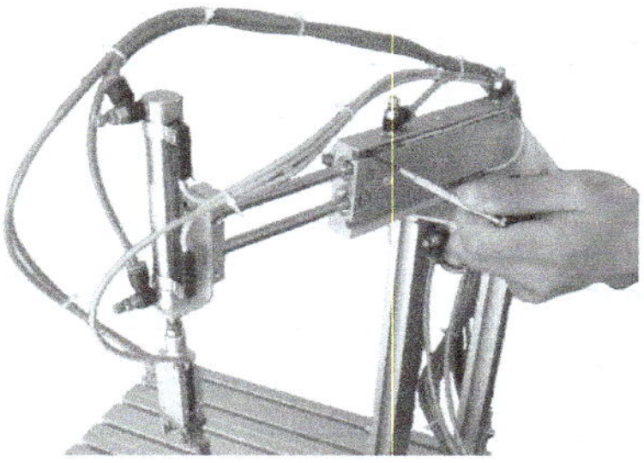

a) 伸缩气缸伸出传感器的位置调整

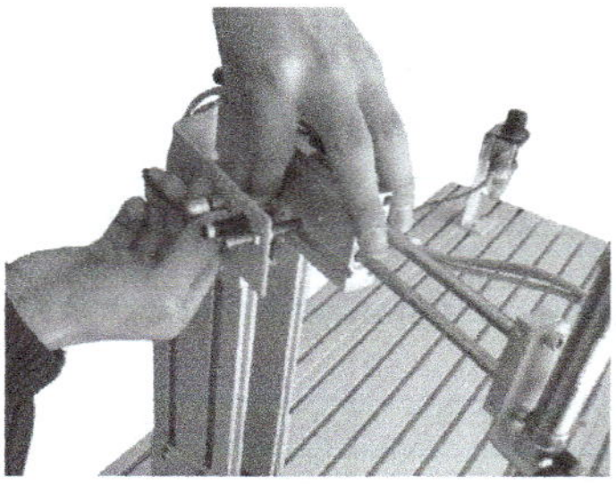

b) 左旋限位传感器的位置调整

图 2-35 传感器的调整固定

① 手动调试气缸动作到位，观察各限位传感器所对应的 PLC 输入指示灯。若点亮，说明传感器及其位置正常；若不能点亮，需调整传感器的位置、检查传感器及其电路质量的好坏。

② 将物料放于加料站出料口，观察物料检测传感器对应的 PLC 输入指示灯。若点亮，说明光电传感器及其位置正常；若不能点亮，需调整传感器的位置、调节光线漫反射灵敏度或检查传感器及其电路质量的好坏。

③ 机械手复位至初始位置。

（3）联机调试 模拟调试正常后，接通 PLC 输出负载的电源回路，进入联机调试阶段。

此阶段要求施工人员认真观察设备的动作情况，若出现问题，应立即解决或切断电源，避免扩大故障范围。必须提醒的是，若程序有误，可能会使机械手手爪撞击料盘，导致手爪或提升气缸的作用杆损坏，因此启动系统后应首先重点调试观察如图 2-36 所示的几个主要部位。

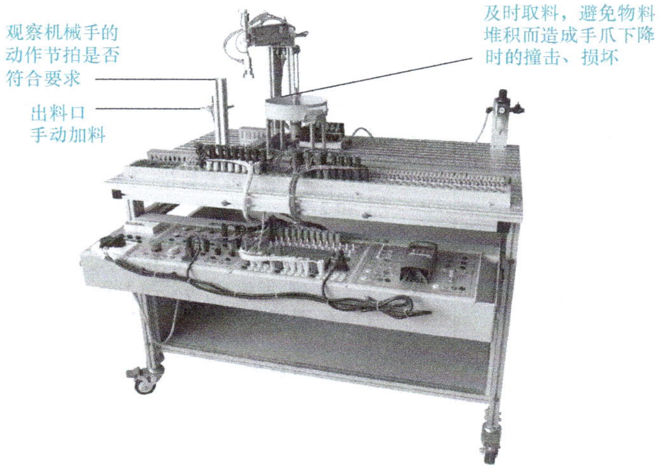

图 2-36　机械手搬运机构

表 2-7 为联机调试的正确结果，若调试中有与之不符的情况，施工人员首先应根据现场情况，判断是否需要切断电源，在分析、判断故障形成的原因（机械、电气或程序问题）的基础上，进行检修调试，直至设备完全实现功能。

表 2-7　联机调试结果一览表

步骤	操作过程	设备实现的功能	备注
1	PLC 上电 （出料口无物料）	手爪放松	机构初始复位
		手爪上升	
		手臂缩回	
		手臂左旋	
2	按下起动按钮 SB1 给出料口加物料	手臂伸出	物料搬运
		手爪下降	
		手爪夹紧	
3	1s 后	手爪上升	
		手臂缩回	
		手臂右旋	
4	右旋到位 2s 后	手臂伸出	
		手爪下降	
5	下降到位 0.5s 后	手爪放松	
		手爪上升	
		手臂缩回	
		手臂左旋到位后停在初始位置	
6	重新加料，按下停止按钮 SB2，机构完成当前工作循环后停止工作		

（4）试运行　施工人员操作机械手搬运机构，运行、观察一段时间，确保设备合格、稳定、可靠。

6. 现场清理

设备调试完毕，要求施工人员清点工量具，归类整理资料，清扫现场卫生，并填写设备安装登记表。

7. 设备验收

设备质量验收见表 2-8。

表 2-8 设备质量验收表

验收项目及要求		配分	配分标准	扣分	得分	备注
设备组装	1. 设备部件安装可靠，各部件位置衔接准确 2. 电路安装正确，接线规范 3. 气路连接正确，规范美观	35	1. 部件安装位置错误，每处扣 2 分 2. 部件衔接不到位、零件松动，每处扣 2 分 3. 电路连接错误，每处扣 2 分 4. 导线反圈、压皮、松动，每处扣 2 分 5. 错、漏编号，每处扣 1 分 6. 导线未入线槽、布线凌乱，每处扣 2 分 7. 气路连接错误，每处扣 2 分 8. 气路漏气、掉管，每处扣 2 分 9. 气管过长、过短、乱接，每处扣 2 分			
设备功能	1. 设备起停正常 2. 手爪夹紧放松正常 3. 手爪上升下降正常 4. 手臂伸出缩回正常 5. 手臂左右旋转正常 6. 机械手搬运机构动作准确、完整	60	1. 设备未按要求起动或停止，每处扣 10 分 2. 手爪未按要求夹紧、放松，每处扣 5 分 3. 手爪未按要求升降，扣 10 分 4. 手臂未按要求伸缩，扣 10 分 5. 手臂未按要求旋转，扣 10 分 6. 物料不能准确搬运，扣 10 分			
设备附件	资料齐全，归类有序	5	1. 设备组装图缺少，扣 2 分 2. 电路图、梯形图、气路图缺少，扣 2 分 3. 技术说明书、工具明细表、元件明细表缺少，扣 2 分			
安全生产	1. 自觉遵守安全文明生产规程 2. 保持现场干净整洁，工具摆放有序		1. 漏接接地线，每处扣 5 分 2. 每违反一项规定，扣 3 分 3. 发生安全事故，0 分处理 4. 现场凌乱、乱放工具、乱丢杂物、完成任务后不清理现场扣 5 分			
时间	6h		提前正确完成，每 5min 加 5 分 超过额定时间，每 5min 扣 2 分			
开始时间		结束时间		实际时间		

四、设备改造

机械手搬运机构的改造要求及任务如下：

（1）功能要求

1）复位功能。PLC 上电，机械手手爪放松、手爪上伸、手臂缩回、手臂左旋至左侧限位处停止。

2）搬运功能。机构起动后，若加料站出料口上有物料→提升臂伸出，手爪下降→到位后，手爪抓物夹紧 1s→时间到，提升臂缩回，手爪上升→到位后机械手臂向右旋转→至右侧限位，定时 2s 后手臂伸出→到位后提升臂伸出，手爪下降→到位后定时 0.5s，手爪放松、放下物料→手爪放松到位后，提升臂缩回，手爪上升→到位后机械手臂缩回→到位后机械手臂向左旋转至左侧限位处，等待物料开始新的工作循环（与项目二任务不同，本机构起动后，手爪是直接下降抓取物料，故应调整加料站的位置方可实现功能）。

（2）技术要求

1）工作方式要求。机构有两种工作方式：单步运行和自动运行。

2）系统的起停控制要求。

① 按下起动按钮，机构开始工作。

② 按下停止按钮，机构完成当前工作循环后停止。

③ 按下急停按钮，机构立即停止工作。

3）电源要有信号指示灯，电气线路的设计符合工艺要求、安全规范。

4）气动回路的设计符合控制要求、正确规范。

（3）工作任务

1）按机构要求画出电路图。

2）按机构要求画出气路图。

3）按机构要求编写 PLC 控制程序。

4）改装机械手搬运机构实现功能。

5）绘制设备装配示意图。

项目三 物料传送及分拣机构的组装与调试

一、施工任务

1. 根据设备装配示意图组装物料传送及分拣机构。
2. 按照设备电路图连接物料传送及分拣机构的电气回路。
3. 按照设备气路图连接物料传送及分拣机构的气动回路。
4. 输入设备控制程序，正确设置变频器的参数，调试物料传送及分拣机构实现功能。

扫码看视频

二、施工前准备

物料传送及分拣机构为 YL-235A 型光机电设备的终端（YL-235A 型光机电设备的分拣装置有三个料槽。考虑到项目的难度，本项目只进行两槽分拣机构的组装）。与前面项目一样，施工前应仔细阅读设备随机技术文件，了解机构的组成及其运行情况，看懂组装图、电路图、气动回路图及梯形图等图样，然后再根据施工任务制订施工计划、施工方案等。

1. 识读设备图样及技术文件

（1）装置简介　物料传送及分拣机构主要实现对落料口落下的物料进行输送，并按物料性质进行分类存放的功能，其工作流程如图 3-1 所示。

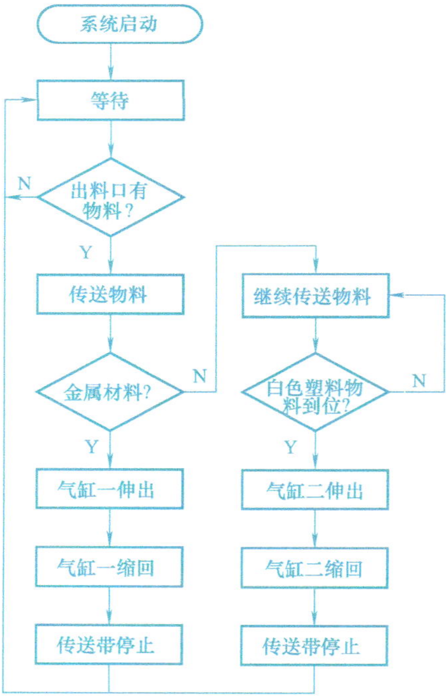

图 3-1　物料传送及分拣机构工作流程图

1）起停控制。按下起动按钮，机构开始工作。按下停止按钮，机构完成当前工作循环后停止。

2）传送功能。当传送带落料口的光电传感器检测到物料 0.5s 后，变频器起动，以频率 30Hz 驱动三相异步电动机正转运行，传送带开始自左向右输送物料，分拣完毕，传送带停止运转。

3）分拣功能。

① 分拣金属物料。当起动推料一传感器检测到金属物料 0.1s 后，推料一气缸（简称气缸一）动作，活塞杆伸出将它推入料槽一内。当推料一气缸伸出限位传感器检测到活塞杆伸出到位后，活塞杆缩回；缩回限位传感器检测到气缸缩回到位后，传送带停止运行。

② 分拣白色塑料物料。当起动推料二传感器检测到白色塑料物料 0.1s 时，推料二气缸（简称气缸二）动作，活塞杆伸出将它推入料槽二内。当推料二气缸伸出限位传感器检测到活塞杆伸出到位后，活塞杆缩回；缩回限位传感器检测到气缸缩回到位后，传送带停止运行。

（2）识读装配示意图　物料传送及分拣机构的设备布局如图 3-2 所示，它主要由两部分组成：传送装置和分拣装置，两者协调配合，平稳传送、迅速分拣。

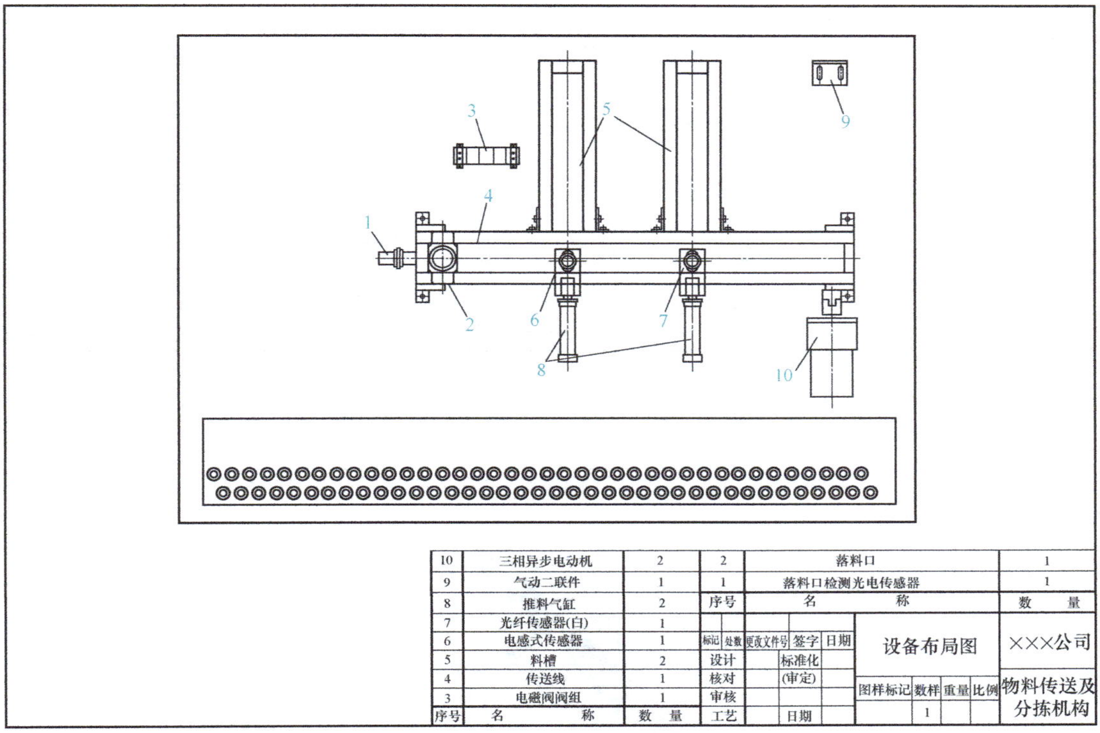

图 3-2　物料传送及分拣机构设备布局图

1）结构组成。如图 3-3 所示，物料传送及分拣机构由落料口、直线带传送线（简称传送带）、料槽、推料气缸、三相异步电动机、电磁换向阀及检测传感器等组成，其中落料口起物料入料定位作用，当固定在其左侧的光电传感器检测到物料时，便给 PLC 发出传送带起动信号，由此控制三相异步电动机驱动传送带传送物料。机构实物如图 3-4 所示。

起动推料一传感器为电感式传感器，用来检测判别金属物料，并起动气缸一动作。起动推料二传感器为光纤传感器，调节其放大器的颜色灵敏度，可检测判别白色塑料物料，并起动气缸二动作。电感式接近传感器的检测距离为 3~5mm。

2）尺寸分析。物料传送及分拣机构的各部件定位尺寸如图 3-5 所示。

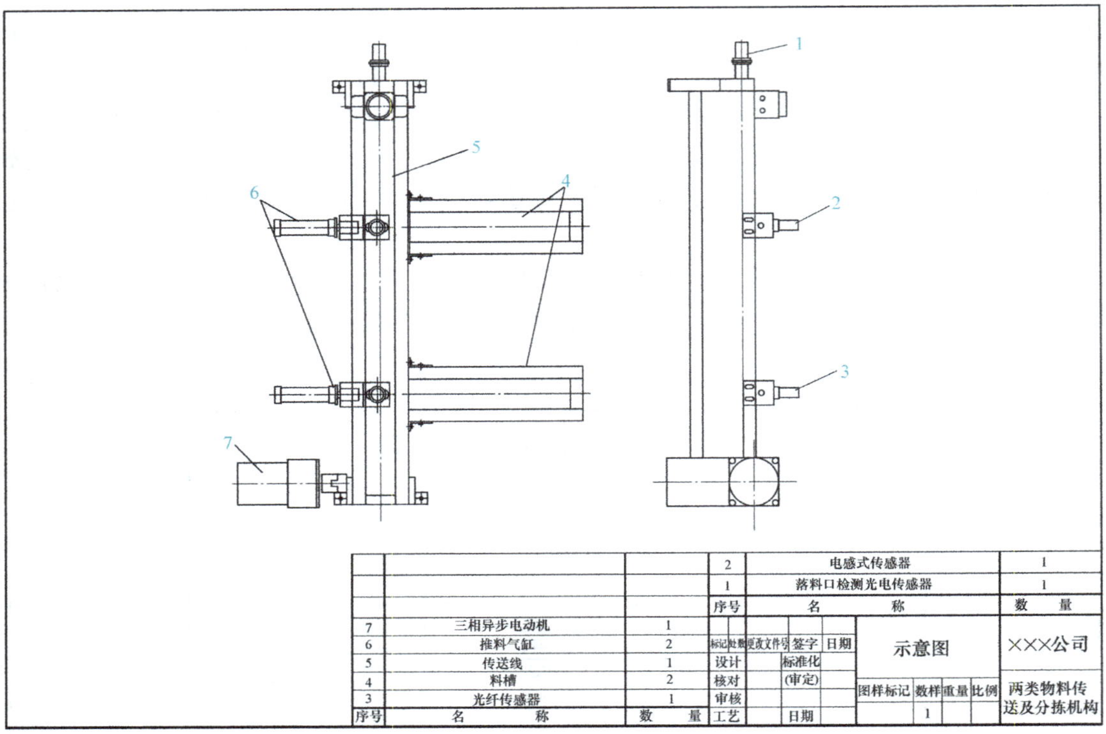

图 3-3 物料传送及分拣机构结构示意图

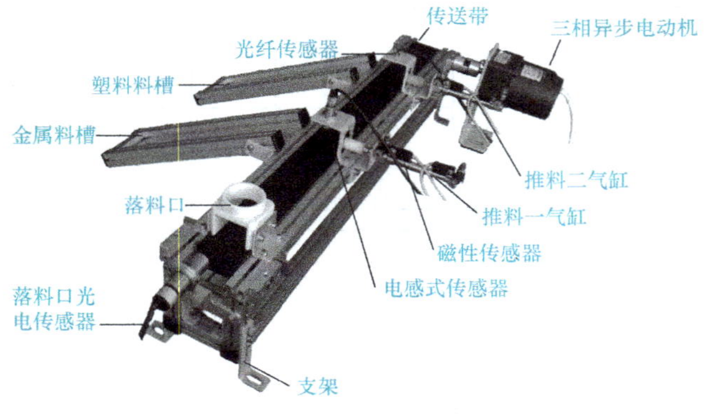

图 3-4 物料传送及分拣机构

（3）识读变频器相关技术文件 YL-235A 型光机电设备使用西门子 MM420 型变频器对传送带电动机进行变频调速的拖动控制。图 3-6 所示为西门子 MM420 型变频器，通过其外部控制端子、操作面板改变或设定运行参数，达到控制电动机拖动的目的。

1）外部接线端子。如图 3-7 所示，西门子 MM420 型变频器的外部接线端子主要由主电路接线端子和控制电路接线端子两部分组成，其内部接线如图 3-8 所示。

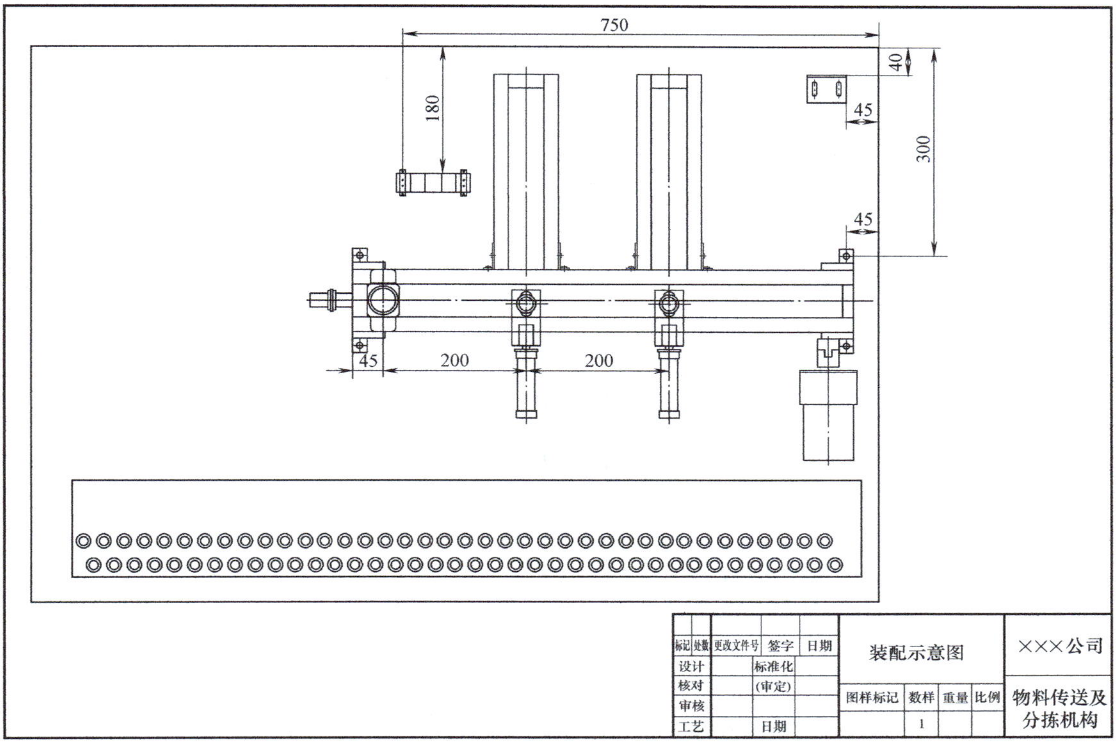

图 3-5　物料传送及分拣机构装配示意图

图 3-6　西门子 MM420 型变频器外形图

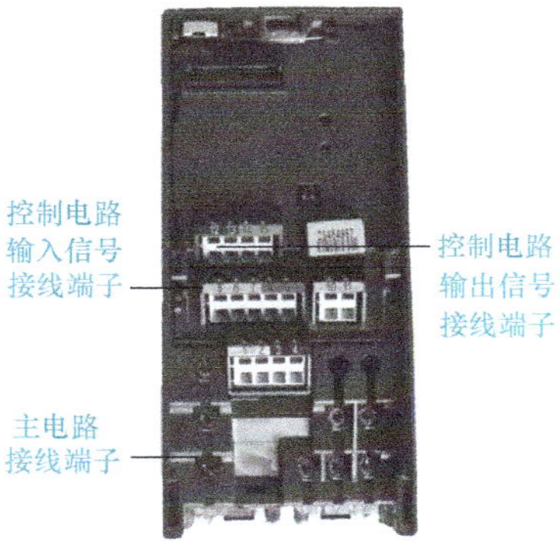

图 3-7　MM420 型变频器接线端子

① 主电路接线端子。主电路接线端子如图 3-9 所示，各端子功能见表 3-1。

表 3-1　主电路接线端子的功能表

序号	接线端子名称	端子功能	要点提示
1	输入电源端子（R/L1、S/L2、T/L3）	用于输入三相工频电源	为安全起见，电源输入通过接触器、剩余电流断路器或无熔丝断路器与插头接入
2	输出端子（U、V、W）	用于变频器输出	接三相笼型异步电动机
3	接地端子（⏚）	用于变频器外壳接地	必须接大地
4	直流 24V 输出端子	提供 24V 电源输出	

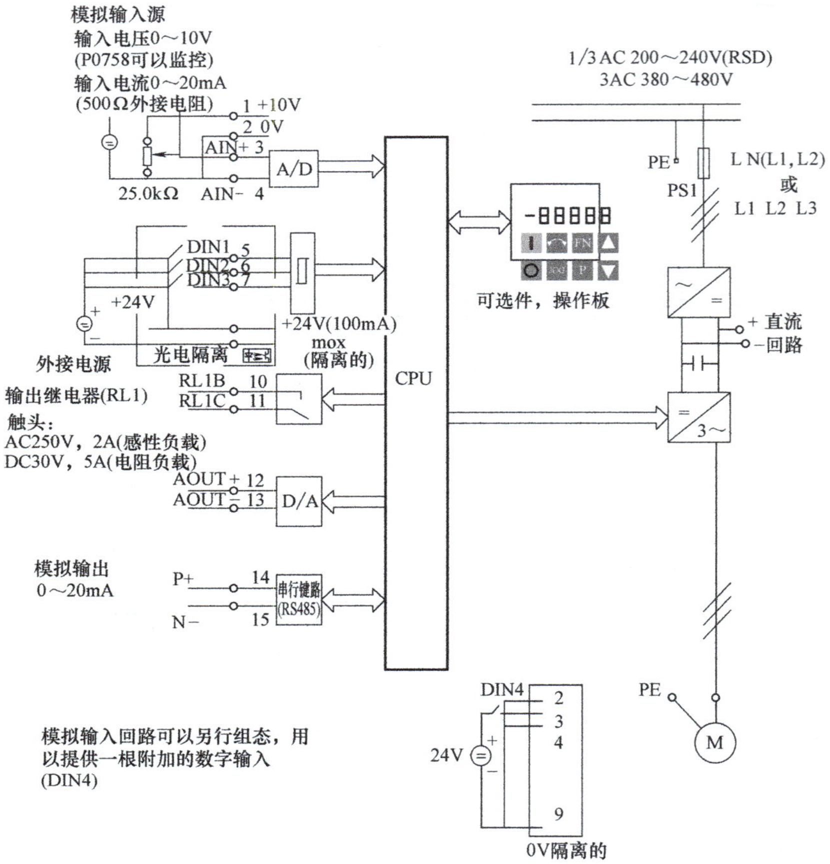

图 3-8 MM420 型变频器接线图

图 3-9 主电路接线端子

② 控制电路接线端子。控制电路接线端子如图 3-10 所示，各端子功能见表 3-2。

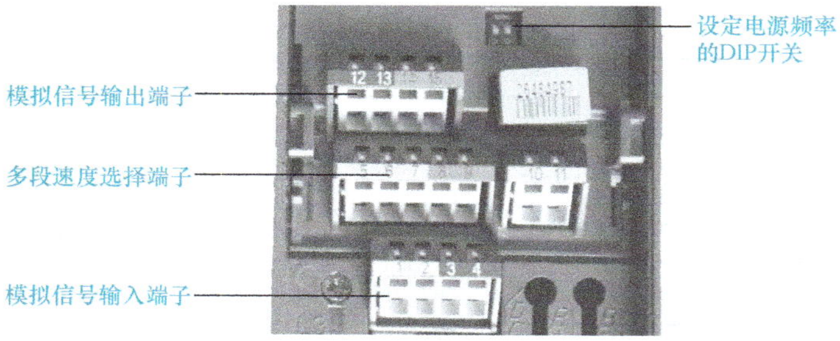

图 3-10 控制电路接线端子

表 3-2　控制电路接线端子的功能表

序号	接线端子名称	端子功能	要点提示
1	端子 1	模拟输入电源 10V“+”	将模拟输入回路端子 2、9 短接，端子 3 用以提供一个数字输入端 DIN4
2	端子 2	模拟输入电源 10V“-”	
3	端子 3	模拟信号输入端	可实现对电动机速度的控制
4	端子 4	模拟信号输入端	
5	端子 5、6、7	用于正反转、高低速信号的组合，可以选择多段速度	输出端子功能通过设定参数(Pr. 0701～Pr. 0703)改变
6	端子 8、9	直流 24V 电源端	
7	异常输出端子 10、11	变频器异常时，RL1B、RL1C 导通；正常时，RL1B、RL1C 不导通	输出端子功能通过设定参数 Pr. 0731 改变
8	端子 12、13	模拟信号输出端子	输入 DC4～20mA 时，20mA 为最大输出频率
9	端子 14、15	串行输出 RS-485	

2）操作面板。图 3-11 为西门子 MM420 型变频器的操作面板，它的上半部分为显示部分，下半部分为按键部分。

① 按键。利用基本操作面板（BOP）可以改变变频器的各个参数。西门子 MM420 型变频器基本操作面板（BOP）上的按键功能见表 3-3。

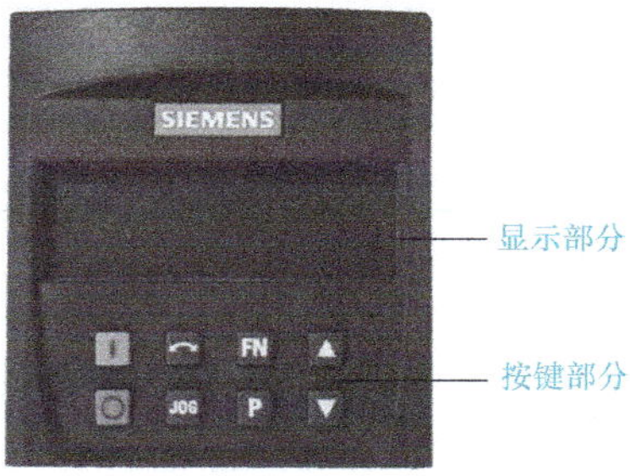

图 3-11　操作面板

表 3-3　基本操作面板（BOP）的按键功能

序号	显示按钮	功能	功能的说明
1		起动变频器	按此键起动变频器。默认运行时此键是被封锁的。为了使此键的操作有效，应设定 P0700＝1
2		停止变频器	OFF1：按此键，变频器将按选定的斜坡下降速率减速停车。默认运行时此键被封锁；为了允许此键操作，应设定 P0700＝1 OFF2：按此键两次(或一次，但时间较长)电动机将在惯性作用下自由停车，此功能总是“使能”的
3		改变电动机的转动方向	按此键可以改变电动机的转动方向。电动机的反向用负号(-)或闪烁的小数点表示。默认运行时此键是被封锁的，为了使此键的操作有效，应设定 P0700＝1
4	 JOG	电动机点动	在变频器无输出的情况下按此键，将使电动机起动，并按预设定的点动频率运行。释放此键时，变频器停车。如果变频器/电动机正在运行，按此键将不起作用
5	 FN	功能	此键用于浏览辅助信息。 变频器运行过程中，在显示任何一个参数时按下此键并保持 2s，将显示以下参数值(在变频器运行中，从任何一个参数开始)： 1. 直流回路电压(用 d 表示，单位为 V) 2. 输出电流(A) 3. 输出频率(Hz)

（续）

序号	显示按钮	功能	功能的说明
5	FN	功能	4. 输出电压（用 o 表示，单位为 V） 5. 由 P0005 选定的数值（如果 P0005 选择显示上述参数中的任何一个（3，4 或 5），这里将不再显示） 连续多次按下此键，将轮流显示以上参数 跳转功能： 在显示任何一个参数（r××××或 P××××）时短时间按下此键，将立即跳转到 r0000，如果需要的话，您可以接着修改其他的参数。跳转到 r0000 后，按此键将返回原来的显示点
6	P	访问参数	按此键即可访问参数
7	▲	增加数值	按此键即可增大面板上显示的参数数值
8	▼	减少数值	按此键即可减小面板上显示的参数数值

② 参数数值的更改。修改参数数值见表 3-4（改变参数 P0004 的数值）。

表 3-4 更改参数的数值

序号	操作步骤	显示的结果
1	按 P 访问参数	r0000
2	按 ▲ 直到显示出 P0004	P0004
3	按 P 进入参数数值访问级	0
4	按 ▲ 或 ▼ 达到所需要的数值	3
5	按 P 确认并存储参数的数值	P0004
6	使用者只能看到命令参数	

③ 修改下标参数数值的步骤见表 3-5。

表 3-5 更改下标参数的数值

序号	操作步骤	显示的结果
1	按 P 访问参数	r0000
2	按 ▲ 直到显示出 P0719	P0719
3	按 P 进入参数数值访问级	in000

（续）

序号	操作步骤	显示的结果
4	按 P 显示当前的设定值	0
5	按 ▲ 或 ▼ 选择运行所需要的最大频率	12
6	按 P 确认和存储 P0719 的设定值	P0719
7	按 ▼ 直到显示出 r0000	r0000

④ 西门子 MM420 型变频器基本参数的设定值见表 3-6。

表 3-6　西门子 MM420 型变频器基本参数设定值

序号	参数号	名称	设定值	备注
1	P0010	工厂的默认设定值	30	
2	P0970	参数复位	1	
3	P0003	扩展级	2	
4	P0004	全部参数	0	
5	P0010	快速调试	1	
6	P0100	频率默认为 50Hz，功率/kW	0	
7	P0304	电动机额定电压/V	根据实际设定	
8	P0305	电动机额定电流/A	根据实际设定	
9	P0307	电动机额定功率/kW	根据实际设定	
10	P0310	电动机额定频率/Hz	根据实际设定	
11	P0311	电动机额定速度/(r/min)	根据实际设定	
12	P0700	由端子排输入	2	
13	P1000	固定频率设定值的选择	3	
14	P1080	最低频率/Hz	0	
15	P1082	最高频率/Hz	50	
16	P1120	斜坡上升时间/s	0.7	
17	P1121	斜坡下降时间/s	0.5	
18	P3900	结束快速调试	1	
19	P0003	扩展级	2	
20	P0701	数字输入 1 的功能	16	
21	P0702	数字输入 2 的功能	16	
22	P0703	数字输入 3 的功能	16	
23	P1001	固定频率 1	-35（根据要求）	
24	P1002	固定频率 2	-25（根据要求）	
25	P1003	固定频率 3	25（根据要求）	
26	P1040	MOP 的设定值	5	

（4）识读电路图　如图 3-12 所示，PLC 输入信号端子接起停按钮、光电传感器、电感式传感器、光纤传感器及磁性传感器，输出信号端子接驱动电磁换向阀的线圈。

物料传送装置主要由 PLC 输出供给变频器正转及低速起动信号，驱动传送带低速正转。物料分拣装置主要由电磁换向阀控制推料气缸的伸缩，实现物料的分拣。

1）PLC 机型。PLC 的机型为西门子 SIMATIC S7-200 SMART SR60。

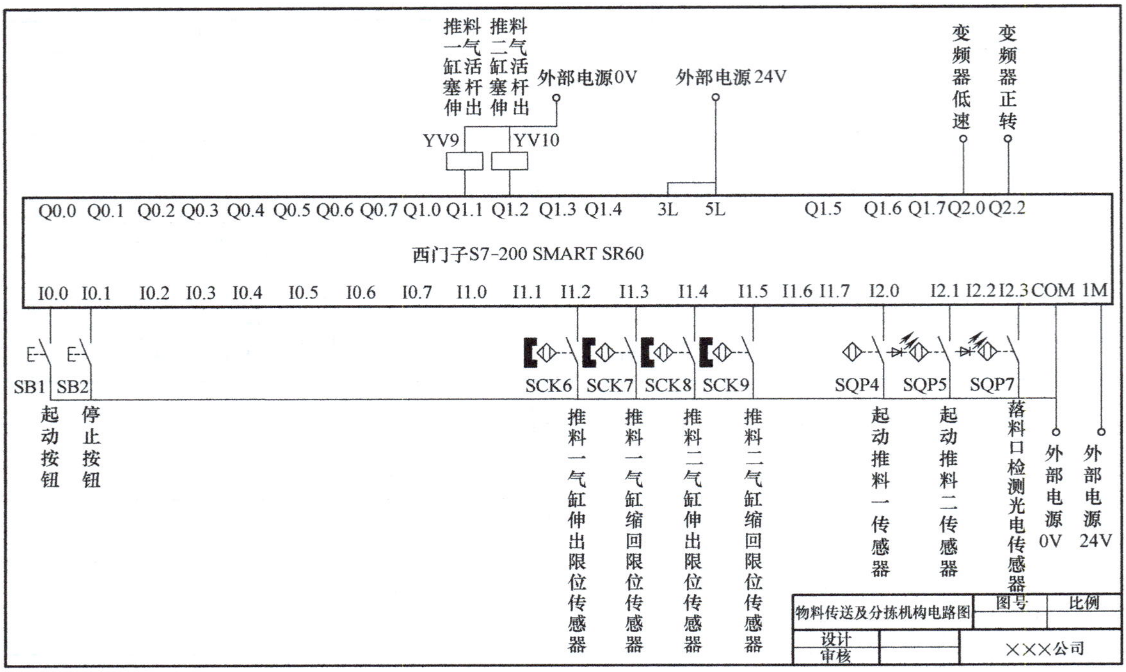

图 3-12　物料传送及分拣机构电路图

2）I/O 点分配。PLC 输入/输出设备及 I/O 点的分配情况见表 3-7。

表 3-7　输入/输出设备及 I/O 点分配表

输入			输出		
元件代号	功能	输入点	元件代号	功能	输出点
SB1	起动按钮	I0.0	YV9	驱动推料一气缸活塞杆伸出	Q1.1
SB2	停止按钮	I0.1	YV10	驱动推料二气缸活塞杆伸出	Q1.2
SCK6	推料一气缸伸出限位传感器	I1.2	DIN2	变频器低速	Q2.0
SCK7	推料一气缸缩回限位传感器	I1.3	DIN3	变频器正转	Q2.2
SCK8	推料二气缸伸出限位传感器	I1.4			
SCK9	推料二气缸缩回限位传感器	I1.5			
SQP4	起动推料一传感器	I2.0			
SQP5	起动推料二传感器	I2.1			
SQP7	落料口检测光电传感器	I2.3			

3）输入/输出设备连接特点。落料口检测光电传感器为三线漫反射型光电传感器，起动推料一传感器为三线电感式传感器，起动推料二传感器是三线光纤传感器。

（5）识读气动回路图　机构的分拣功能主要是通过电磁换向阀控制推料气缸的伸缩来实现的。

1）气路组成。如图 3-13 所示，物料传送及分拣机构气动回路中的控制元件是 2 个二位五通单控电磁换向阀及 4 个节流阀；气动执行元件是推料一气缸和推料二气缸。

2）工作原理。机械手搬运机构气动回路的动作原理见表 3-8，若 YV9 得电，单控电磁换向阀 A 口出气、B 口回气，推料一气缸活塞杆伸出，将金属物料推入料槽一内；若 YV9 失电，单控电磁换向阀则在弹簧作用下复位，A 口回气、B 口出气，从而改变气动回路的气

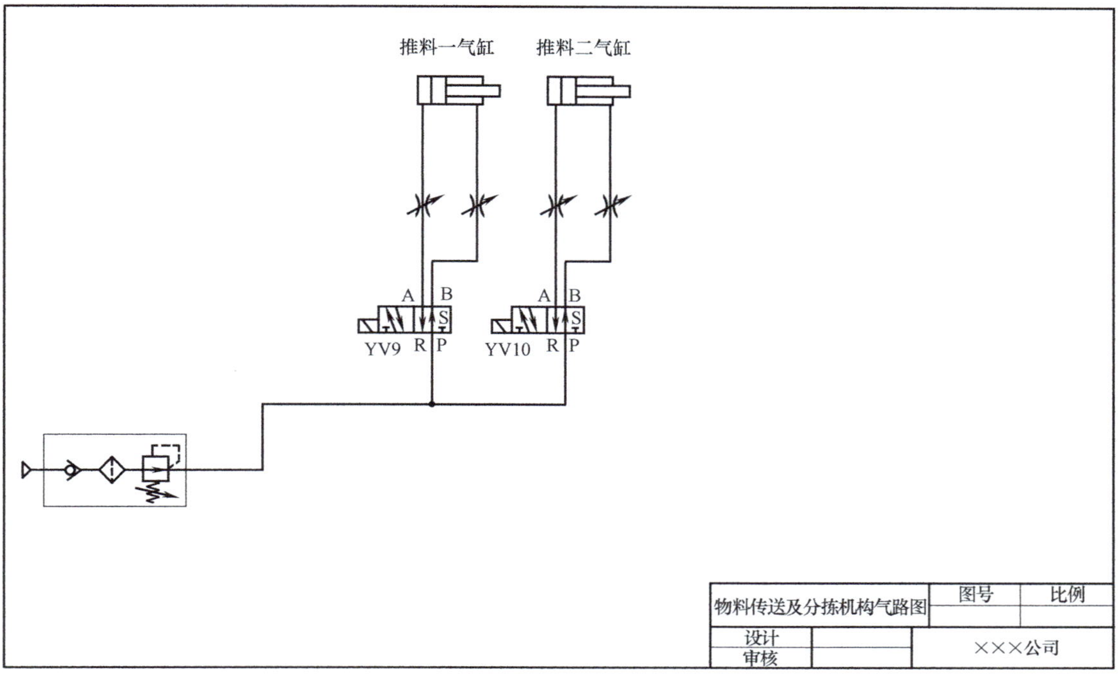

图 3-13 物料传送及分拣机构气路图

压方向，推料一气缸活塞杆缩回，等待下一次分拣。推料二气缸的气动回路工作原理与之相同。

表 3-8 控制元件、执行元件状态一览表

电磁阀换向线圈得电情况		执行元件状态	机构任务
YV9	YV10		
+		推料一气缸活塞杆伸出	分拣金属物料
-		推料一气缸活塞杆缩回	等待分拣
	+	推料二气缸活塞杆伸出	分拣白色塑料物料
	-	推料二气缸活塞杆缩回	等待分拣

（6）识读梯形图 图 3-14 为物料传送及分拣机构梯形图，其动作过程如图 3-15 所示。

1）起停控制。按下起动按钮，I0.0 为 ON，M1.0 置位保持，执行分拣机构子程序，同时 S0.0 置位，为激活 S0.0 状态提供了必要条件。按下停止按钮，I0.1 为 ON，M1.1 置位，当程序执行到 S0.0 时，所有辅助继电器及顺序控制继电器均复位，故程序执行完当前工作循环后停止。

2）传送物料。落料口有物料，I2.3 为 ON，M1.0 为 ON，M1.1 为 OFF，物料稳定 0.5s 后，Q2.0、Q2.2 置位，起动变频器正转低速运行，驱动传送带传送物料。

3）分拣物料。分拣程序有两个分支，根据物料的性质选择不同的分支执行。

若物料为金属物料，则起动推料一传感器动作，I2.0 为 ON，0.1s 后 S1.1 状态激活，Q2.0、Q2.2 复位，Q1.1 置位，推料一气缸活塞杆伸出将金属物料推入料槽一内，传送带停止工作；当气缸一伸出到位后，I1.2 为 ON，Q1.1 复位，推料一气缸活塞杆缩回；当气缸一

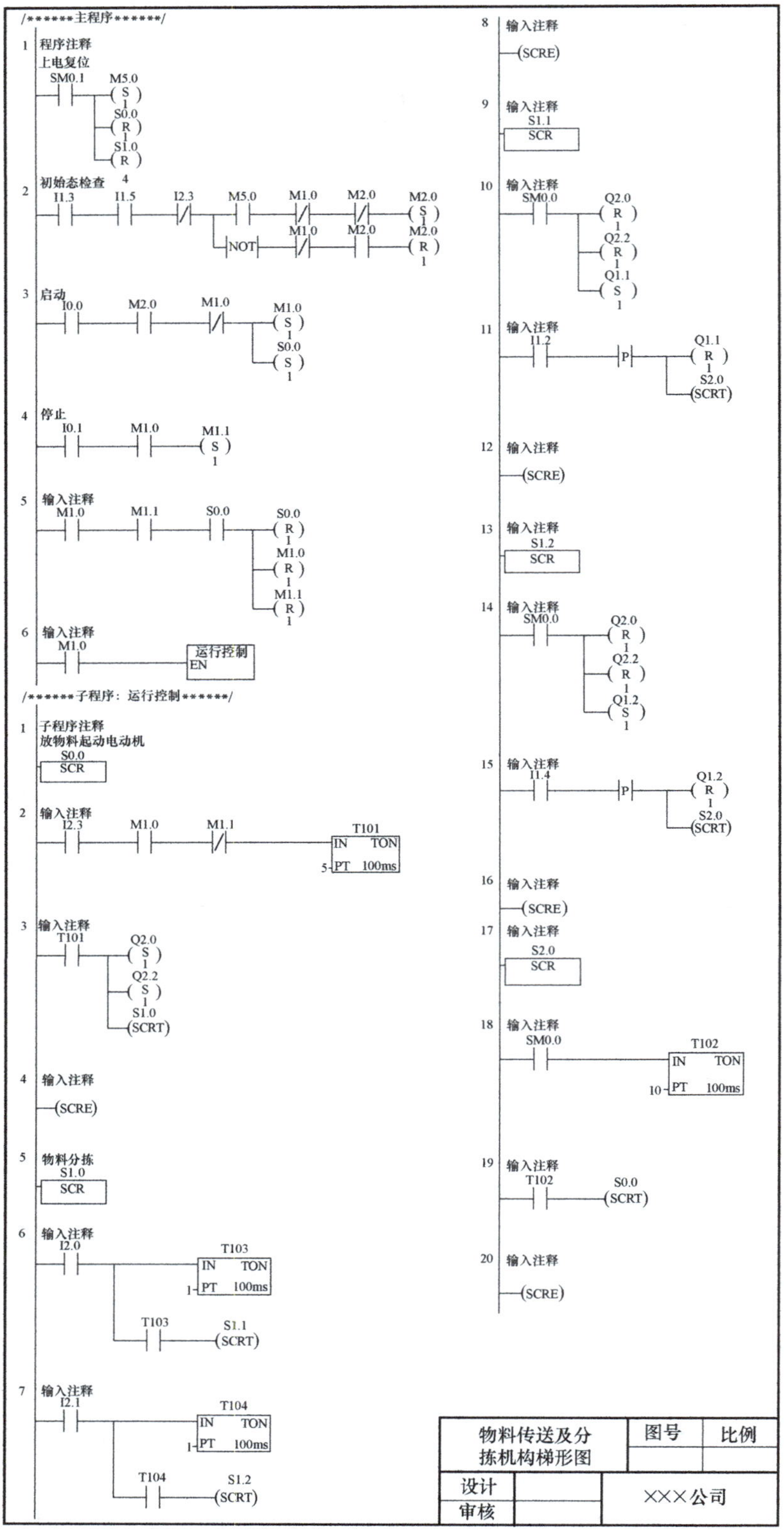

图 3-14 物料传送及分拣机构梯形图

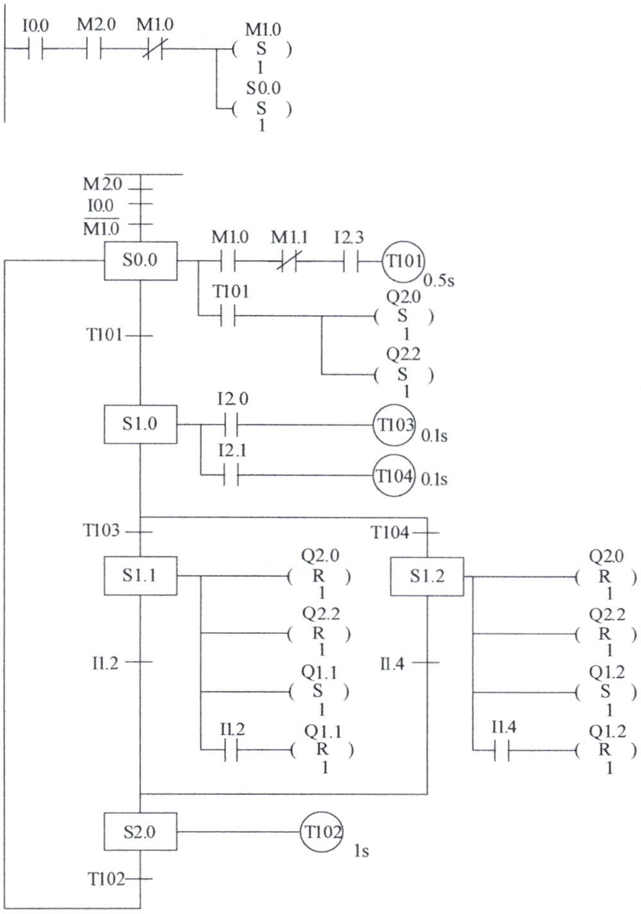

图 3-15　物料传送及分拣机构状态转移图

活塞杆缩回到位后，S2.0 状态激活，1s 后完成金属物料分拣。

若物料为白色塑料物料，则起动推料二传感器动作，I2.1 为 ON，0.1s 后 S1.2 状态激活，Q2.0、Q2.2 复位，Q1.2 置位，推料二气缸活塞杆伸出将白色塑料物料推入料槽二内，传送带停止工作；当气缸二伸出到位后，I1.4 为 ON，Q1.2 复位，推料二气缸活塞杆缩回；同样当气缸二活塞杆缩回到位后，S2.0 状态激活，1s 后完成白色物料分拣。

（7）制订施工计划　物料传送及分拣机构的组装与调试流程如图 3-16 所示。以此为依据，施工人员填写表 3-9，合理制订施工计划，确保在额定时间内完成规定的施工任务。

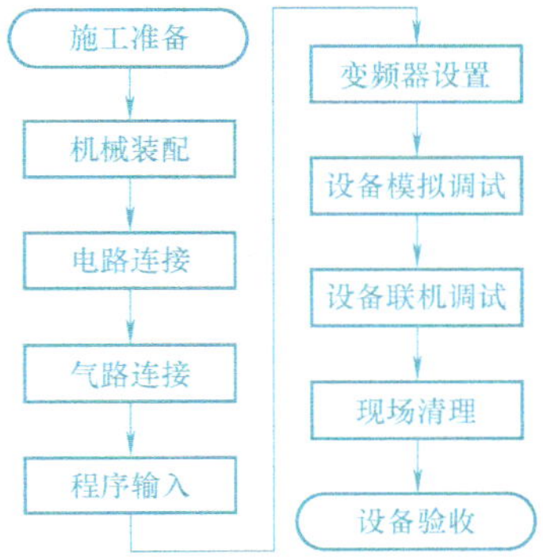

图 3-16　物料传送及分拣机构的组装与调试流程图

表 3-9 施工计划表

设备名称		施工日期	总工时/h	施工人数	施工负责人
物料传送及分拣机构					
序号	施工任务		施工人员	工序定额	备注
1	阅读设备技术文件				
2	机械装配、调整				
3	电路连接、检查				
4	气路连接、检查				
5	程序输入				
6	设置变频器参数				
7	设备模拟调试				
8	设备联机调试				
9	现场清理，技术文件整理				
10	设备验收				

2. 施工准备

（1）设备清点　检查物料传送及分拣机构的部件是否齐全，并归类放置，其设备清单见表 3-10。

表 3-10 设备清单

序号	名称	型号、规格	数量	单位	备注
1	传送带套件	50cm×700cm	1	套	
2	推料气缸套件	CDJ2KB10-60-B	2	套	
3	料槽套件		2	套	
4	电动机及安装套件	380V、25W	1	套	
5	落料口		1	只	
6	电感式传感器及其支架	NSN4-2M60-E0-AM	1	套	
7	光电传感器及其支架	GO12-MDNA-A	1	套	落料口
8	光纤传感器及其支架	E3X-NA11	1	套	
9	磁性传感器	D-C73	4	套	
10	PLC 模块	YL087、S7-200 SMART SR60	1	块	
11	按钮模块	YL157	1	块	
12	变频器模块	MM420	1	块	
13	电源模块	YL046	1	块	
14	螺钉	不锈钢内六角螺钉 M6×12	若干	只	
15	螺母	不锈钢内六角螺钉 M4×12	若干	只	
16		不锈钢内六角螺钉 M3×10	若干	只	
17		椭圆形螺母 M6	若干	只	
18	垫圈	M4	若干	只	
19		M3	若干	只	
20		ϕ4	若干	只	

（2）工具清点　设备组装工具清单见表 3-11，施工人员应清点工具的数量，并认真检查其性能是否完好。

表 3-11　工具清单

序号	名称	规格、型号	数量	单位
1	工具箱		1	只
2	螺钉旋具	一字、100mm	1	把
3	钟表螺钉旋具		1	套
4	螺钉旋具	十字、150mm	1	把
5	螺钉旋具	十字、100mm	1	把
6	螺钉旋具	一字、150mm	1	把
7	斜口钳	150mm	1	把
8	尖嘴钳	150mm	1	把
9	剥线钳		1	把
10	内六角扳手(组套)	PM-C9	1	套
11	万用表		1	只

三、任务实施

根据制订的施工计划，按照顺序对物料传送及分拣机构实施组装，施工中应注意及时调整进度，保证定额。施工时必须严格遵守安全操作规程，加强安全保障措施，确保人身和设备安全。

1. 机械装配

(1) 机械装配前的准备　按照要求清理现场、准备图样及工具，并按如图 3-17 所示参考流程安排装配流程。

(2) 机械装配步骤　按图 3-17 组装物料传送及分拣机构。

1) 画线定位。根据物料传送及分拣机构装配示意图对机构支架、三相异步电动机和电磁换向阀的固定尺寸进行画线定位。

2) 安装机构脚支架。如图 3-18 所示，固定传送带的四只脚支架。

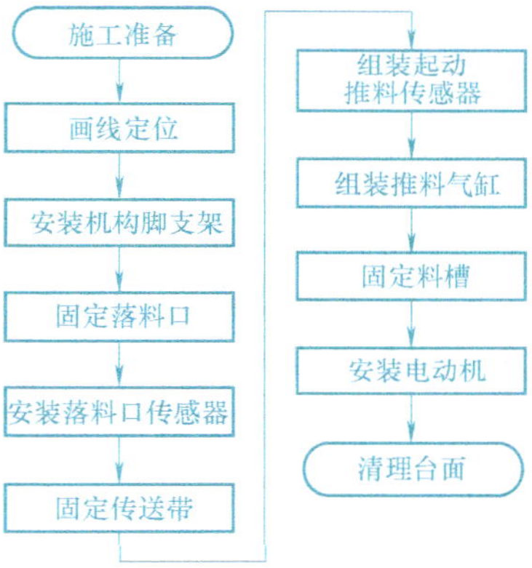

图 3-17　机械装配流程图

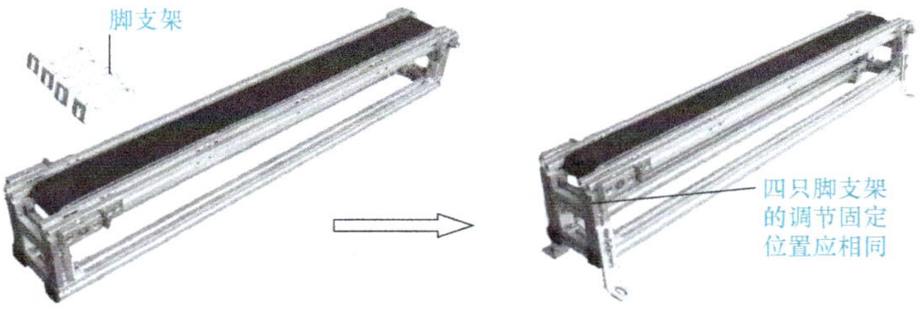

图 3-18　安装机构脚支架

3) 固定落料口。如图 3-19 所示，根据装配示意图固定落料口。固定时应注意不可将传送带左右颠倒，否则将无法安装三相异步电动机。落料口的位置相对于传送带的左侧需存有一定距离，以此保证物料能平稳地落在传送带上，不致因物料与传送带接触面积过小而出现倾斜、翻滚或漏落现象。

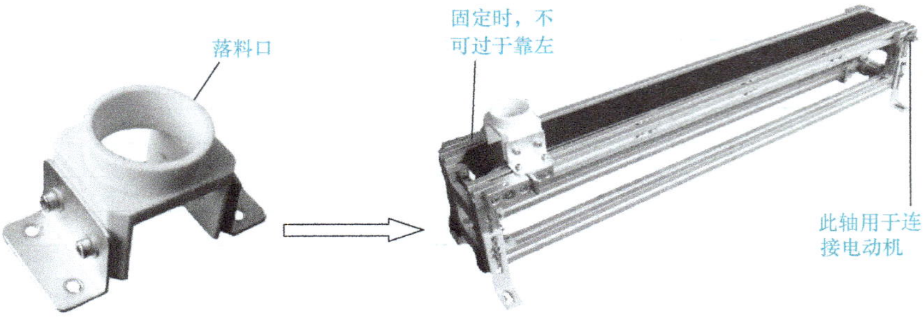

图 3-19　固定落料口

4）安装落料口传感器。如图 3-20 所示，根据装配示意图安装落料口传感器。

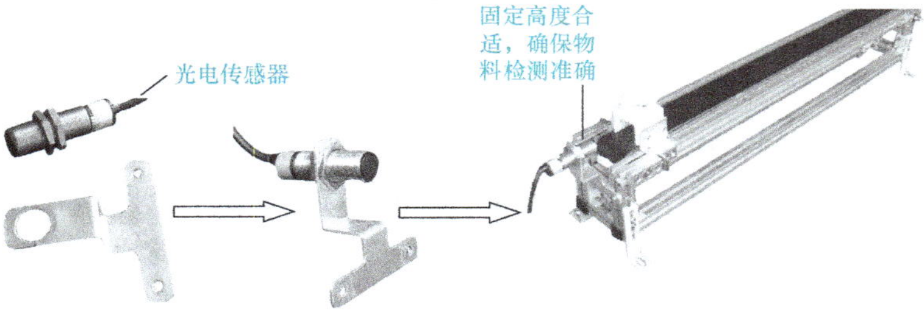

图 3-20　安装落料口传感器

5）固定传送带。如图 3-21 所示，将传送带固定在定位处。

6）组装起动推料传感器。如图 3-22 所示，将起动推料传感器在其支架上装好后，再根据装配示意图将支架固定在传送带上。

图 3-21　固定传送带

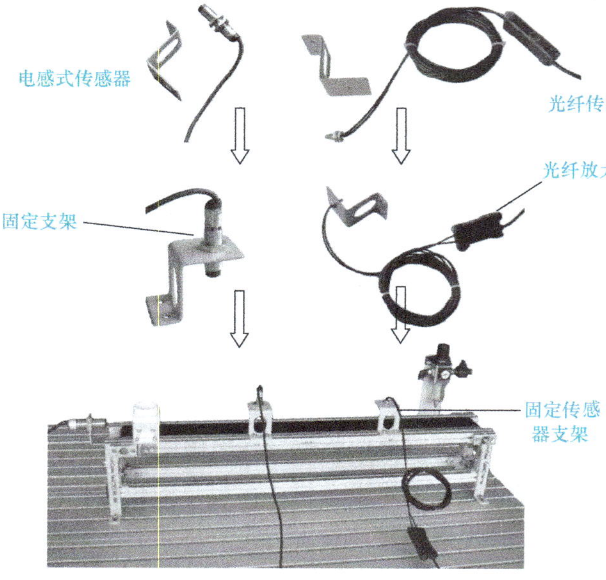

图 3-22　组装起动推料传感器

7）组装推料气缸。如图 3-23 所示，在推料气缸上固定磁性传感器，装好支架后固定在传送带上，如图 3-24 所示。

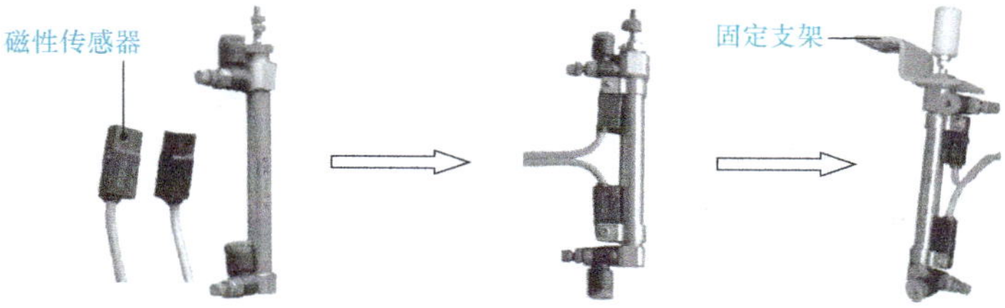

图 3-23　固定磁性传感器及气缸支架

8）固定料槽。如图 3-25 所示，根据装配示意图将料槽一和料槽二分别固定在传送带上，并调整它们与其对应的推料气缸的位置，使二者保持同一中心线，确保推料准确。

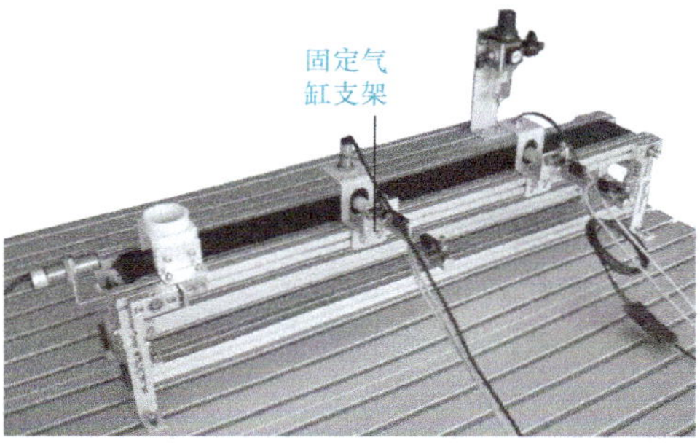

图 3-24　固定推料气缸

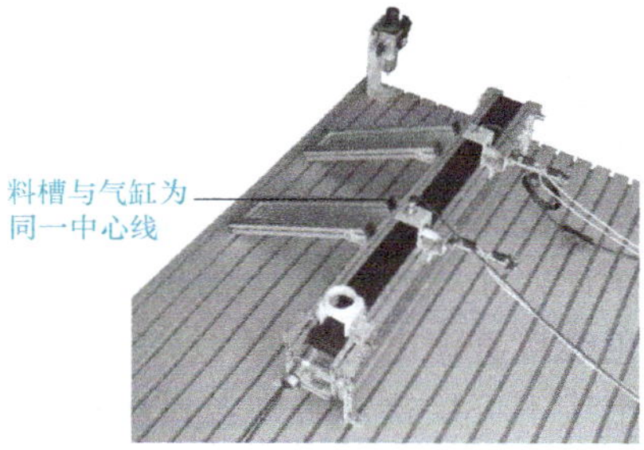

图 3-25　固定料槽

9）安装电动机。如图 3-26 所示，三相异步电动机装好支架、柔性联轴器后，将其支架固定在定位处。固定前应调整好电动机的高度、垂直度，使电动机与传送带同轴。完成后，试旋转电动机，观察两者连接、运转是否正常。

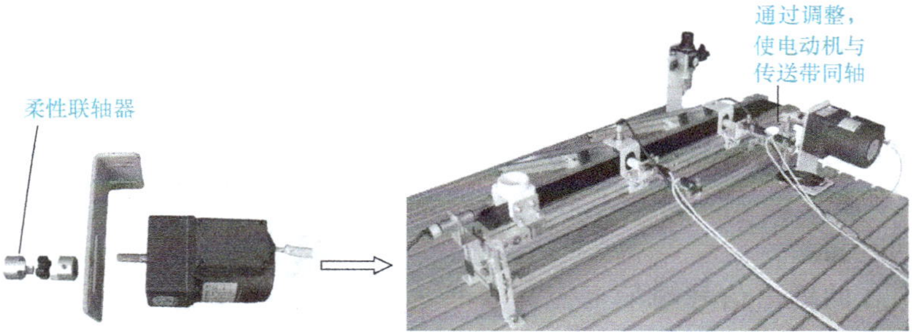

图 3-26　安装电动机

10）固定电磁阀阀组。如图 3-27 所示，将电磁阀阀组固定在定位处。

11）清理台面，保持台面无杂物或多余部件。

2. 电路连接

(1) 电路连接前的准备

1）检查电源处于断开状态，做到施工无安全隐患。

2）准备好电路安装的相关图样，供作业时查阅。

3）选用电气安装连接的电工工具，且有序摆放。

4）剪好线号管。

5）结合物料传送及分拣机构的实际结构，依据电路图确定电气回路连接顺序，参考流程如图 3-28 所示。

图 3-27 固定电磁阀阀组

（2）电路连接步骤 电路连接应符合工艺、安全规范要求，所有导线应置于线槽内。导线与端子排连接时，应套线号管并及时编号，避免错编、漏编。插入端子排的连接线必须接触良好且紧固。接线端子排的功能分配见图 1-17。

1）连接传感器至端子排。根据电路图将传感器的引出线连接至端子排。物料传送及分拣机构使用了两种传感器：两线传感器与三线传感器。磁性传感器为两线传感器，落料口检测传感器（光电）、起动推料一传感器（电感式）和起动推料二传感器（光纤式）都是三线传感器。与其他三线传感器一样，光纤放大器引出的黑色线接 PLC 的输入信号端子、棕色线接直流电源 24V“+”、蓝色线接直流电源 24V“−”。引出线不可接错，否则会损坏相应传感器，如图 3-29 所示。

2）连接输出元件至端子排。物料传送及分拣机构使用的是阀组中的单控电磁换向阀，此阀只有一只线圈。根据电路图，将两片单控电磁换向阀的线圈按端子分布图连接至端子排。

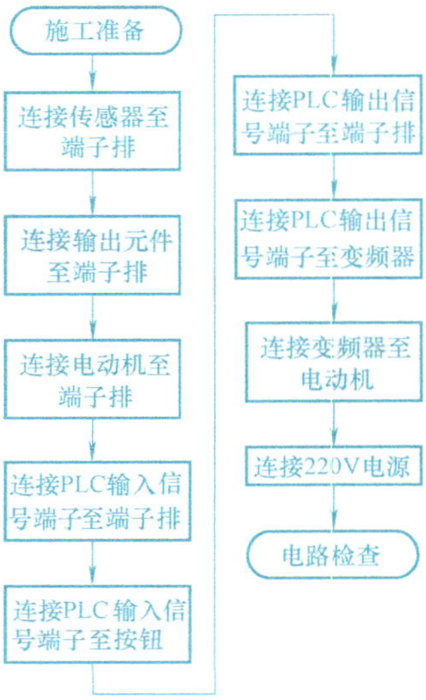

图 3-28 电路连接流程图

3）连接电动机至端子排。

4）连接 PLC 的输入信号端子至端子排。

5）连接 PLC 的输入信号端子至按钮模块。

6）连接 PLC 的输出信号端子至端子排（负载电源暂不连接，待 PLC 模拟调试成功后再连接）。

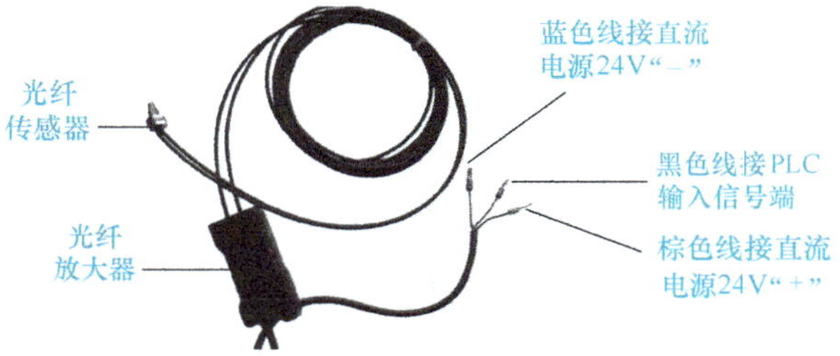

图 3-29 光纤传感器

7）连接 PLC 的输出信号端子至变频器。图 3-30 所示为变频器模块。将输出信号端子 Q2.0 与变频器的 DIN2 相连，输出信号端子 Q2.2 与变频器的 DIN3 相连，再将 24V 电源与外加电源短接。

8）连接变频器至电动机。将变频器的主电路输出端子 U、V、W、PE 与三相异步电动机相连。接线时严禁将变频器的主电路输出端子 U、V、W 与电源输入端子 L1、L2、L3 错接，否则会烧毁变频器。

9）将电源模块中的单相交流电源引至 PLC 模块。

10）将电源模块中的三相电源和接地线引至变频器的主电路输入端子 L1、L2、L3、PE。

11）电路检查。

12）清理设备台面，工具入箱。

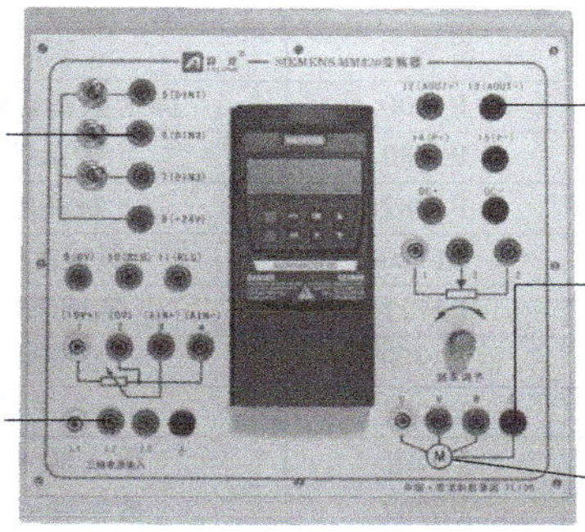

图 3-30　变频器模块

3. 气动回路连接

（1）气路连接前的准备　按照要求检查空气压缩机状态、准备图样及工具，并安排气路连接步骤。

（2）气路连接步骤　如图 3-31 所示，管路连接时，应避免直角或锐角弯曲，尽量平行布置，力求走向合理且气管最短。

1）连接气源。

2）连接执行元件。

3）整理、固定气管。

4）封闭阀组上未用电磁换向阀的气路通道。

5）清理台面杂物，工具入箱。

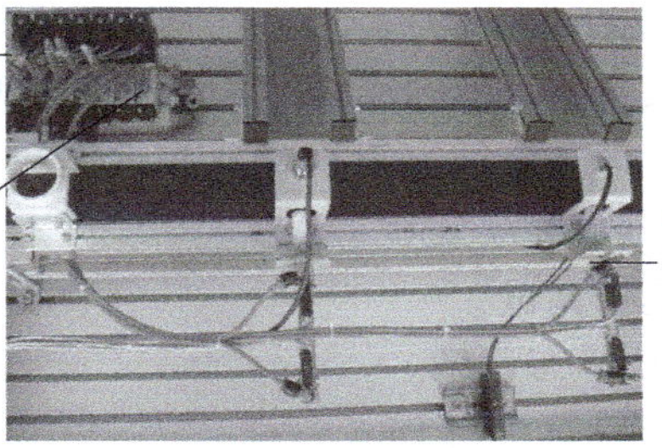

图 3-31　气路连接

4. 程序输入

启动西门子 PLC 编程软件，输入梯形图 3-14。

1）启动西门子 PLC 编程软件。

2）创建新文件，选择 PLC 类型。

3）输入程序。

4）编译梯形图。

5）保存文件。

5. 变频器参数设置

物料传送及分拣机构的变频器设定参数见表 3-12。在变频器的面板上按表 3-12 设定参数。

表 3-12　变频器参数设定表

序号	参数号	名称	设定值	备注
1	P0010	工厂的默认设定值	30	
2	P0970	参数复位	1	
3	P0003	扩展级	2	
4	P0004	全部参数	0	
5	P0010	快速调试	1	
6	P0100	频率默认为 50Hz，功率/kW	0	
7	P0304	电动机额定电压/V	根据实际设定	
8	P0305	电动机额定电流/A	根据实际设定	
9	P0307	电动机额定功率/kW	根据实际设定	
10	P0310	电动机额定频率/Hz	根据实际设定	
11	P0311	电动机额定速度/(r/min)	根据实际设定	
12	P0700	由端子排输入	2	

（续）

序号	参数号	名称	设定值	备注
13	P1000	固定频率设定值的选择	3	
14	P1080	最低频率/Hz	0	
15	P1082	最高频率/Hz	50	
16	P1120	斜坡上升时间/s	0.7	
17	P1121	斜坡下降时间/s	0.5	
18	P3900	结束快速调试	1	
19	P0003	扩展级	2	
20	P0701	数字输入 1 的功能	16	
21	P0702	数字输入 2 的功能	16	
22	P0703	数字输入 3 的功能	16	
23	P1003	固定频率 3	30(根据要求)	
24	P1040	MOP 的设定值	5	

6. 设备调试

（1）设备调试前的准备　按照要求清理设备，检查机械装配、电路连接、气路连接等情况，确认其安全性、正确性。在此基础上确定调试流程，本设备的调试流程如图 3-32 所示。

（2）模拟调试

1）PLC 静态调试。

① 连接计算机与 PLC。

② 确认 PLC 的输出负载回路电源处于断开状态，并检查空气压缩机的阀门是否关闭。

③ 合上断路器，给设备供电。

④ 写入程序。

⑤ 运行 PLC，按表 3-13 用 PLC 模块上的钮子开关模拟 PLC 输入信号，观察 PLC 的输出指示灯状态。

⑥ 将 PLC 的 RUN/STOP 开关置于“STOP”位置。

⑦ 复位 PLC 模块上的钮子开关。

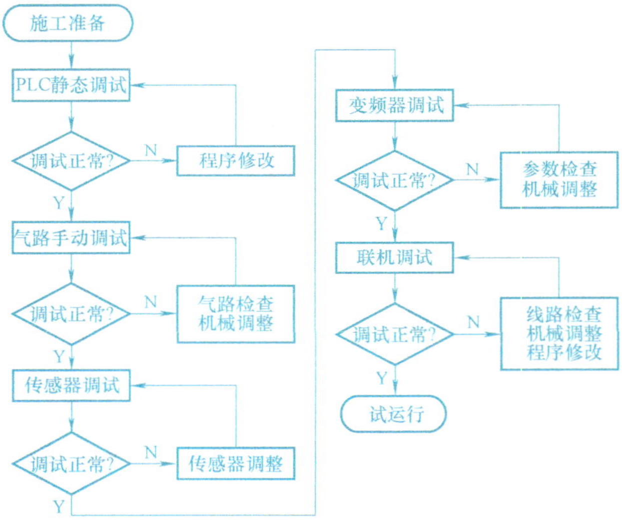

图 3-32　设备调试流程图

表 3-13　静态调试情况记载表

步骤	操作任务	观察任务		备注
		正确结果	观察结果	
1	按下起动按钮 SB1，动作 I2.3 钮子开关后复位	Q2.0、Q2.2 指示灯点亮		起动后，有物料，传送带运转
2	动作 I2.0 钮子开关后复位	Q1.1 指示灯点亮		检测到金属物料，气缸一活塞杆伸出，分拣至金属料槽
3	动作 I1.2 钮子开关	Q1.1 指示灯熄灭		活塞杆伸出到位后，气缸一活塞杆缩回
4	复位 I1.2 钮子开关，动作 I1.3 钮子开关	Q2.0、Q2.2 指示灯熄灭		活塞杆缩回到位后，传送带停止

（续）

步骤	操作任务	观察任务		备注
		正确结果	观察结果	
5	动作 I2.3 钮子开关后复位	Q2.0、Q2.2 指示灯点亮		有物料，传送带运转
6	动作 I2.1 钮子开关后复位	Q1.2 指示灯点亮		检测到白色塑料物料，气缸二活塞杆伸出，分拣至塑料料槽
7	动作 I1.4 钮子开关	Q1.2 指示灯熄灭		活塞杆伸出到位后，气缸二活塞杆缩回
8	复位 I1.4 钮子开关，动作 I1.5 钮子开关	Q2.0、Q2.2 指示灯熄灭		活塞杆缩回到位后，传送带停止
9	动作 I2.3 钮子开关后复位	Q2.0、Q2.2 指示灯点亮		有物料，传送带运转
10	按下停止按钮	传送带不能停止，必须执行当前工作循环后才能停止		

2）气动回路手动调试。

① 接通空气压缩机电源，起动空压机压缩空气，等待气源充足。

② 将气源压力调整到 0.4~0.5MPa 后，打开气动二联件上的阀门给机构供气。为确保调试工作在无气体泄漏环境下进行，施工人员需观察气路系统有无泄漏现象，若有，应立即解决。

③ 如图 3-33 所示，在正常工作压力下，对推料一气缸和推料二气缸气动回路进行手动调试，直至机构动作完全正常为止。

④ 如图 3-34 所示，调整节流阀至合适开度，使推料气缸的运动速度趋于合理，避免动作速度过快而打飞物料、速度过慢而打偏物料。

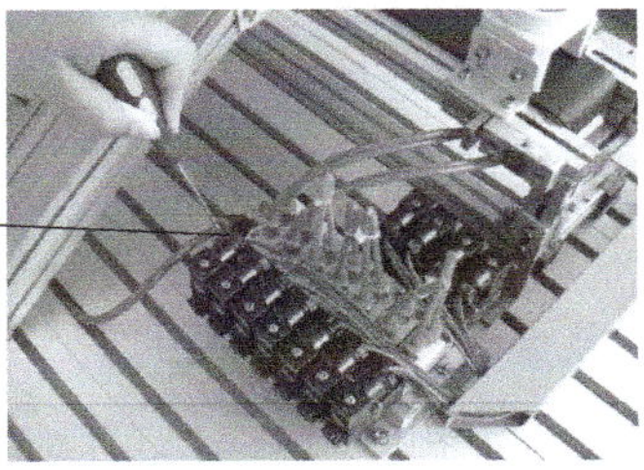

图 3-33　气动回路手动调试

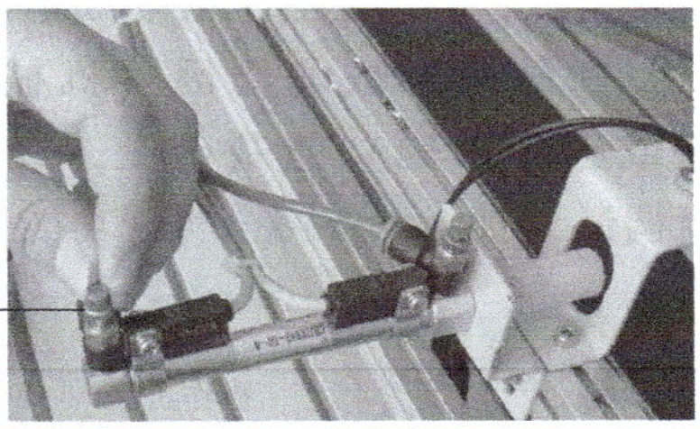

图 3-34　调整气缸动作速度

3）传感器调试。调整传感器的位置，观察 PLC 的输入指示灯状态。

① 动作气缸，调整、固定各磁性传感器。

② 如图 3-35 所示，在落料口中先后放置金属物料和塑料物料，调整落料口物料检测传感器的水平位置或光线漫反射灵敏度。

③ 如图 3-36 所示，在起动推料一传感器下放置金属物料，调整后固定。

④ 如图 3-37 所示，调整传感器内光纤放大器的颜色感应灵敏度，使光纤传感器检测到白色塑料物料。

图 3-35　落料口物料检测传感器的调整固定

4）变频器调试。闭合变频器模块上的 DIN2、DIN3 钮子开关，电动机运转，传送

图 3-36 起动推料一传感器的调整固定

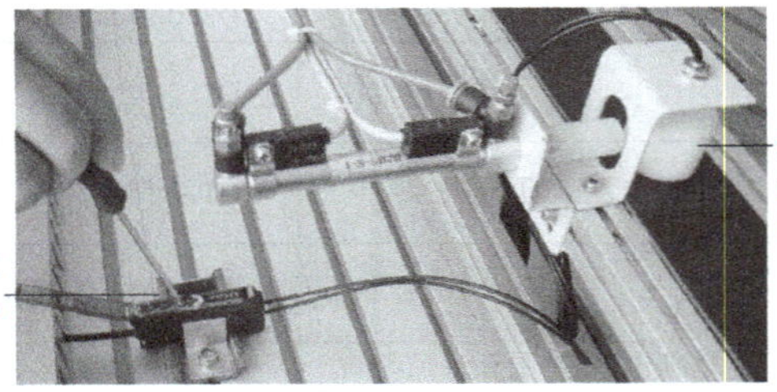

图 3-37 光纤传感器的调整

带自左向右运行。若电动机反转，须关闭电源后对调三相电源 U、V、W 中的任意两根，改变输出三相电源相序后重新调试。调试时注意观察变频器的运行频率是否与要求值相符。

(3) 联机调试 模拟调试正常后，接通 PLC 输出负载的电源回路，便可联机调试。调试时，要求施工人员认真观察设备的运行情况，若出现问题，应立即解决或切断电源，避免扩大故障范围。调试观察的主要部位如图 3-38 所示。

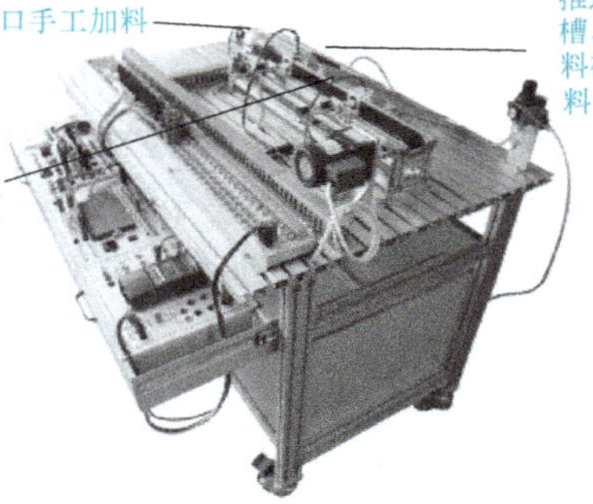

图 3-38 物料传送及分拣机构

表 3-14 为联机调试的正确结果，若调试中有与之不符的情况，施工人员首先应根据现场情况，判断是否需要切断电源，在分析、判断故障形成的原因（机械、电路、气路或程序问题）的基础上，进行检修、重新调试，直至设备完全实现功能。

表 3-14 联机调试结果一览表

步骤	操作过程	设备实现的功能	备注
1	按下起动按钮 SB1	机构起动	
2	落料口放入金属物料	传送带运转	
3	物料传送至金属传感器	气缸一活塞杆伸出，物料分拣至金属料槽	
4	气缸一活塞杆伸出到位后	气缸一活塞杆缩回，传送带停转	
5	落料口放入白色塑料物料	传送带运转	
6	物料传送至光纤传感器	气缸二活塞杆伸出，物料分拣至塑料料槽	
7	气缸二活塞杆伸出到位后	气缸二活塞杆缩回，传送带停转	
8	重新加料，按下停止按钮 SB2，机构完成当前工作循环后停止工作		

(4) 试运行 施工人员操作物料传送及分拣机构，运行、观察一段时间，确保设备合格、稳定、可靠。

7. 现场清理

设备调试完毕，要求施工人员清点工量具、归类整理资料，清扫现场卫生，并填写设备安装登记表。

8. 设备验收

设备质量验收见表 3-15。

表 3-15　设备质量验收表

验收项目及要求		配分	配分标准	扣分	得分	备注
设备组装	1. 设备部件安装可靠，各部件位置衔接准确 2. 电路安装正确，接线规范 3. 气路连接正确，规范美观	35	1. 部件安装位置错误，每处扣 2 分 2. 部件衔接不到位、零件松动，每处扣 2 分 3. 电路连接错误，每处扣 2 分 4. 导线反圈、压皮、松动，每处扣 2 分 5. 错、漏编号，每处扣 1 分 6. 导线未入线槽、布线凌乱，每处扣 2 分 7. 气路连接错误，每处扣 2 分 8. 气路漏气、掉管，每处扣 2 分 9. 气管过长、过短、乱接，每处扣 2 分			
设备功能	1. 设备起停正常 2. 传送带运转正常 3. 金属物料分拣正常 4. 塑料物料分拣正常 5. 变频器参数设置正确	60	1. 设备未按要求起动或停止，扣 10 分 2. 传送带未按要求运转，扣 10 分 3. 金属物料未按要求分拣，扣 10 分 4. 塑料物料未按要求分拣，扣 10 分 5. 变频器参数未按要求设置，扣 10 分			
设备附件	资料齐全，归类有序	5	1. 设备组装图缺少，每处扣 2 分 2. 电路图、梯形图、气路图缺少，每处扣 2 分 3. 技术说明书、工具明细表、元件明细表缺少，每处扣 2 分			
安全生产	1. 自觉遵守安全文明生产规程 2. 保持现场干净整洁，工具摆放有序		1. 漏接接地线处扣 5 分 2. 每违反一项规定，扣 3 分 3. 发生安全事故，按 0 分处理 4. 现场凌乱、乱放工具、乱丢杂物、完成任务后不清理现场，扣 5 分			
时间	5h		提前正确完成，每 5min 加 5 分 超过额定时间，每 5min 扣 2 分			
开始时间		结束时间		实际时间		

四、设备改造

物料传送及分拣机构的改造要求及任务如下：

（1） 功能要求

1） 传送功能。当传送带落料口的光电传感器检测到物料时，变频器起动，以 15Hz 的频率驱动三相交流异步电机正转运行，传送带开始输送物料，分拣完毕，传送带停止运转。

2） 分拣功能。

① 分拣黑色塑料物料。当起动推料一传感器检测到黑色塑料物料时，推料一气缸动作，活塞杆伸出将黑色塑料物料推入料槽一内。当推料一气缸伸出限位传感器检测到活塞杆伸出到位后，活塞杆缩回；缩回限位传感器检测到气缸活塞杆缩回到位后，三相异步电动机停止运行（提示：黑色物料需到达推料二位置后再返回，以此排除是金属物料的可能，确定为黑色塑料物料，返回时的驱动频率也为 15Hz）。

② 分拣金属物料。当起动推料二传感器检测到金属物料时，推料二气缸动作，活塞杆伸出将金属物料推入料槽二内。当推料二气缸伸出限位传感器检测到活塞杆伸出到位后，活塞杆缩回；缩回限位传感器检测气缸活塞杆缩回到位后，三相交流异步电动机停止运行。

3） 打包功能。当料槽中已有 5 个物料时，要求物料打包取走，打包指示灯点亮，5s 后继续传送分拣工作。

（2）技术要求

1）机构的起停控制要求。

① 按下起动按钮，机构开始工作。

② 按下停止按钮，机构完成当前工作循环后停止。

2）电源要有信号指示灯，电气线路的设计符合工艺要求、安全规范。

3）气动回路的设计符合控制要求、正确规范。

（3）工作任务

1）按机构要求画出电路图。

2）按机构要求画出气路图。

3）按机构要求编写 PLC 控制程序。

4）改装物料传送及分拣机构实现功能。

5）绘制设备装配示意图。

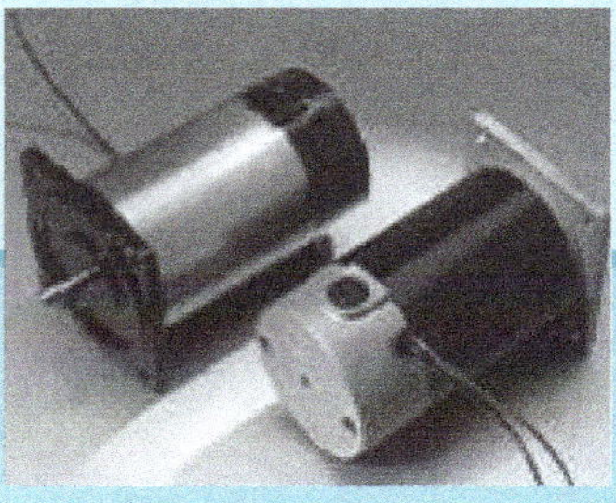

项目四

物料搬运、传送及分拣机构的组装与调试

一、施工任务

扫码看视频

1. 根据设备装配示意图组装物料搬运、传送及分拣机构。
2. 按照设备电路图连接物料搬运、传送及分拣机构的电气回路。
3. 按照设备气路图连接物料搬运、传送及分拣机构的气动回路。
4. 输入设备控制程序，正确设置变频器参数，调试物料搬运、传送及分拣机构实现功能。

二、施工前准备

施工人员在施工前应仔细阅读设备随机技术文件，了解物料搬运、传送及分拣机构的组成及其运行情况，看懂装配示意图、电路图、气动回路图及梯形图等图样，然后再根据施工任务制订施工计划、施工方案等。

1. 识读设备图样及技术文件

（1）装置简介　物料搬运、传送及分拣机构主要实现对加料站出料口的物料进行搬运、输送，并能根据物料性质进行分类存放的功能，其工作流程如图 4-1 所示。

1）机械手复位功能。PLC 上电，机械手手爪放松、手爪上升、手臂缩回、手臂左旋至左侧限位处停止。

2）起停控制。机械手复位后，按下起动按钮，机构开始工作。按下停止按钮，机构完成当前工作循环后停止。

3）搬运功能。若加料站出料口有物料，机械手臂伸出→手爪下降→手爪夹紧物料→0.5s 后手爪上升→手臂缩回→手臂右旋→0.5s 后手臂伸出→手爪下降→0.5s 后，若传送带上无物料，则手爪放松、释放物料→手爪上升→手臂缩回→手臂左旋至左侧限位处停止。

4）传送功能。当传送带落料口的光电传感器检测到物料时，变频器起动，以 25Hz 的频率驱动三相异步电动机正转运行，传送带自左向右传送物料。当物料分拣完毕时，传送带停止运转。

5）分拣功能。

① 分拣金属物料。当金属物料被传送至 A 点位置时，推料一气缸（简称气缸一）活塞杆伸出，将它推入料槽一内。气缸一活塞杆伸出到位后缩回，缩回到位后，三相异步电动机停止运行。

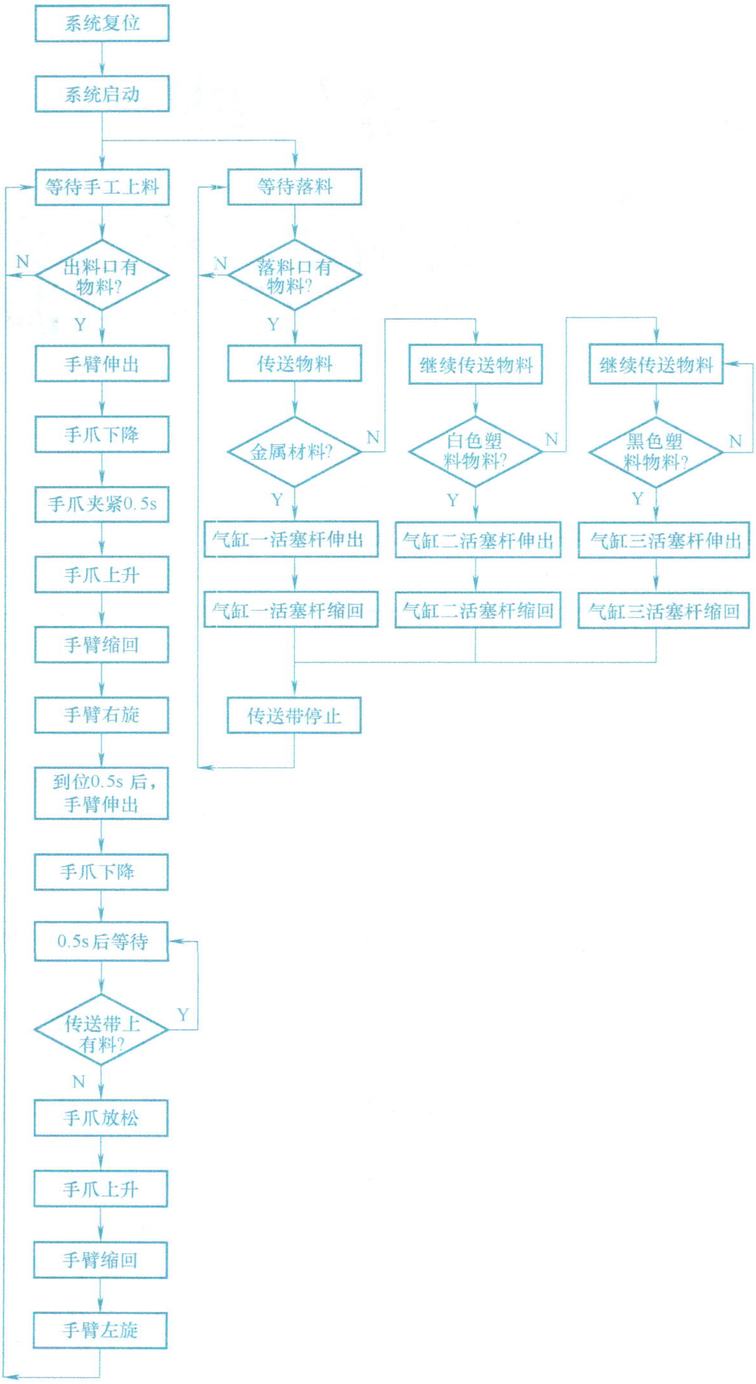

图 4-1 物料搬运、传送及分拣机构工作流程图

② 分拣白色塑料物料。当白色塑料物料被传送至 B 点位置时，推料二气缸（简称气缸二）活塞杆伸出，将它推入料槽二内。气缸二活塞杆伸出到位后缩回，缩回到位后，三相异步电动机停止运行。

③ 分拣黑色塑料物料。当黑色塑料物料被传送至 C 点位置时，推料三气缸（简称气缸三）活塞杆伸出，将它推入料槽三内。气缸三活塞杆伸出到位后缩回，缩回到位后，三相异步电动机停止运行。

（2）识读装配示意图　如图 4-2 所示，物料搬运、传送及分拣机构是机械手搬运装置、传送及分拣装置的组合，其安装难点在于机械手气动手爪既能抓取加料站出料口的物料，又能准确地将其送进传送带的落料口内，这就要求机械手、加料站和传送带之间衔接准确，安装尺寸误差小。

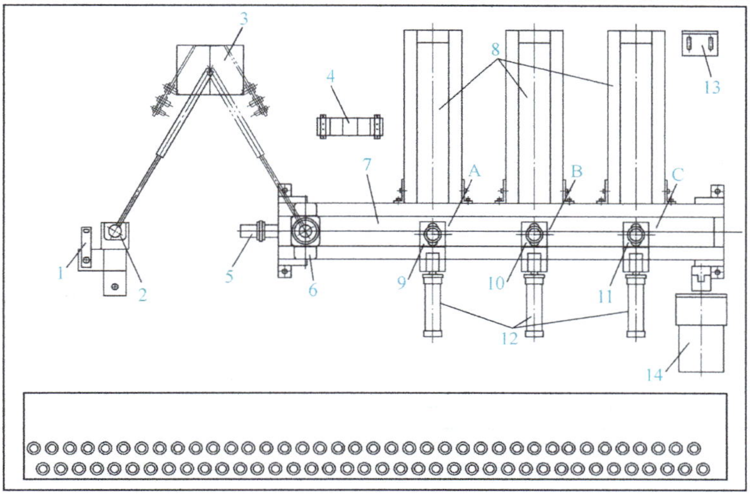

序号	名称	数量	序号	名称	数量
14	三相异步电动机	1	4	电磁阀阀组	1
13	气动二联件	1	3	机械手	1
12	推料气缸	3	2	出料口	1
11	光纤传感器(黑)	1	1	物料检测光电传感器	1
10	光纤传感器(白)	1	序号	名称	数量
9	电感式传感器	1			
8	料槽	3			
7	传送带	1			
6	落料口	1			
5	落料口检测光电传感器	1			

标记 处数 更改文件号	签字	日期	示意图	×××公司
设计	标准化		图样标记 数样 重量 比例	物料搬运、传送及分拣机构
核对	(审定)		1	
审核				
工艺	日期			

图 4-2　物料搬运、传送及分拣机构设备布局图

1）结构组成。物料搬运、传送及分拣机构主要由加料站、机械手搬运装置、传送装置及分拣装置等组成。其中，机械手主要由气动手爪部件、提升气缸部件、手臂伸缩气缸部件、旋转气缸部件及固定支架等组成；传送装置主要由落料口、落料口检测光电传感器、直线传送线（简称传送带）和三相异步电动机等组成；分拣装置由三组物料检测传感器、料槽、推料气缸及电磁阀阀组组成。三类物料传送及分拣机构的工作流程如图 4-3 所示。

物料搬运、传送及分拣机构的实物如图 4-4 所示，各部件的功能与项目二及项目三相同。

2）尺寸分析。物料搬运、传送及分拣机构的各部件定位尺寸如图 4-5 所示。

（3）识读电路图　图 4-6 为物料搬运、传送及分拣机构控制电路图。

1）PLC 机型。PLC 的机型为西门子 SIMATIC S7-200 SMART SR60。

2）I/O 点分配。PLC 输入/输出设备及输入/输出点的分配情况见表 4-1。

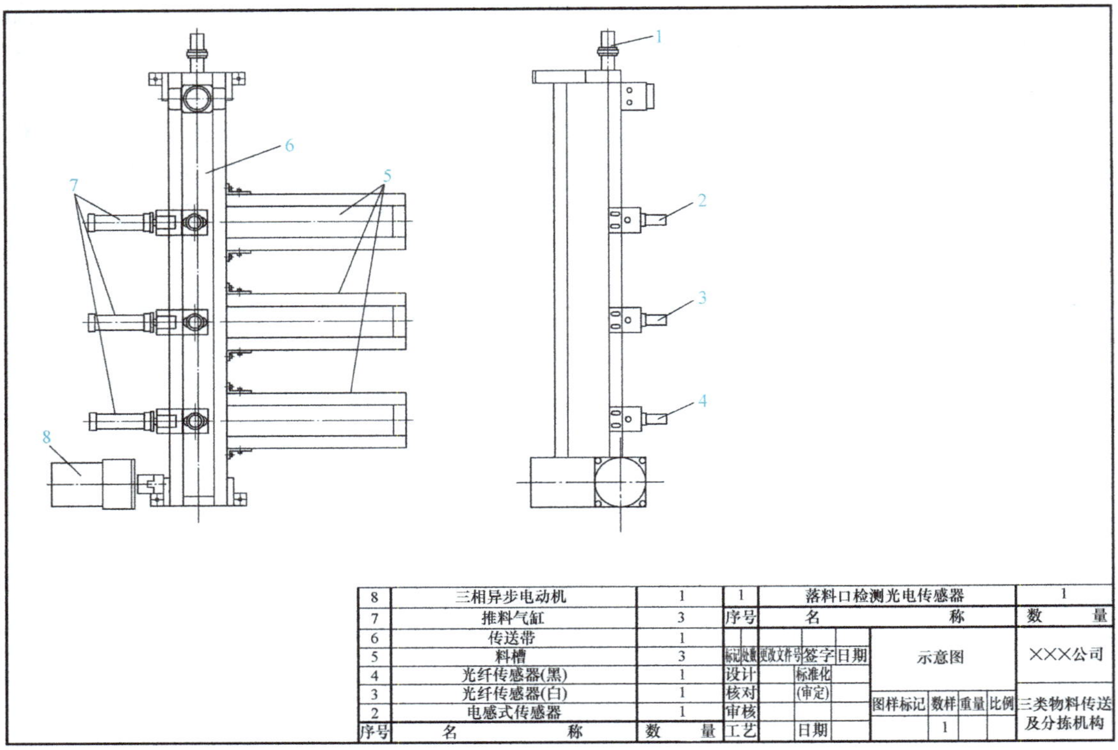

图 4-3 三类物料传送及分拣机构示意图

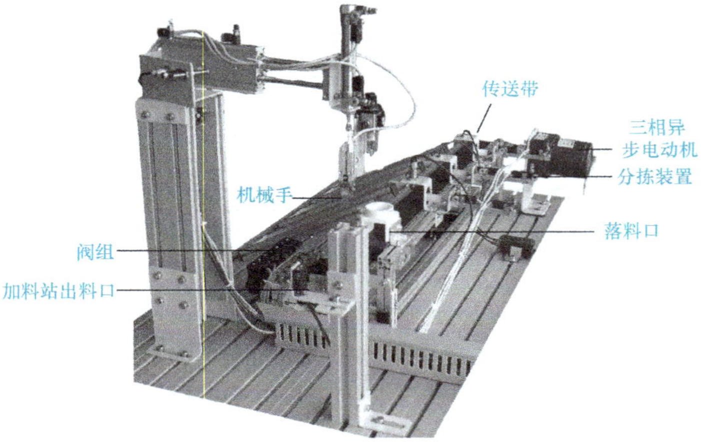

图 4-4 物料搬运、传送及分拣机构实物

表 4-1 PLC 输入/输出设备及 I/O 点分配表

输入			输出		
元件代号	功能	输入点	元件代号	功能	输出点
SB1	起动按钮	I0.0	YV1	旋转气缸右旋	Q0.0
SB2	停止按钮	I0.1	YV2	旋转气缸左旋	Q0.1
SCK1	气动手爪传感器	I0.2	YV3	手爪夹紧	Q0.3
SQP1	旋转左限位传感器	I0.3	YV4	手爪放松	Q0.4

（续）

输入			输出		
元件代号	功能	输入点	元件代号	功能	输出点
SQP2	旋转右限位传感器	I0.4	YV5	提升气缸活塞杆下降	Q0.5
SCK2	气动手臂伸出传感器	I0.5	YV6	提升气缸活塞杆上升	Q0.6
SCK3	气动手臂缩回传感器	I0.6	YV7	伸缩气缸活塞杆伸出	Q0.7
SCK4	手爪提升限位传感器	I0.7	YV8	伸缩气缸活塞杆缩回	Q1.0
SCK5	手爪下降限位传感器	I1.0	YV9	驱动推料一气缸活塞杆伸出	Q1.1
SQP3	物料检测光电传感器	I1.1	YV10	驱动推料二气缸活塞杆伸出	Q1.2
SCK6	推料一气缸伸出限位传感器	I1.2	YV11	驱动推料三气缸活塞杆伸出	Q1.3
SCK7	推料一气缸缩回限位传感器	I1.3	DIN2	变频器低速	Q2.0
SCK8	推料二气缸伸出限位传感器	I1.4	DIN3	变频器正转	Q2.2
SCK9	推料二气缸缩回限位传感器	I1.5			
SCK10	推料三气缸伸出限位传感器	I1.6			
SCK11	推料三气缸缩回限位传感器	I1.7			
SQP4	起动推料一传感器	I2.0			
SQP5	起动推料二传感器	I2.1			
SQP6	起动推料三传感器	I2.2			
SQP7	落料口检测光电传感器	I2.3			

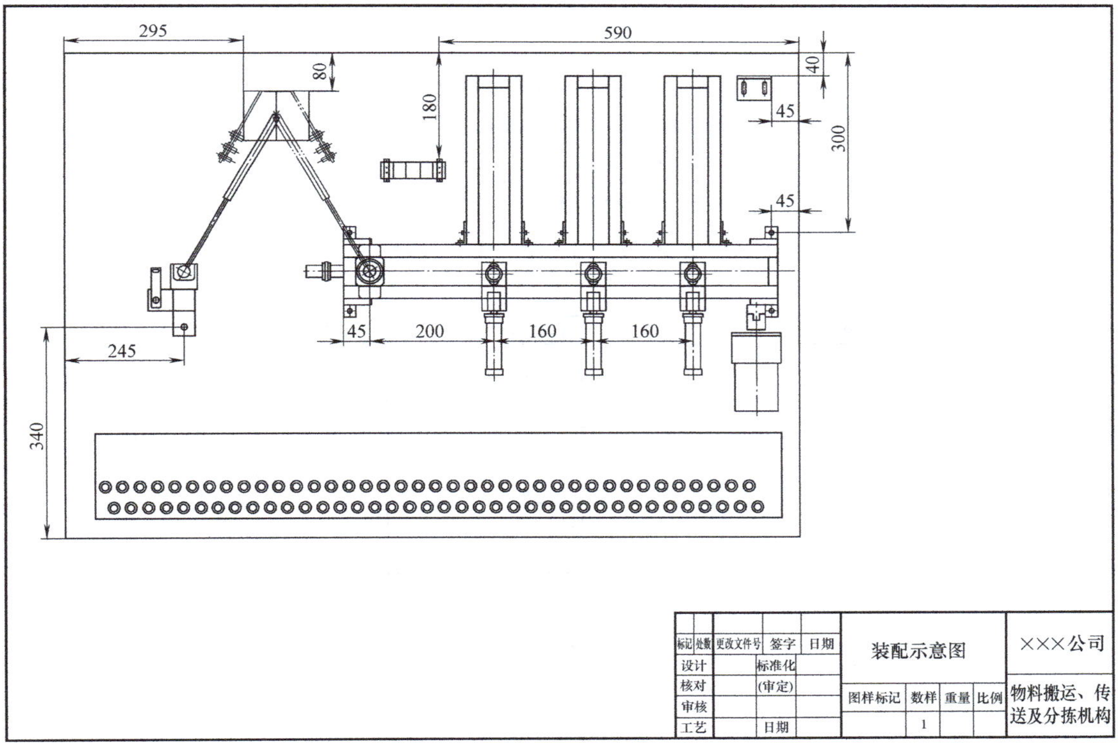

图 4-5　物料搬运、传送及分拣机构装配示意图

3）输入/输出设备连接特点。起动推料二传感器和起动推料三传感器都为光纤传感器，但通过调节传感器内光纤放大器的颜色感应灵敏度，便可分别识别白色物料和黑色物料。

（4）识读气动回路图　机构的搬运和分拣工作主要是通过电磁换向阀控制气缸的动作来实现的。

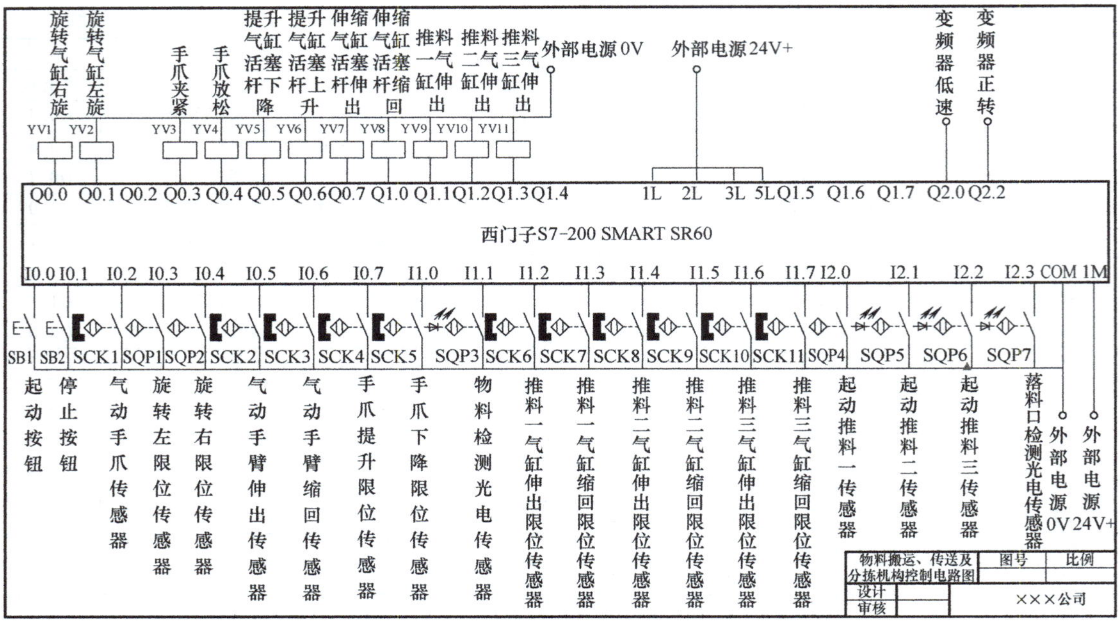

图 4-6 物料搬运、传送及分拣机构控制电路图

1）气路组成。如图 4-7 所示，气动回路中的控制元件分别是 4 个两位五通双控电磁换向阀、3 个两位五通单控电磁换向阀及 14 个节流阀；气动执行元件分别是提升气缸、伸缩气缸、旋转气缸、气动手爪及 3 个推料气缸。

2）工作原理。物料搬运、传送及分拣机构气动回路的控制原理见表 4-2。

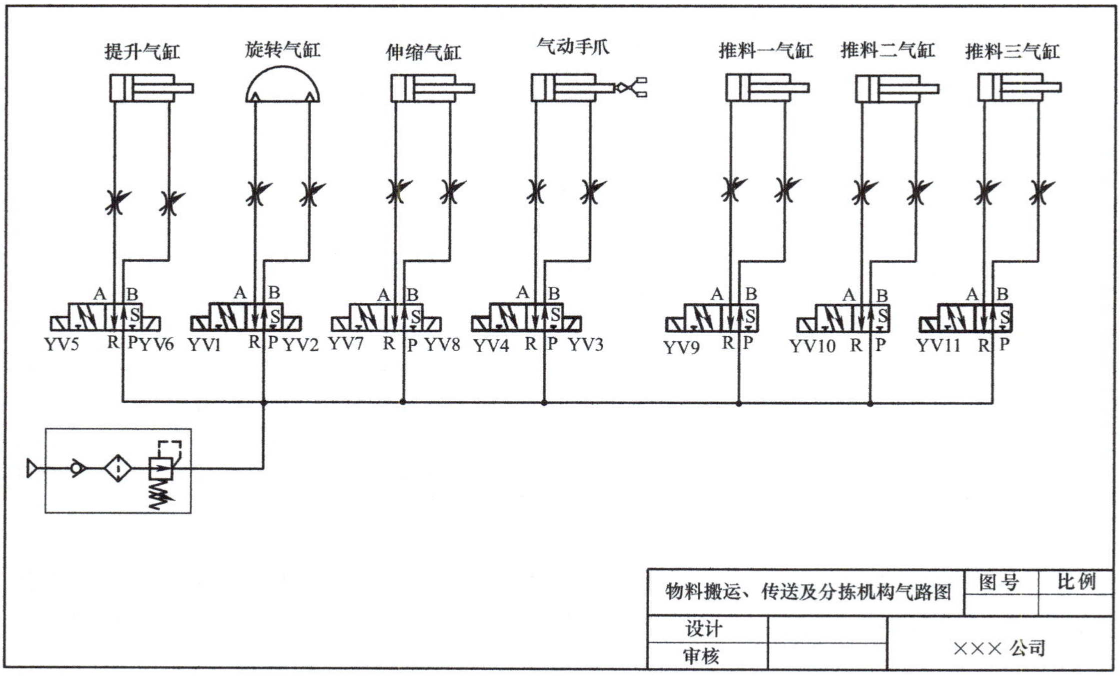

图 4-7 物料搬运、传送及分拣机构气路图

表 4-2　控制元件、执行元件状态一览表

电磁阀换向线圈得电情况											执行元件状态	机构任务
YV1	YV2	YV3	YV4	YV5	YV6	YV7	YV8	YV9	YV10	YV11		
+	−										旋转气缸正转	手臂右旋
−	+										旋转气缸反转	手臂左旋
		+	−								气动手爪夹紧	抓料
		−	+								气动手爪放松	放料
				+	−						提升气缸活塞杆伸出	手爪下降
				−	+						提升气缸活塞杆缩回	手爪上升
						+	−				伸缩气缸活塞杆伸出	手臂伸出
						−	+				伸缩气缸活塞杆缩回	手臂缩回
								+			推料一气缸伸出	分拣金属物料
								−			推料一气缸缩回	等待分拣
									+		推料二气缸伸出	分拣白色塑料物料
									−		推料二气缸缩回	等待分拣
										+	推料三气缸伸出	分拣黑色塑料物料
										−	推料三气缸缩回	等待分拣

以伸缩气缸为例，若 YV7 得电、YV8 失电，电磁换向阀 A 口出气、B 口回气，从而控制气缸活塞杆伸出，机械手臂伸出；若 YV7 失电、YV8 得电，电磁换向阀 A 口回气、B 口出气，从而改变气动回路的气压方向，气缸活塞杆缩回，机械手臂缩回。其他双控电磁换向阀控制的气动回路工作原理与之相同。

以推料一气缸为例，若 YV9 得电，单控电磁换向阀 A 口出气、B 口回气，气缸活塞杆伸出，将金属物料推进料槽一内；若 YV9 失电，则单控电磁换向阀则在弹簧作用下复位，A 口回气、B 口出气，从而气动回路气压方向改变，气缸活塞杆缩回，等待下一次分拣。推料二、推料三气缸的气动回路工作原理与之相同。

（5）识读梯形图　图 4-8 为物料搬运、传送及分拣机构梯形图，其动作过程如图 4-9 所示。

1）机械手复位控制。PLC 上电瞬间或机构起动时，SM0.1 为 ON，将所有顺序控制继电器 S 均复位，上电检测辅助继电器 M5.0 置位，执行机械手复位子程序：机械手手爪放松、手爪上升、手臂缩回、手臂向左旋转至左侧限位处停止。

2）起停控制。按下起动按钮，I0.0 为 ON，当机械手准备就绪 M2.0 为 ON 且保持，将 M1.0 置位，同时为激活 S0.0、S0.1 状态提供了必要条件。M1.0 为 ON，执行物料分拣和机械手控制子程序。按下停止按钮，I0.1 为 ON，M1.1 为 ON 且保持，M1.0 为 ON，S0.0 为 ON，S0.1 为 ON 时，将 M1.0、M1.1 和所有顺序控制继电器 S 复位，故按下停止按钮后机构仍继续完成当前工作后停止。

3）搬运物料。当加料站出料口有物料时，机械手执行搬运程序子程序，其动作过程见项目二。

4）传送物料。PLC 上电瞬间或机构起动时，S0.0 状态激活。当落料口检测到物料时，I2.3 为 ON，定时 0.5s 后，Q2.0、Q2.2 置位同时激活 S1.0 状态，起动变频器正转低速运行，驱动传送带输送物料。

5）分拣物料。分拣程序有三个分支，根据物料的性质选择不同分支执行。

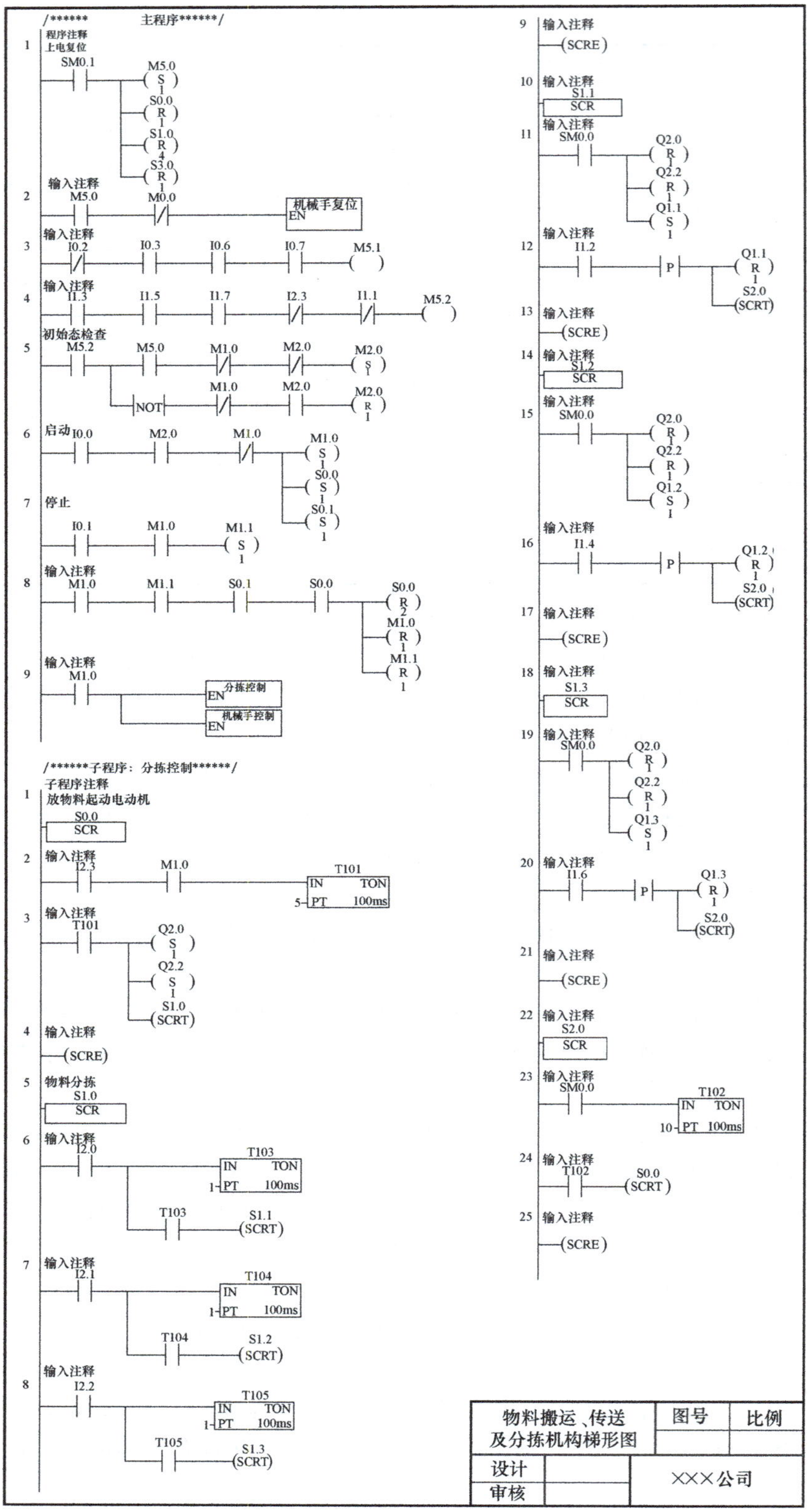

图 4-8　物料搬运、传送及分拣机构梯形图

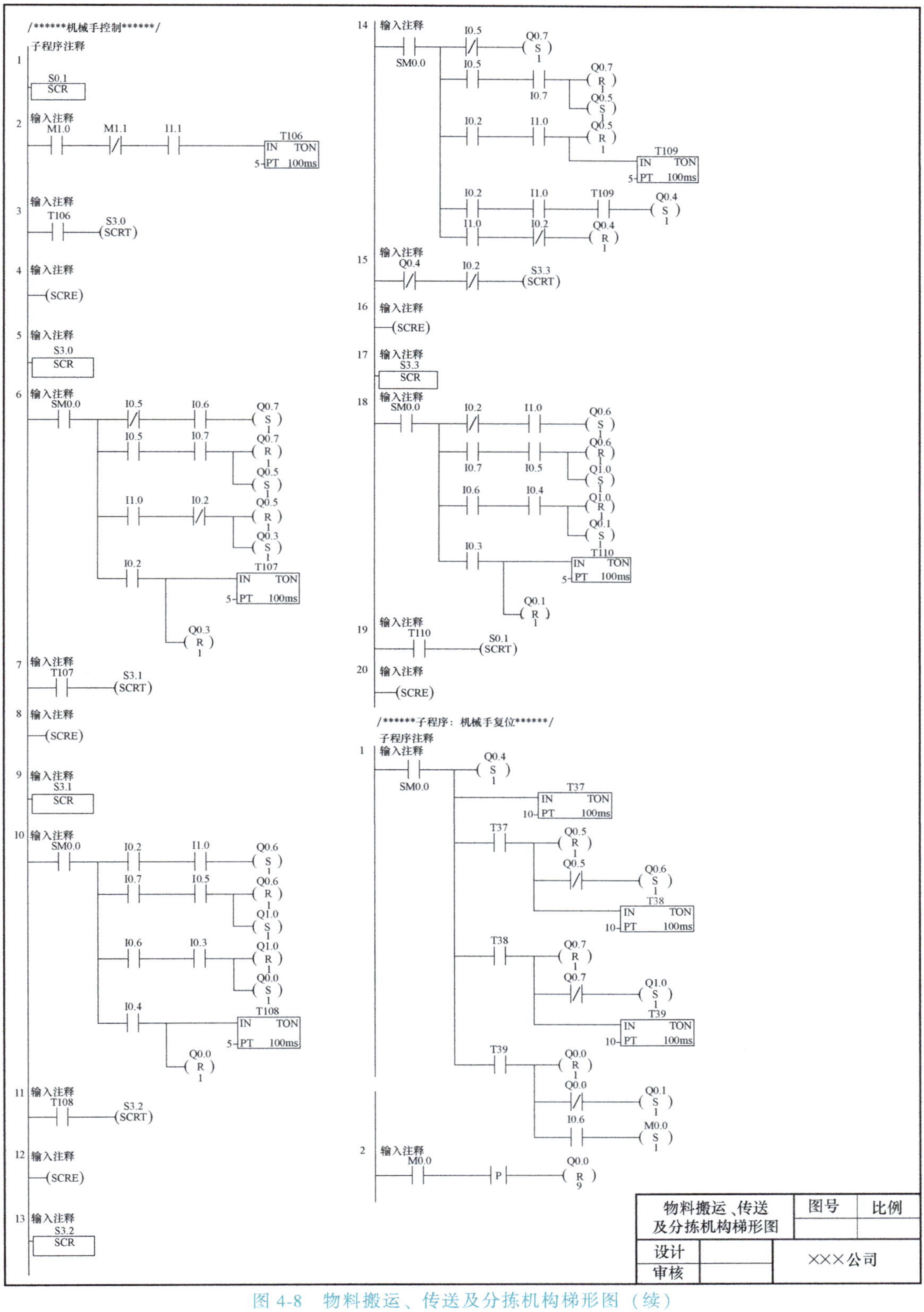

图 4-8 物料搬运、传送及分拣机构梯形图（续）

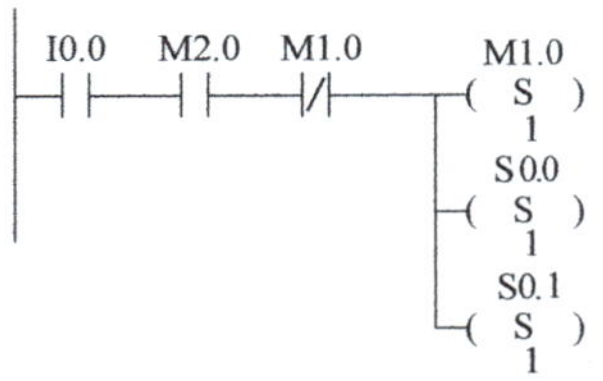

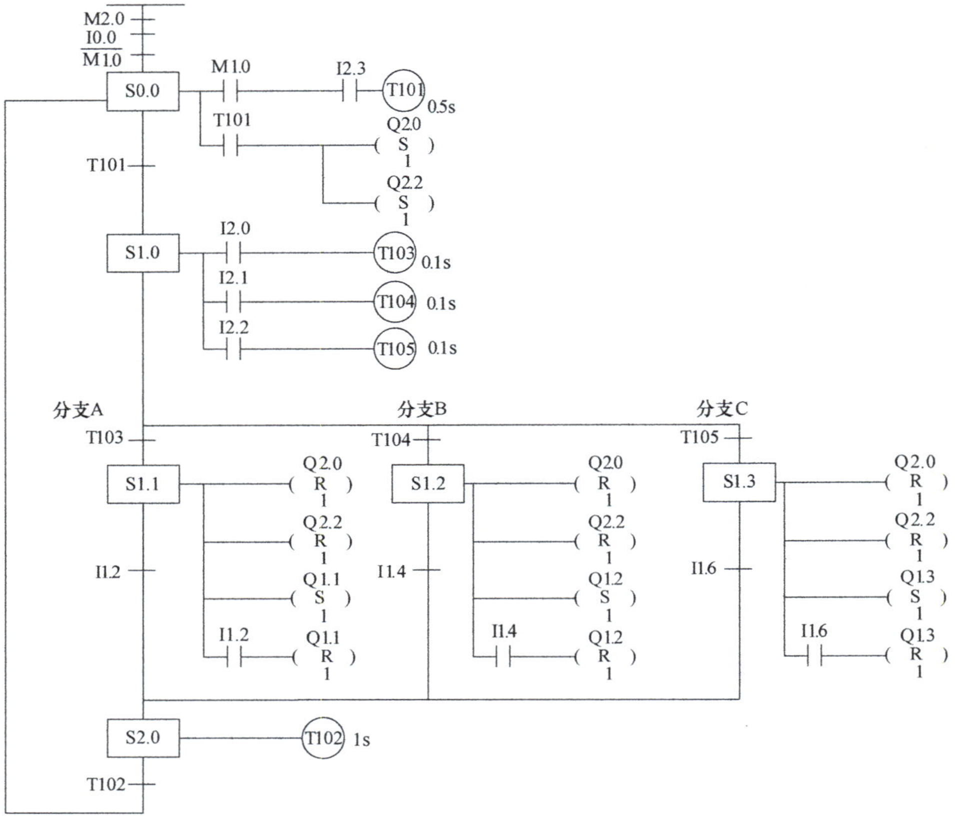

图 4-9 物料传送及分拣机构状态转移图

金属物料被传送至 A 点位置时，I2.0 为 ON，物料稳定 0.1s 后执行分支 A，S1.1 状态激活，Q2.0、Q2.2 复位，Q1.1 置位，推料一气缸活塞杆伸出，将它推入料槽一内，传送带停止工作；当气缸一活塞杆伸出到位后，I1.2 为 ON，Q1.1 复位，推料一气缸活塞杆缩回；当气缸一活塞杆缩回到位后，S2.0 状态激活，1s 后完成金属物料分拣。

白色塑料物料被传送至 B 点位置时，I2.1 为 ON，物料稳定 0.1s 后执行分支 B，S1.2 状态激活，Q2.0、Q2.2 复位，Q1.2 置位，推料二气缸活塞杆伸出，将它推入料槽二内；当气缸二活塞杆伸出到位后，I1.4 为 ON，Q1.2 复位，推料二气缸活塞杆缩回，S2.0 激活，1s 后完成白色物料的分拣。

黑色塑料物料被传送至 C 点位置时，I2.2 为 ON，物料稳定 0.1s 后执行分支 C，S1.3 状态激活，Q2.0、Q2.2 复位，Q1.3 置位，推料三气缸活塞杆伸出，将它推入料槽三内；当气缸三活塞杆伸出到位后，I1.6 为 ON，Q1.3 复位，推料三气缸活塞杆缩回，S2.0 激活，

1s 后完成黑色物料的分拣。

(6) 制订施工计划　物料搬运、传送及分拣机构的组装与调试流程如图 4-10 所示。以此为依据，施工人员填写表 4-3，合理制订施工计划，确保在额定时间内完成规定的施工任务。

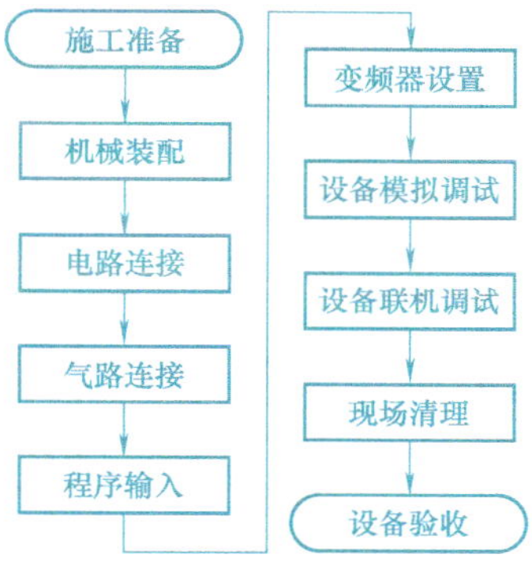

图 4-10　物料搬运、传送及分拣机构的组装与调试流程图

2. 施工准备

(1) 设备清点　检查物料搬运、传送及分拣机构的部件是否齐全，并归类放置。机构的部件清单见表 4-4。

(2) 工具清点　设备组装工具清单见表 4-5，施工人员应清点工具的数量，并认真检查其性能是否完好。

表 4-3　施工计划表

设备名称		施工日期	总工时/h	施工人数	施工负责人
物料搬运、传送及分拣机构					
序号	施工任务		施工人员	工序定额	备注
1	阅读设备技术文件				
2	机械装配、调整				
3	电路连接、检查				
4	气路连接、检查				
5	程序输入				
6	设置变频器参数				
7	设备模拟调试				
8	设备联机调试				
9	现场清理，技术文件整理				
10	设备验收				

表 4-4　设备清单

序号	名称	型号规格	数量	单位	备注
1	伸缩气缸套件	CXSM15-100	1	套	
2	提升气缸套件	CDJ2KB16-75-B	1	套	
3	手爪套件	MHZ2-10D1E	1	套	
4	旋转气缸套件	CDRB2BW20-180S	1	套	
5	机械手固定支架		1	套	
6	加料站套件		1	套	
7	缓冲器		2	只	
8	传送带套件	50cm×700cm	1	套	
9	推料气缸套件	CDJ2KB10-60-B	3	套	
10	料槽套件		3	套	
11	电动机及安装套件	380V、25W	1	套	
12	落料口		1	只	
13	光电传感器及其支架	E3Z-LS61	1	套	出料口
14		GO12-MDNA-A	1	套	落料口
15	电感式传感器	NSN4-2M60-E0-AM	3	套	
16	光纤传感器及其支架	E3X-NA11	2	套	
17	磁性传感器	D-59B	1	套	手爪紧松
18		SIWKOD-Z73	2	套	手臂伸缩
19		D-C73	8	套	手爪升降推料限位

（续）

序号	名称	型号规格	数量	单位	备注
20	PLC 模块	YL087、S7-200 SMART SR60	1	块	
21	变频器模块	MM420	1	块	
22	按钮模块	YL157	1	块	
23	电源模块	YL046	1	块	
24	螺钉	不锈钢内六角螺钉 M6×12	若干	只	
25		不锈钢内六角螺钉 M4×12	若干	只	
26		不锈钢内六角螺钉 M3×10	若干	只	
27	螺母	椭圆形螺母 M6	若干	只	
28		M4	若干	只	
29		M3	若干	只	
30	垫圈	$\phi4$	若干	只	

表 4-5 工具清单

序号	名称	规格、型号	数量	单位
1	工具箱		1	只
2	螺钉旋具	一字、100mm	1	把
3	钟表螺钉旋具		1	套
4	螺钉旋具	十字、150mm	1	把
5	螺钉旋具	十字、100mm	1	把
6	螺钉旋具	一字、150mm	1	把
7	斜口钳	150mm	1	把
8	尖嘴钳	150mm	1	把
9	剥线钳		1	把
10	内六角扳手（组套）	PM-C9	1	套
11	万用表		1	只

三、实施任务

根据制订的施工计划，按顺序对物料搬运、传送及分拣机构实施组装，施工中应注意及时调整进度，保证定额。施工时必须严格遵守安全操作规程，加强安全保障措施，确保人身和设备安全。

1. 机械装配

（1）机械装配前的准备　按照要求清理现场、准备图样及工具，并参考图 4-11 安排装配流程。

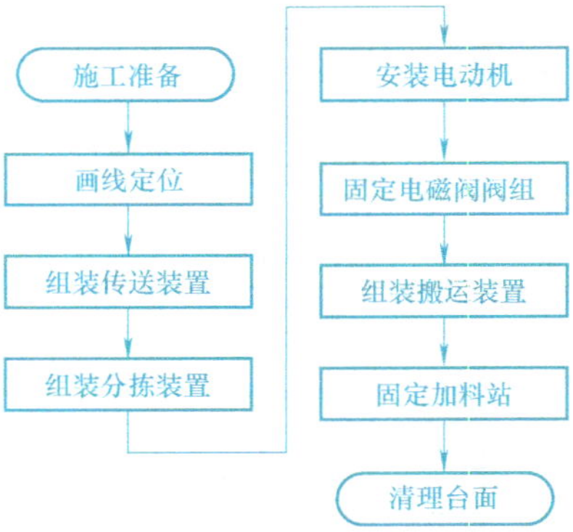

图 4-11　机械装配流程图

（2）机械装配步骤　结合项目二、项目三的装配方法，按确定的设备组装顺序组装物料搬运、传送及分拣机构。

1）画线定位。

2）组装传送装置。参考图 4-12 组装传送装置。

① 安装传送带脚支架。

② 固定落料口。

③ 安装落料口传感器。

④ 固定传送带。

3）组装分拣装置。参考图 4-13 组装分拣装置。

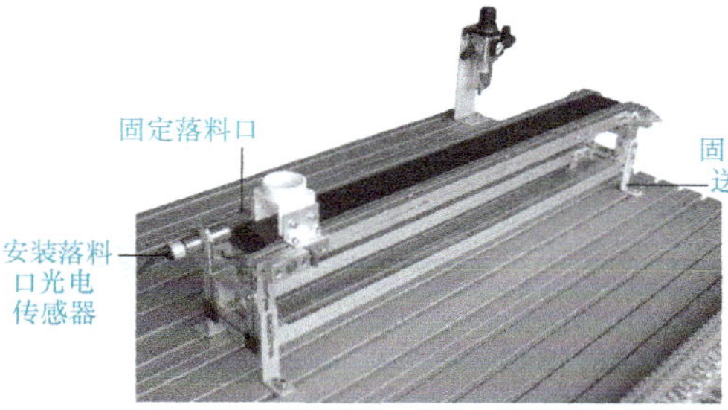

图 4-12 组装传送装置

图 4-13 组装分拣装置

① 固定三个起动推料传感器。

② 固定三个推料气缸。

③ 固定、调整三个料槽与其对应的推料气缸，使之共用同一中心线。

4）安装电动机。调整电动机的高度、垂直度，直至电动机与传送带同轴，如图 4-14 所示。

5）固定电磁阀阀组。如图 4-15 所示，将电磁阀阀组固定在定位处。

图 4-14 安装电动机

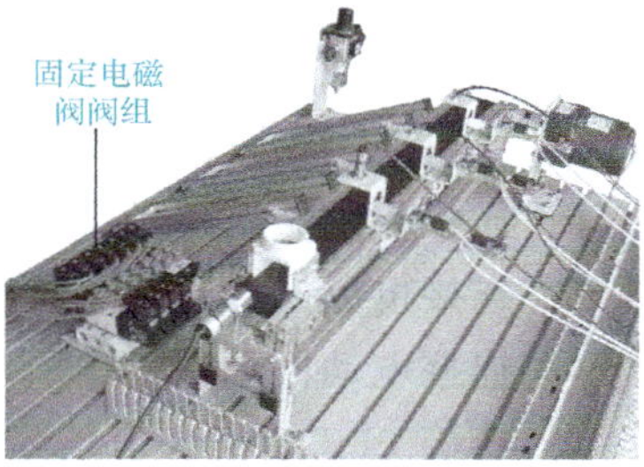

图 4-15 固定电磁阀阀组

6）组装搬运装置。参考图 4-16 组装机械手。

① 安装旋转气缸。

② 组装机械手支架。

③ 组装机械手臂。

④ 组装提升臂。

⑤ 安装手爪。

⑥ 固定磁性传感器。

⑦ 固定左右限位装置。

⑧ 固定机械手。调整机械手摆幅、高度等尺寸，使机械手能准确地将物料放入传送带落料口内，如图 4-17 所示。

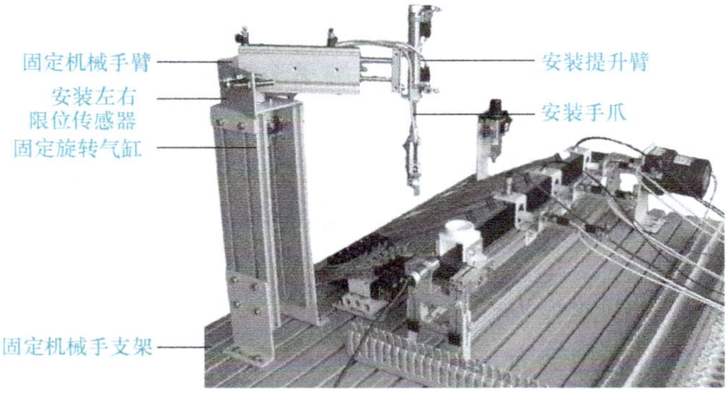

图 4-16 组装机械手

7）固定加料站。如图 4-18 所示，将加料站固定在定位处，调整出料口的高度等尺寸，同时配合调整机械手的部分尺寸，保证机械手气动手爪能准确无误地从出料口抓取物料，同时又能准确无误地释放物料至传送带的落料口内，如图 4-19 所示。

8）清理台面，保持台面无杂物或多余部件。

图 4-17 落料准确

2. 电路连接

（1）电路连接前的准备 按照要求检查电源状态、准备图样、工具及线号管，并安排电路连接流程。参考流程如图 4-20 所示。

图 4-18 固定加料站

图 4-19 出料口调整

（2）电路连接步骤 接线端子排的功能分配如图 1-17 所示。

1）连接传感器至端子排。

2）连接电磁换向阀至端子排。

3）连接电动机至端子排。

4）连接 PLC 的输入信号端子至端子排。

5）连接 PLC 的输入信号端子至按钮模块。

6）连接 PLC 的输出信号端子至端子排（负载电源暂不连接，待 PLC 模拟调试成功后再连接）。

7）连接 PLC 的输出信号端子至变频器。

8）连接变频器至电动机。

9）将电源模块中的单相交流电源引至 PLC 模块。

10）将电源模块中的三相电源和接地线引至变频器的主电路输入端子 L1、L2、L3、PE。

11）电路检查。

12）清理台面，工具入箱。

3. 气动回路连接

（1）气路连接前的准备 按照要求检查空气压缩机状态、准备图样及工具，并安排气路连接步骤。

（2）气路连接步骤 根据气路图连接气路。连接时，应避免直角或锐角弯曲，尽量平行布置，力求走向合理且气管最短，如图 4-21 所示。

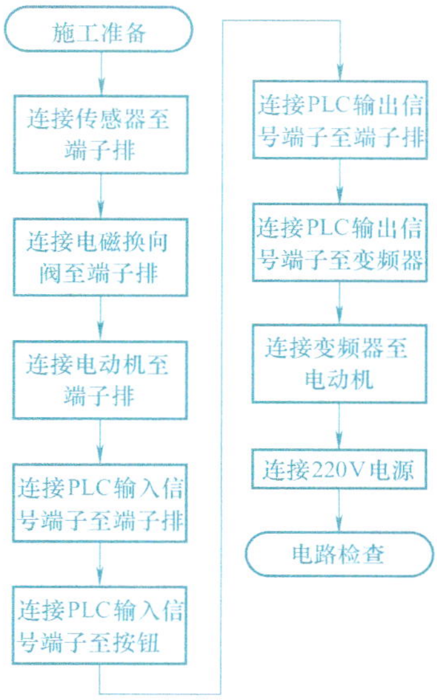

图 4-20　电路连接流程图

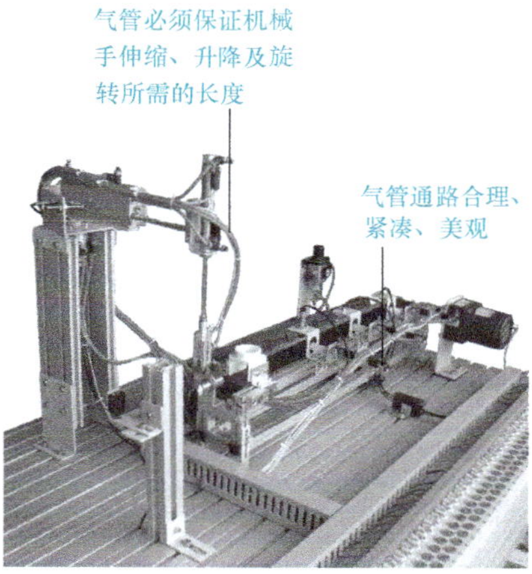

图 4-21　气路连接

1）连接气源。

2）连接执行元件。

3）整理、固定气管。

4）清理台面杂物，工具入箱。

4. 程序输入

启动西门子 PLC 编程软件，输入梯形图如图 4-8 所示。

1）启动西门子 PLC 编程软件。

2）创建新文件，选择 PLC 类型。

3）输入程序。

4）编译梯形图。

5）保存文件。

5. 变频器参数设置

在变频器的面板上，应用项目三学习的方法同样设定其运行频率为 25Hz。

6. 设备调试

（1）设备调试前的准备　按照要求清理设备，检查机械装配、电路连接、气路连接等情况，确认其安全性、正确性。在此基础上确定调试流程，本设备的调试流程如图 4-22 所示。

（2）模拟调试

1）PLC 静态调试。

① 连接计算机与 PLC。

② 首先确认 PLC 的输出负载回路电源处于断开状态，再检查空气压缩机的阀门是否关闭。

③ 合上断路器，给设备供电。

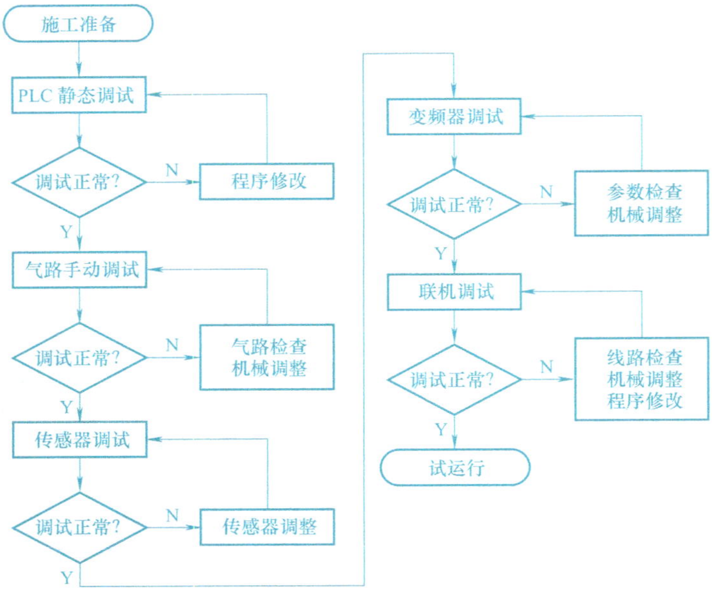

图 4-22 设备调试流程图

④ 写入程序。

⑤ 运行 PLC，按表 4-6 和表 4-7 用 PLC 模块上的钮子开关模拟 PLC 输入信号，观察 PLC 的输出指示灯状态。

表 4-6 搬运机构静态调试情况记载表

步骤	操作任务	观察任务		备注
		正确结果	观察结果	
1	动作 I0.2 钮子开关，PLC 上电	Q0.4 指示灯点亮		手爪放松
2	复位 I0.2 钮子开关	Q0.4 指示灯熄灭		放松到位
		Q0.6 指示灯点亮		手爪上升
3	动作 I0.7 钮子开关	Q0.6 指示灯熄灭		上升到位
		Q1.0 指示灯点亮		手臂缩回
4	动作 I0.6 钮子开关	Q1.0 指示灯熄灭		缩回到位
		Q0.1 指示灯点亮		手臂左旋
5	动作 I0.3 钮子开关	Q0.1 指示灯熄灭		左旋到位
6	动作 I1.1 钮子开关，按下 SB1	Q0.7 指示灯点亮		起动设备有物料，气动手臂伸出
7	动作 I0.5 钮子开关，复位 I0.6 钮子开关	Q0.7 指示灯熄灭		伸出到位
		Q0.5 指示灯点亮		手爪下降
8	动作 I1.0 钮子开关，复位 I0.7 钮子开关	Q0.5 指示灯熄灭		下降到位
		Q0.3 指示灯点亮		手爪夹紧
9	动作 I0.2 钮子开关，0.5s 后	Q0.6 指示灯点亮		手爪上升
10	动作 I0.7 钮子开关，复位 I1.0 钮子开关	Q0.6 指示灯熄灭		上升到位
		Q1.0 指示灯点亮		手臂缩回
11	动作 I0.6 钮子开关，复位 I0.5 钮子开关	Q1.0 指示灯熄灭		缩回到位
		Q0.0 指示灯点亮		手臂右旋
12	动作 I0.4 钮子开关，复位 I0.3 钮子开关	Q0.0 指示灯熄灭		右旋到位

（续）

步骤	操作任务	观察任务		备注
		正确结果	观察结果	
13	0.5s后	Q0.7指示灯点亮		手臂伸出
14	动作I0.5钮子开关，复位I0.6钮子开关	Q0.7指示灯熄灭		伸出到位
		Q0.5指示灯点亮		手爪下降
15	动作I1.0钮子开关，复位I0.7钮子开关	Q0.5指示灯熄灭		下降到位
16	0.5s后	Q0.4指示灯点亮		手爪放松
17	复位I0.2钮子开关	Q0.4指示灯熄灭		放松到位
		Q0.6指示灯点亮		手爪上升
18	动作I0.7钮子开关，复位I1.0钮子开关	Q0.6指示灯熄灭		上升到位
		Q1.0指示灯点亮		手臂缩回
19	动作I0.6钮子开关，复位I0.5钮子开关	Q1.0指示灯熄灭		缩回到位
		Q0.1指示灯点亮		手臂左旋
20	动作I0.3钮子开关，复位I0.4钮子开关	Q0.1指示灯熄灭		左旋到位
21	一次物料搬运结束，等待加料			
22	重新加料，按下停止按钮SB2，机构完成当前工作循环后停止工作			

表4-7　传送及分拣机构静态调试情况记载表

步骤	操作任务	观察任务		备注
		正确结果	观察结果	
1	动作I2.3钮子开关后复位	Q2.0、Q2.2指示灯点亮		有物料，传送带运转
2	动作I2.0钮子开关后复位	Q1.1指示灯点亮		检测到金属物料，气缸一伸出，分拣至料槽一
3	动作I1.2钮子开关	Q1.1指示灯熄灭		活塞杆伸出到位后，气缸一缩回
4	复位I1.2钮子开关，动作I1.3钮子开关	Q2.0、Q2.2指示灯熄灭		活塞杆缩回到位后，传送带停止
5	动作I2.3钮子开关后复位	Q2.0、Q2.2指示灯点亮		有物料，传送带运转
6	动作I2.1钮子开关后复位	Q1.2指示灯点亮		检测到白色塑料物料，气缸二伸出，分拣至料槽二
7	动作I1.4钮子开关	Q1.2指示灯熄灭		活塞杆伸出到位后，气缸二缩回
8	复位I1.4钮子开关，动作I1.5钮子开关	Q2.0、Q2.2指示灯熄灭		活塞杆缩回到位后，传送带停止
9	动作I2.3钮子开关后复位	Q2.0、Q2.2指示灯点亮		有物料，传送带运转
10	动作I2.2钮子开关后复位	Q1.3指示灯点亮		检测到黑色塑料物料，气缸三伸出，分拣至料槽三
11	动作I1.6钮子开关	Q1.3指示灯熄灭		活塞杆伸出到位后，气缸三缩回
12	复位I1.6钮子开关，动作I1.7钮子开关	Q2.0、Q2.2指示灯熄灭		活塞杆缩回到位后，传送带停止
13	重新加料，按下停止按钮	传送带不能停止，必须执行当前工作循环后才能停止		

⑥ 将PLC的RUN/STOP开关置于“STOP”位置。

⑦ 复位PLC模块上的钮子开关。

2）气动回路手动调试。

① 接通空气压缩机电源，起动空压机压缩空气，等待气源充足。

② 将气源压力调整到0.4~0.5MPa后，开启气动二联件上的阀门给机构供气。为确保调试安全，施工人员需观察气路系统有无泄漏现象，若有，应立即解决。

③ 在正常工作压力下，对气动回路进行手动调试，直至机构动作完全正常为止。

④ 调整节流阀至合适开度，使各气缸的运动速度趋于合理。

3）传感器调试。调整传感器的位置，观察PLC的输入指示灯。

① 出料口放置物料，调整、固定物料检测传感器。

② 手动控制机械手，调整、固定各限位传感器。

③ 在落料口中先后放置三类物料，调整、固定落料口物料检测传感器。

④ 在A点位置放置金属物料，调整、固定金属传感器。

⑤ 分别在B点和C点位置放置白色塑料物料、黑色塑料物料，调整固定光纤传感器。

⑥ 手动控制推料气缸，调整、固定磁性传感器。

4）变频器调试。闭合变频器模块上的DIN2、DIN3钮子开关，电动机运转，传送带自左向右传送物料。若电动机反转，须关闭电源，改变电源相序后重新调试。

（3）联机调试　模拟调试正常后，接通PLC输出负载的电源回路，便可联机调试。调试时，要求施工人员认真观察机构的运行情况，若出现问题，应立即解决或切断电源，避免扩大故障范围。调试观察的主要部位如图4-23所示。

表4-8为联机调试的正确结果，若调试中有与之不符的情况，施工人员首先应根据现场情况，判断是否需要切断电源，在分析、判断故障形成的原因（机械、电路、气路或程序问题）的基础上，进行调整、检修、解决，然后重新调试，直至机构完全实现功能。

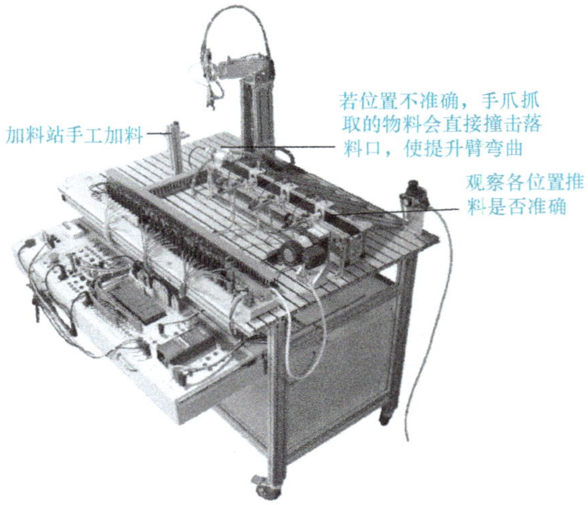

图4-23　物料搬运、传送及分拣机构

表4-8　联机调试结果一览表

步骤	操作过程	设备实现的功能	备注
1	PLC上电	机械手复位	
2	加料站放入金属物料	机械手搬运物料	搬运、传送、分拣金属物料
3	机械手释放物料	机械手复位，传送带运转	
4	物料传送至A点位置	气缸一伸出，物料被分拣至料槽一内	
5	气缸一伸出到位后	气缸一缩回，传送带停转	
6	加料站放入白色塑料物料	机械手搬运物料	搬运、传送、分拣白色塑料物料
7	机械手释放物料	机械手复位，传送带运转	
8	物料传送至B点位置	气缸二伸出，物料被分拣至料槽二内	
9	气缸二伸出到位后	气缸二缩回，传送带停转	
10	加料站放入黑色塑料物料	机械手搬运物料	搬运、传送、分拣黑色塑料物料
11	机械手释放物料	机械手复位，传送带运转	
12	物料传送至C点位置	气缸三伸出，物料被分拣至料槽三内	
13	气缸三伸出到位后	气缸三缩回，传送带停转	
14	重新加料，按下停止按钮SB2，机构完成当前工作循环后停止工作		

（4）试运行　施工人员操作物料搬运、传送及分拣机构，运行、观察一段时间，确保设备合格、稳定、可靠。

7. 现场清理

设备调试完毕，要求施工人员清点工量具、归类整理资料，清扫现场卫生，并填写设备安装登记表。

8. 设备验收

设备质量验收见表 4-9。

表 4-9　设备质量验收表

验收项目及要求		配分	配分标准	扣分	得分	备注
设备组装	1. 设备部件安装可靠，各部件位置衔接准确 2. 电路安装正确，接线规范 3. 气路连接正确，规范美观	35	1. 部件安装位置错误，每处扣 2 分 2. 部件衔接不到位、零件松动，每处扣 2 分 3. 电路连接错误，每处扣 2 分 4. 导线反圈、压皮、松动，每处扣 2 分 5. 错、漏编号，每处扣 1 分 6. 导线未入线槽、布线凌乱，每处扣 2 分 7. 气路连接错误，每处扣 2 分 8. 气路漏气、掉管，每处扣 2 分 9. 气管过长、过短、乱接，每处扣 2 分			
设备功能	1. 设备起停正常 2. 机械手复位正常 3. 机械手搬运物料正常 4. 传送带运转正常 5. 金属物料分拣正常 6. 白色塑料物料分拣正常 7. 黑色塑料物料分拣正常 8. 变频器参数设置正确	60	1. 设备未按要求起动或停止，每处扣 5 分 2. 机械手未按要求复位，扣 5 分 3. 机械手未按要求搬运物料，每处扣 5 分 4. 传送带未按要求运转，扣 10 分 5. 金属物料未按要求分拣，扣 5 分 6. 白色塑料物料未按要求分拣，扣 5 分 7. 黑色塑料物料未按要求分拣，扣 5 分 8. 变频器参数未按要求设置，扣 5 分			
设备附件	资料齐全，归类有序	5	1. 设备组装图缺少，每处扣 2 分 2. 电路图、气路图、梯形图缺少，每处扣 2 分 3. 技术说明书、工具明细表、元件明细表缺少，每处扣 2 分			
安全生产	1. 自觉遵守安全文明生产规程 2. 保持现场干净整洁，工具摆放有序		1. 漏接接地线，每处扣 5 分 2. 每违反一项规定，扣 3 分 3. 发生安全事故，0 分处理 4. 现场凌乱、乱放工具、乱丢杂物、完成任务后不清理现场扣 5 分			
时间	8h		提前正确完成，每 5min 加 5 分 超过额定时间，每 5min 扣 2 分			
开始时间		结束时间		实际时间		

四、设备改造

物料搬运、传送及分拣机构的改造要求及任务如下：

（1）功能要求

1）机械手复位功能。PLC 上电，机械手手爪放松、手爪上升、手臂缩回、手臂左旋至左侧限位处停止。

2）搬运功能。若加料站出料口有物料，机械手臂伸出→手爪下降→手爪夹紧物料→0.5s后手爪上升→手臂缩回→手臂右旋→0.5s后手臂伸出→手爪下降→0.5s后，若传送带上无物料，则手爪放松、释放物料→手爪上升→手臂缩回→左旋至左侧限位处停止。

3）传送功能。当传送带落料口的光电传感器检测到物料时，变频器起动，以25Hz的频率驱动三相异步电动机正转运行，传送带传送物料。当物料分拣完毕时，传送带停止运转。

4）分拣功能。

① 分拣金属物料。当起动推料一传感器检测到金属物料时，气缸一动作，活塞杆伸出将它推入料槽一内。当伸出限位传感器检测到气缸活塞杆伸出到位后，活塞杆缩回；缩回限位传感器检测气缸活塞杆缩回到位后，三相异步电动机停止运行。

② 分拣黑色塑料物料。当起动推料二传感器检测到黑色塑料物料时，气缸二动作，活塞杆伸出将它推入料槽二内。当伸出限位传感器检测到气缸活塞杆伸出到位后，活塞杆缩回；缩回限位传感器检测气缸活塞杆缩回到位后，三相异步电动机停止运行。

③ 分拣白色塑料物料。当起动推料三传感器检测到白色塑料物料时，气缸三动作，活塞杆伸出将它推入料槽三内。当伸出限位传感器检测到气缸活塞杆伸出到位后，活塞杆缩回；缩回限位传感器检测气缸活塞杆缩回到位后，三相异步电动机停止运行。

5）打包报警功能。当料槽中存放有5个物料时，要求物料打包取走，打包指示灯按0.5s周期闪烁，并发出报警声，5s后继续进行搬运、传送及分拣工作。

（2）技术要求

1）工作方式要求。机构有两种工作方式：单步运行和自动运行。

2）机构的起停控制要求。

① 按下起动按钮，机构开始工作。

② 按下停止按钮，机构完成当前工作循环后停止。

③ 按下急停按钮，机构立即停止工作。

3）电气线路的设计符合工艺要求、安全规范。

4）气动回路的设计符合控制要求、正确规范。

（3）工作任务

1）按机构要求画出电路图。

2）按机构要求画出气路图。

3）按机构要求编写PLC控制程序（梯形图）。

4）改装物料搬运、传送及分拣机构实现功能。

5）绘制机构装配示意图。

项目五

YL-235A型光机电设备的组装与调试

一、施工任务

扫码看视频

1. 根据设备装配示意图组装 YL-235A 型光机电设备。
2. 按照设备电路图连接 YL-235A 型光机电设备的电气回路。
3. 按照设备气路图连接 YL-235A 型光机电设备的气动回路。
4. 根据要求创建触摸屏人机界面。
5. 输入设备控制程序，正确设置变频器参数，调试 YL-235A 型光机电设备实现功能。

二、施工前准备

施工人员在施工前应仔细阅读 YL-235A 型光机电设备随机技术文件，了解设备的组成及其动作情况，看懂装配示意图、电路图、气动回路图及梯形图等图样，然后再根据施工任务制订施工计划、施工方案等。

1. 识读设备图样及技术文件

（1）装置简介　YL-235A 型光机电设备主要实现自动送料、搬运及输送，并能根据物料的不同进行分类存放的功能。

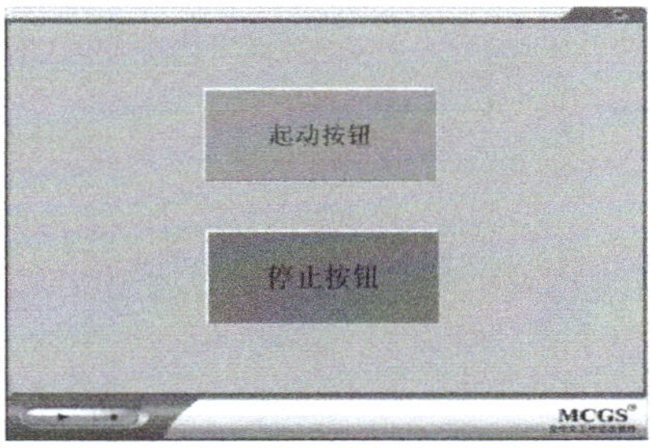

图 5-1　人机界面

1）起停控制。如图 5-1 所示，触摸人机界面上的起动按钮，设备开始工作，机械手复位：手爪放松、手爪上升、手臂缩回、手臂左旋至左侧限位处停止。触摸停止按钮，系统完成当前工作循环后停止。设备工作流程如图 5-2 所示。

2）送料功能。设备起动后，送料机构开始检测物料支架上的物料，警示灯绿灯闪烁。若无物料，PLC 便起动送料电动机工作，驱动页扇旋转。物料在页扇推挤下，从物料料盘中移至出料口。当物料检测传感器检测到物料时，送料电动机停止，页扇停止旋转。若送料电动机运行 10s 后，物料检测传感器仍未检测到物料，则说明料盘内已无物料，此时机构停止工作并报警，警示灯红灯闪烁。

3）搬运功能。送料机构出料口有物料 0.5s 后，机械手臂伸出→手爪下降→手爪夹紧物料→0.5s 后手爪上升→手臂缩回→手臂右旋→0.5s 后手臂伸出→手爪下降→0.5s 后，若传送带上无物料，则手爪放松、释放物料→手爪上升→手臂缩回→手臂左旋至左侧限位处

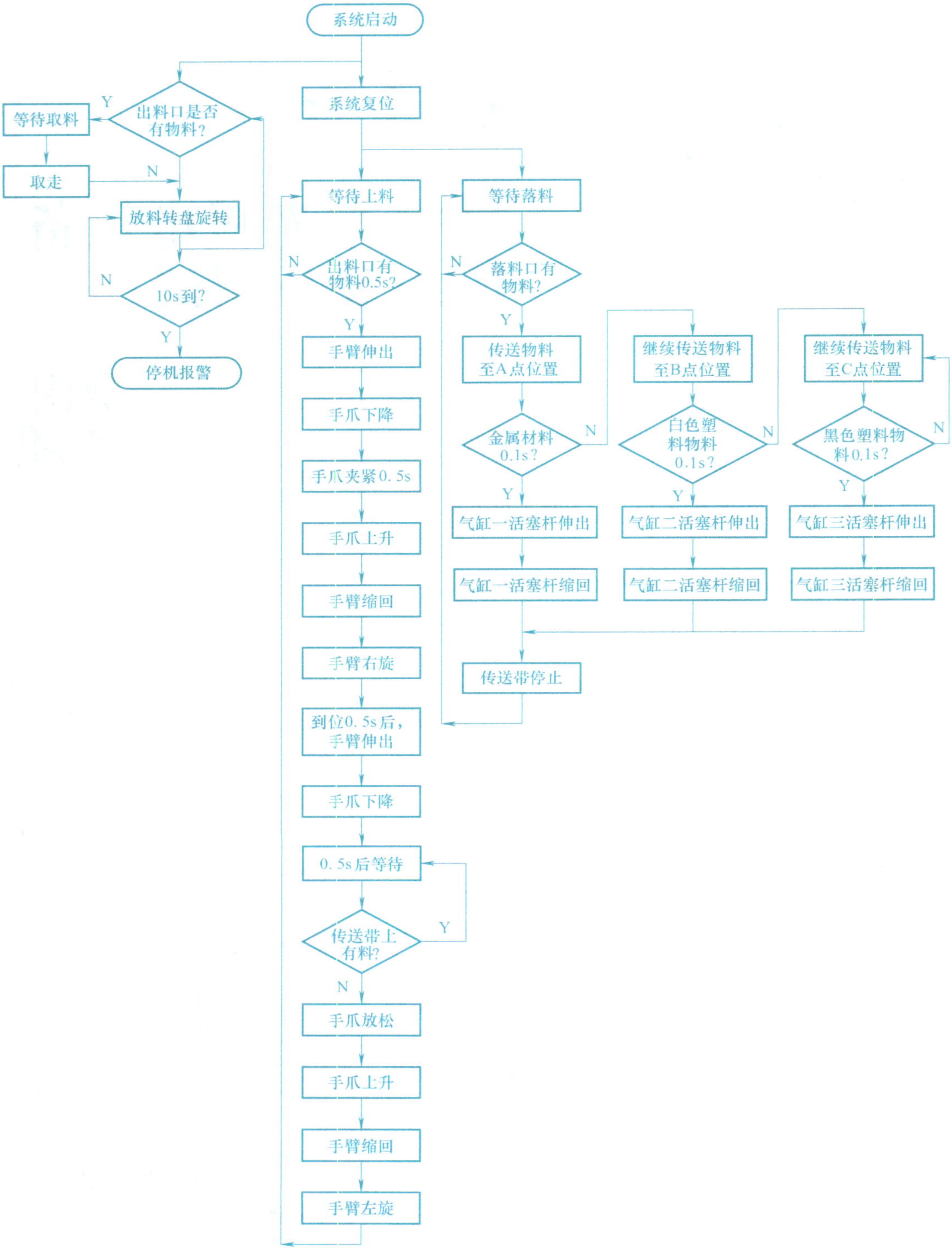

图 5-2 YL-235A 型光机电设备工作流程图

停止。

4）传送功能。当传送带落料口的光电传感器检测到物料时，变频器起动，以 25Hz 的频率驱动三相异步电动机正转运行，传送带开始传送物料。当物料分拣完毕时，传送带停止运转。

5）分拣功能。

① 分拣金属物料。当金属物料被传送至 A 点位置时，推料一气缸（简称气缸一）活塞杆伸出，将它推入料槽一内。气缸一缩回到位后，传送带停止运行。

② 分拣白色塑料物料。当白色塑料物料被传送至 B 点位置时，推料二气缸（简称气缸二）活塞杆伸出，将它推入料槽二内。气缸二缩回到位后，传送带停止运行。

③ 分拣黑色塑料物料。当黑色塑料物料被传送至 C 点位置时，推料三气缸（简称气缸三）活塞杆伸出，将它推入料槽三内。气缸三缩回到位后，传送带停止运行。

（2）识读装配示意图　如图 5-3 所示，YL-235A 型光机电设备是送料机构、机械手搬运机构、物料传送及分拣机构的组合，这就要求物料料盘、出料口、机械手及传送带落料口之间衔接准确，安装尺寸误差要小，以保证送料机构平稳送料，机械手准确抓料、放料。

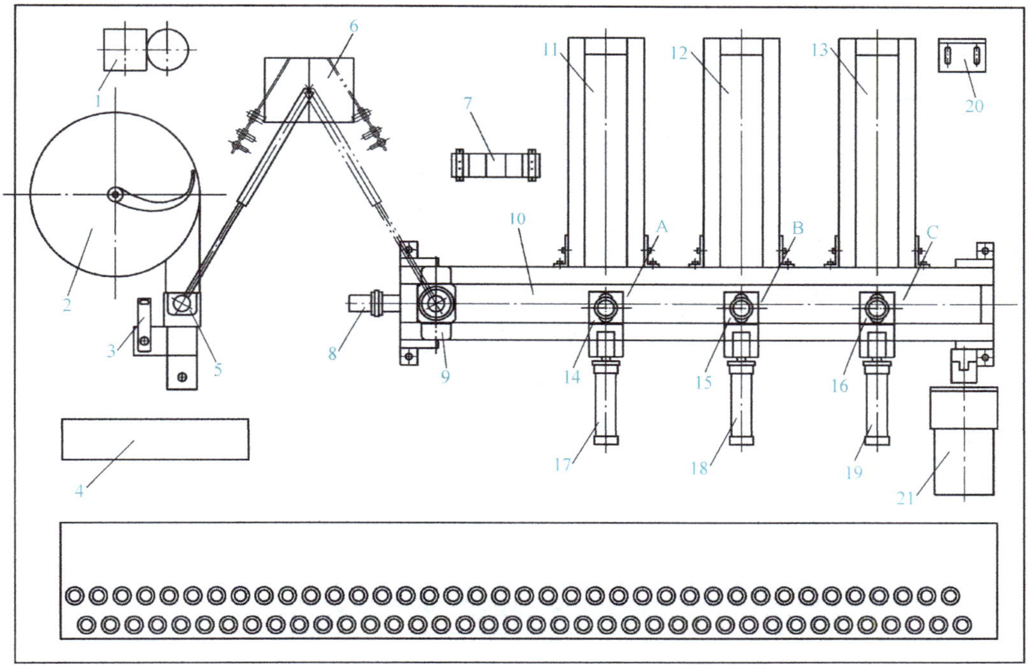

序号	名称	数量	序号	名称	数量	序号	名称	数量
21	三相异步电动机	1	12	料槽二	1	3	物料检测光电传感器	1
20	气动二联件	1	11	料槽一	1	2	物料料盘	1
19	推料三气缸	1	10	传送带	1	1	警示灯	1
18	推料二气缸	1	9	落料口	1	序号	名称	数量
17	推料一气缸	1	8	落料口检测光电传感器	1			
16	光纤传感器(黑)	1	7	电磁阀阀组	1	标记 处数 更改文件号 签字 日期	设备布局图	×××公司
15	光纤传感器(白)	1	6	机械手	1	设计 标准化		
14	电感式传感器	1	5	出料口	1	核对 (审定)	图样标记 数样 重量 比例	YL-235A型光机电设备
13	料槽三	1	4	触摸屏	1	审核		
序号	名称	数量	序号	名称	数量	工艺 日期	1	

图 5-3　YL-235A 型光机电设备布局图

1）结构组成。YL-235A 型光机电设备主要由触摸屏、物料料盘、出料口、机械手、传送带及分拣装置等组成。各部分的功能见项目一、项目二和项目三。设备实物如图 5-4 所示。

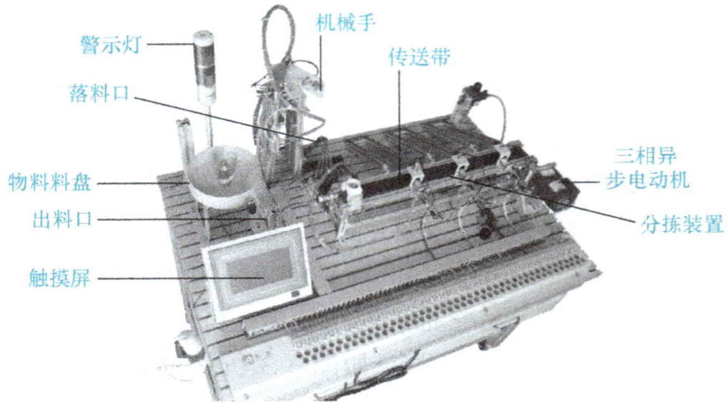

图 5-4　YL-235A 型光机电设备

2）尺寸分析。YL-235A 型光机电设备的各部件定位尺寸如图 5-5 所示。

（3）识读触摸屏相关技术文件　触摸屏简称 HMI，主要用作人机交流、控制。本设备使用昆仑通态 TPC7062KS 型触摸屏，如图 5-6 所示对外提供 5 个通信端口，其中电源接口输入电源电压为直流 24（1±20%）V；串行接口 COM1 用于连接触摸屏和具有 RS-232/RS-485 通信端口的控制器；USB1 接口是 USB 主设备，与 USB1.1 兼容使用；USB2 接口是 USB 从设备，用于与 PC 的连接，进行组态的下载和 HMI 的设置；LAN 为以太网端口。

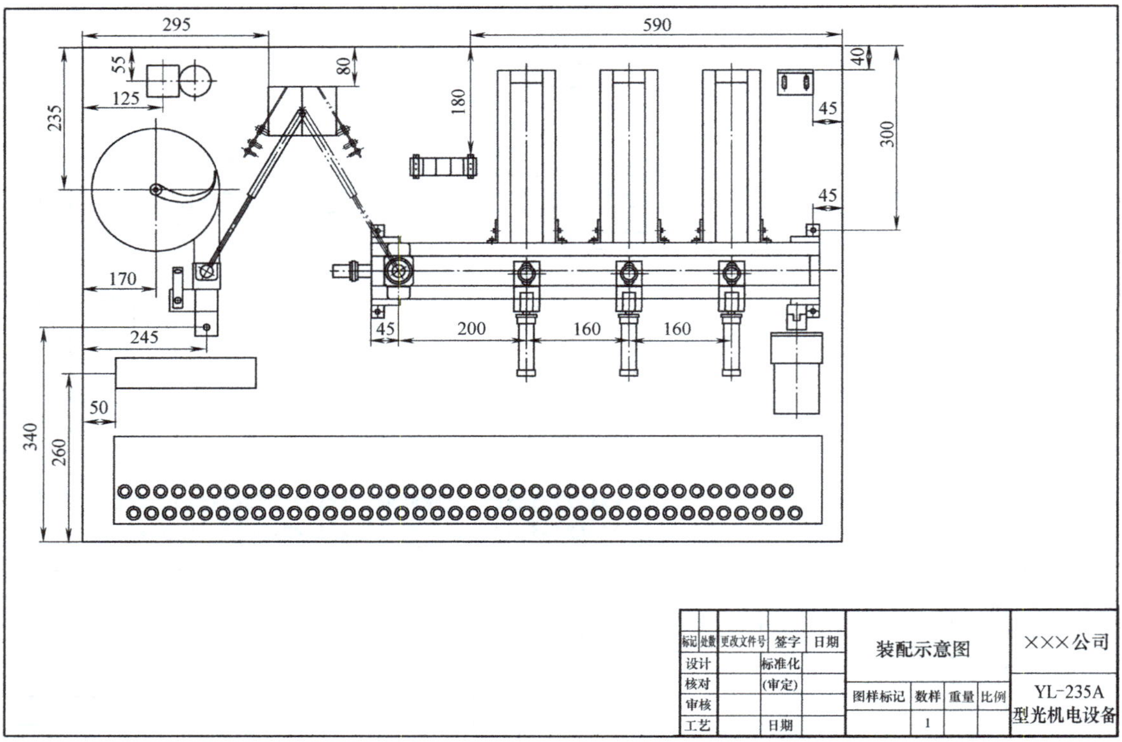

图 5-5　YL-235A 型光机电设备装配示意图

应用 MCGS 组态软件可对 TPC7062KS 型触摸屏创建人机界面工程，它的优点是简单灵活、可视化。下面组态一个仅含一只开关元件的 MGCS 工程，其步骤如下：

1）建立工程。

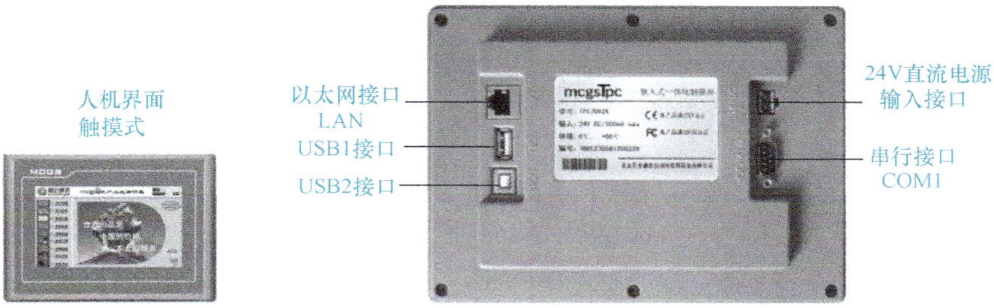

图 5-6　昆仑通态 TPC7062KS 型触摸屏

① 启动 MCGS 组态软件。如图 5-7 所示，单击桌面【程序】—【MCGS 组态软件】—【嵌入版】—【MCGSE 组态环境】文件，弹出如图 5-8 所示的 MCGS 嵌入版组态软件编程窗口。

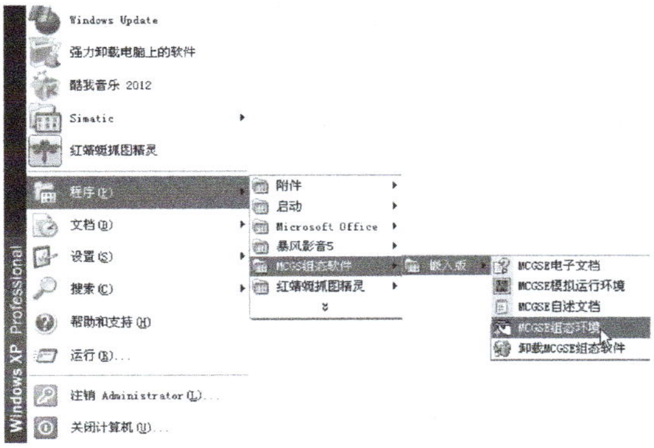

图 5-7　启动 MCGS 组态软件

图 5-8　MCGS 嵌入版组态软件编程窗口

② 建立新工程。如图 5-9 所示，执行【文件】—【新建工程】命令，弹出图 5-10 所示的“新建工程设置”对话框，选择 TPC 的类型为“TPC7062KS”，单击【确定】按钮后，弹出图 5-11 所示的工作台窗口。

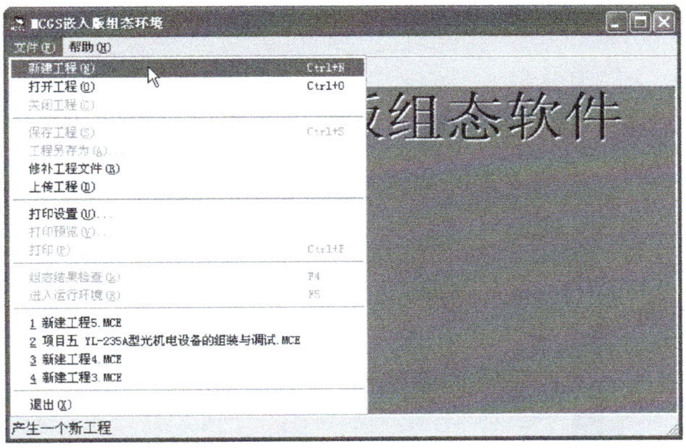

图 5-9　“新建工程”命令

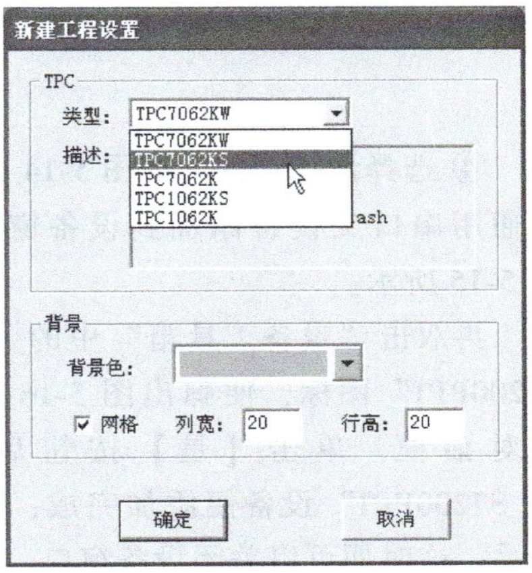

图 5-10　“新建工程设置”对话框

2）组态设备窗口。

① 进入设备窗口。如图 5-11 所示，单击工作台上的标签【设备窗口】，进入图 5-12 所

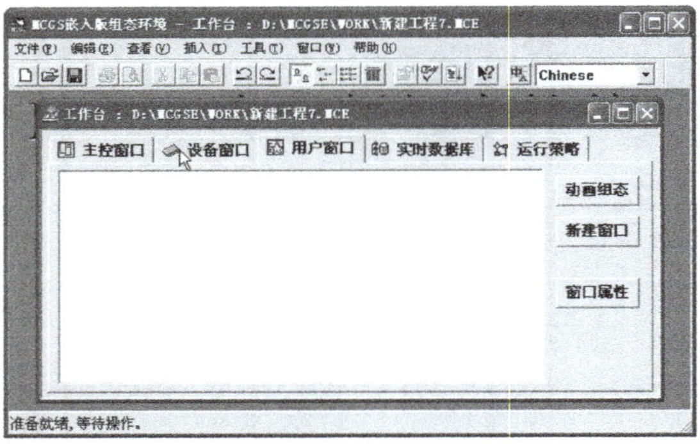

图 5-11 工作台窗口

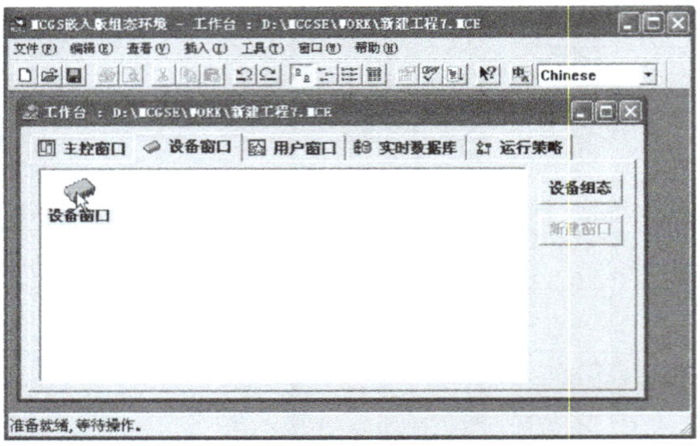

图 5-12 设备窗口

示的设备窗口页，便可看到窗口内的“设备窗口”图标。

② 进入“设备组态：设备窗口”。如图 5-12 所示，双击“设备窗口”图标，便进入了图 5-13 所示的窗口“设备组态：设备窗口”。

③ 打开“设备工具箱”。如图 5-13 所示，单击组态软件工具条中的[工具箱图标]命令，弹出图 5-14 所示的“设备工具箱”，工具箱中提供多种类型的“设备构件”，这些构件是系统与外部设备进行联系的媒介。

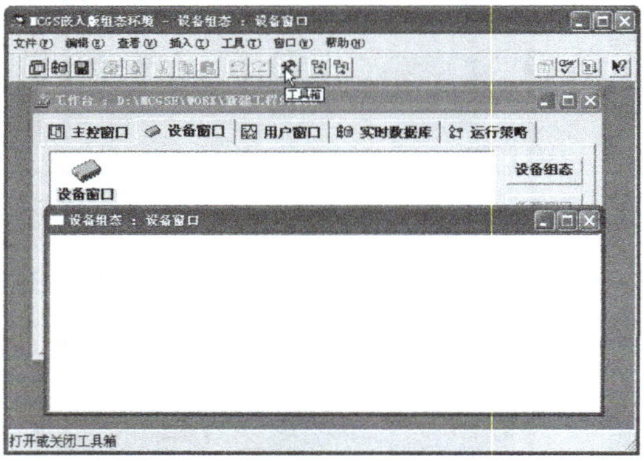

图 5-13 设备组态：设备窗口

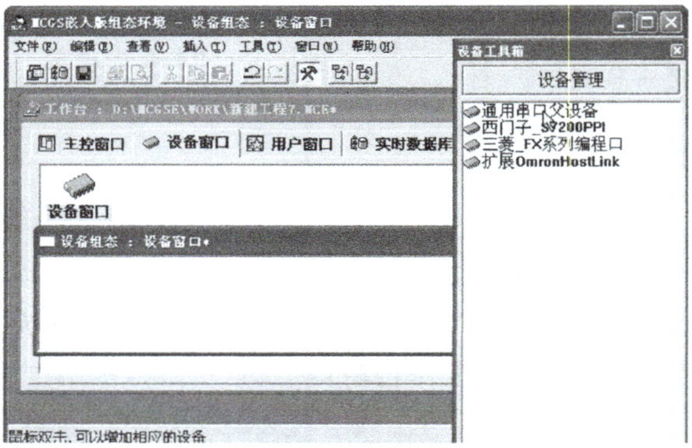

图 5-14 设备工具箱

④ 选择设备构件。如图 5-14 所示，双击“设备工具箱”中的“通用串口父设备”，便将通用串口父设备添加到设备窗口中，如图 5-15 所示。

再双击“设备工具箱”中的“西门子_S7200PPI”图标，便弹出图 5-16 所示的确认对话框，单击【是】按钮后，“西门子_S7200PPI”设备便添加完成，如图 5-17 所示。这时便可以关闭设备窗口，返回至工作台。

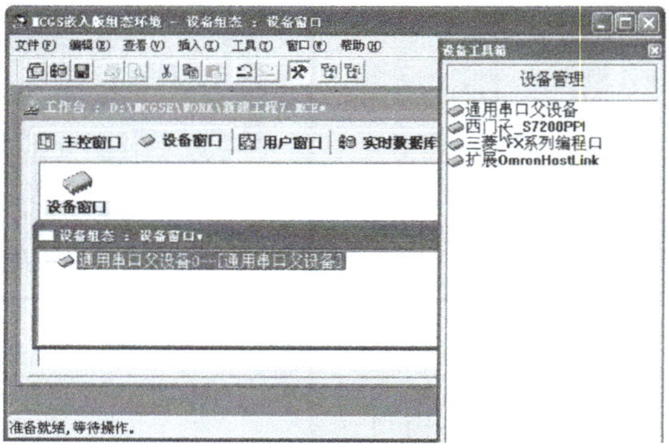

图 5-15 “通用串口父设备”添加完成的设备窗口

3）组态用户窗口。

① 进入用户窗口。单击工作台上的标

签【用户窗口】，便进入图 5-18 所示的用户窗口。

② 创建新的用户窗口。单击图 5-18 所示的【新建窗口】按钮，便可创建出如图 5-19 所示的新用户窗口“窗口 0”。

图 5-16　确认对话框

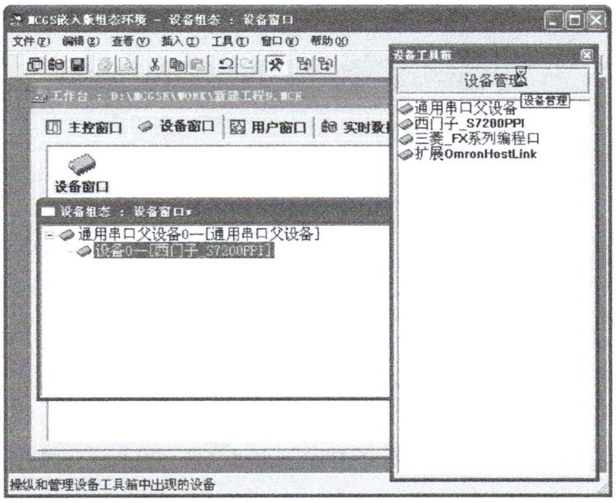

图 5-17　添加完成后的“设备组态：设备窗口”

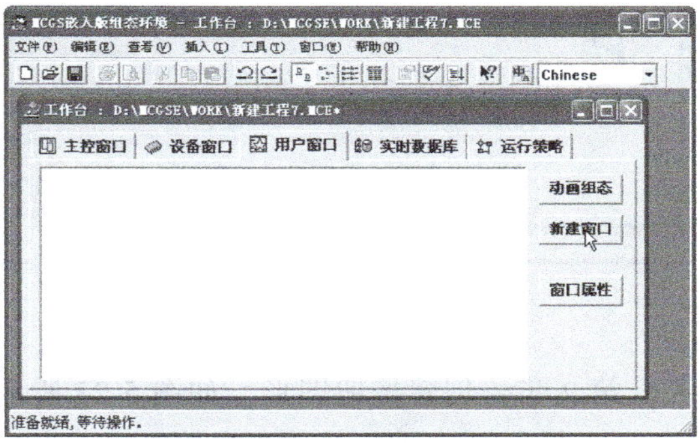

图 5-18　用户窗口

③ 设置用户窗口属性。

第 1 步：进入“用户窗口属性设置”对话框。如图 5-19 所示，右击待定义的“窗口 0”图标，弹出图 5-20 所示的下拉菜单，执行【属性】命令，弹出图 5-21 所示的“用户窗口属性设置”对话框。

第 2 步：为新的用户窗口命名。如图 5-21 所示，选择“基本属性”页，将窗口名称中的“窗口 0”修改为“西门子命令窗口”，单击【确认】按钮后，“窗口 0”

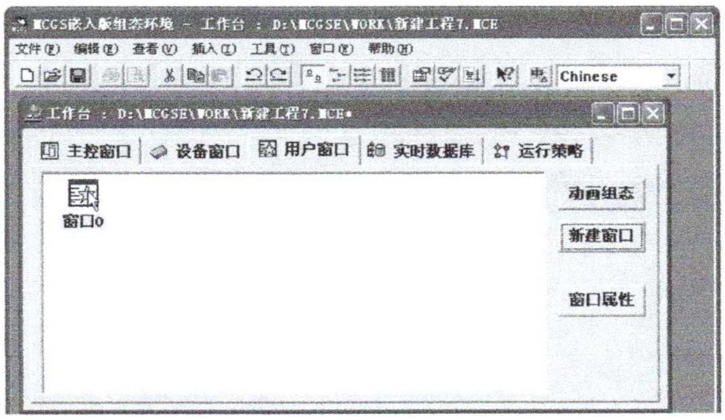

图 5-19　新建的用户窗口“窗口 0”

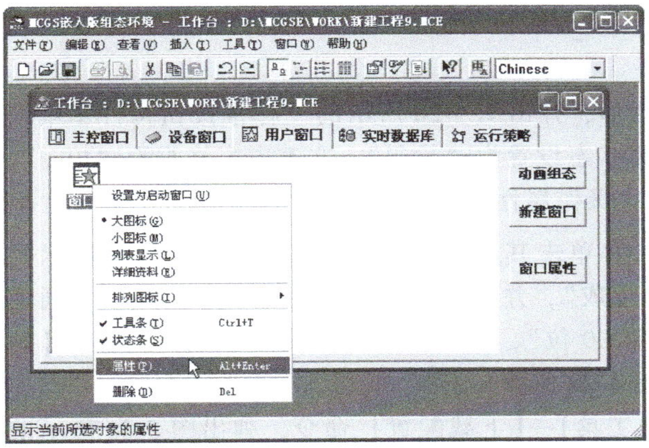

图 5-20　右击“窗口 0”图标后的下拉菜单

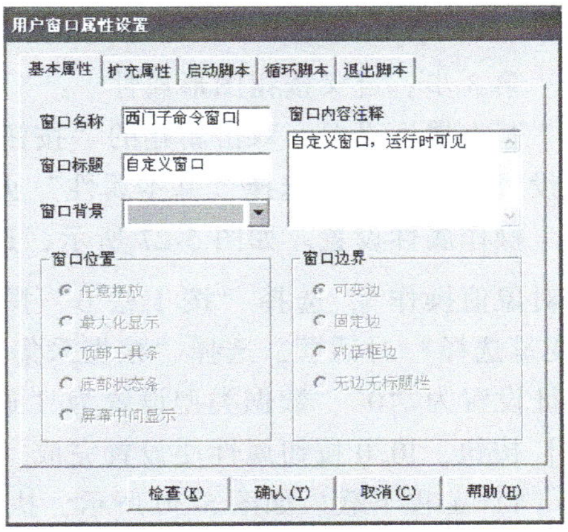

图 5-21　“用户窗口属性设置”对话框

便修改为“西门子命令窗口”，如图 5-22 所示。

④ 创建图形对象。

第 1 步：进入动画组态窗口。如图 5-22 所示，双击“西门子命令窗口”图标，进入图 5-23 所示的“动画组态西门子命令窗口”。

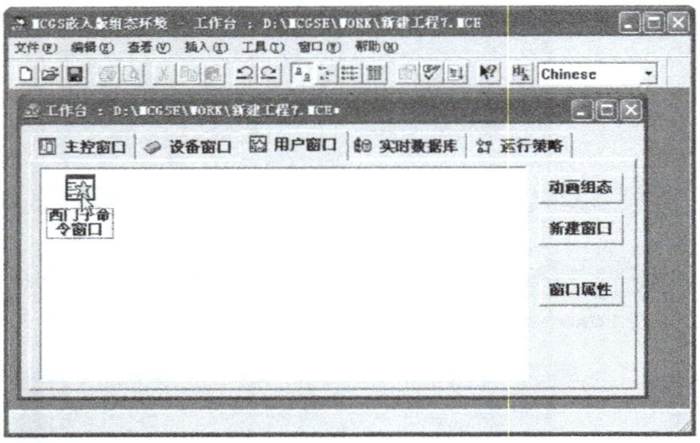

图 5-22 修改用户窗口名称

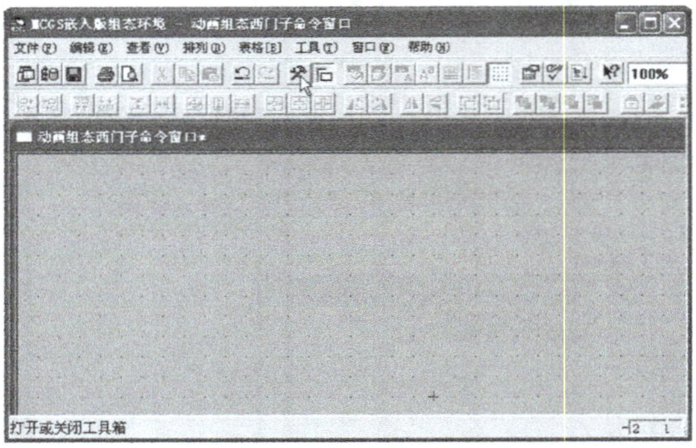

图 5-23 动画组态西门子命令窗口

第 2 步：创建按钮图形。如图 5-23 所示，单击组态软件工具条中的“”图标，弹出图 5-24 所示的动画组态“工具箱”。

如图 5-24 所示，选择工具箱中“标准按钮”，在窗口编辑处按住鼠标左键并拖放出一定大小后，松开鼠标左键，便创建出如图 5-25 所示的按钮图形。

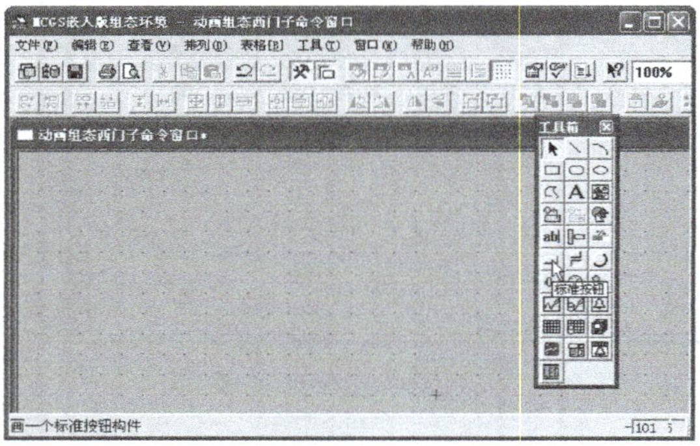

图 5-24 动画组态工具箱

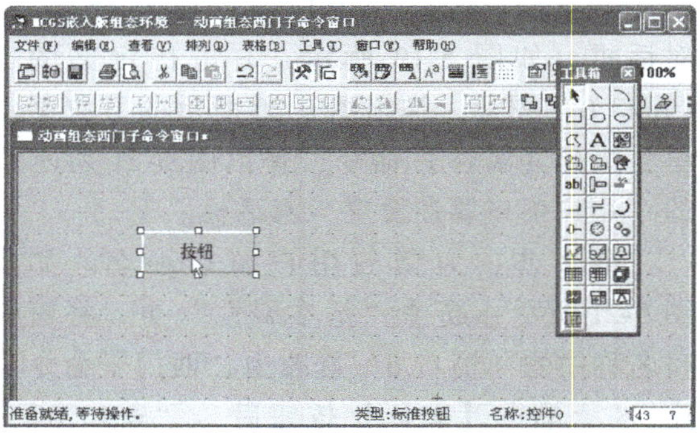

图 5-25 创建的按钮图形

第 3 步：定义按钮图形属性。

基本属性设置。双击新建的“按钮”图形，弹出图 5-26 所示的“标准按钮构件基本属性设置”对话框，选择“基本属性”页，将状态设置为“抬起”，文本内容修改为“I0.0”。

操作属性设置。如图 5-27 所示，选择“操作属性”页，单击“抬起功能”，勾选“数据对象值操作”，选择“按 1 松 0”操作，并单击其后面的图标 ?，弹出图 5-28 所示的“变量选择”对话框，选择“根据采集信息生成”，并将通道类型设置为“I 寄存器”，通道地址设置为“0”，数据类型设置为“通道第 00 位”，读写类型设置为“读写”。单击【确认】按钮，I0.0 按钮属性便设置完成，如图 5-29 所示。

4）工程下载。如图 5-30 所示，执行【工具】—【下载配置】命令，弹出图 5-31 所示的工程保存对话框，单击【是】按钮后，弹出图 5-32 所示的“下载配置”对话框，单击【工

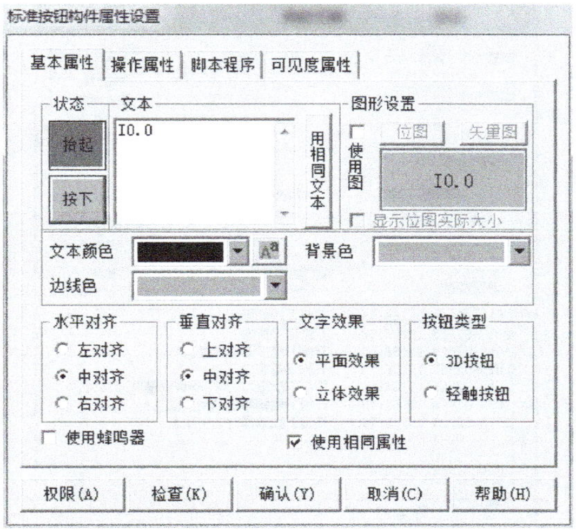

图 5-26 “标准按钮构件基本属性设置”对话框

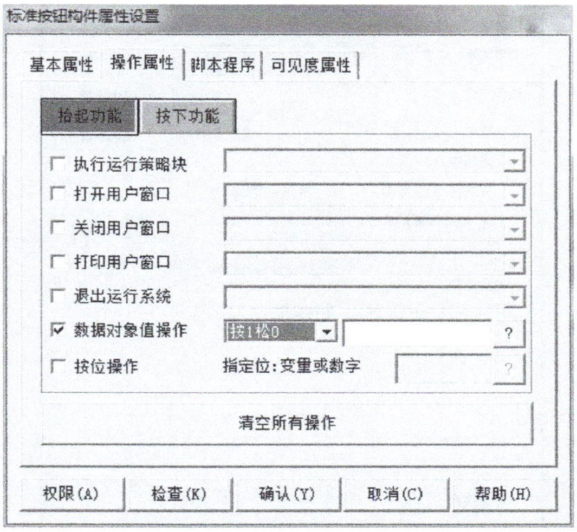

图 5-27 “标准按钮构件操作属性设置”对话框

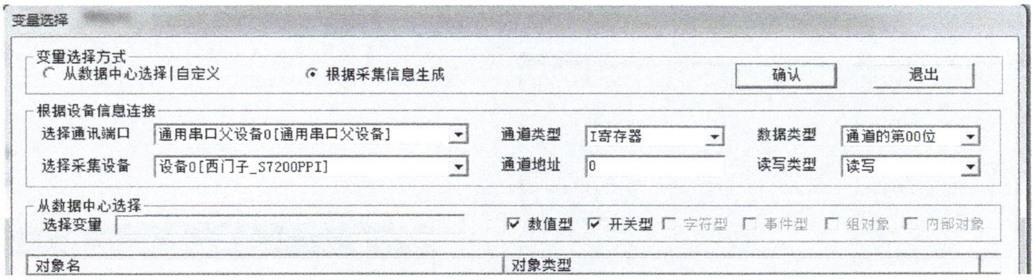

图 5-28 “变量选择”对话框

程下载】按钮后开始下载工程，同时窗口中显示下载的信息。如图 5-33 所示，信息显示“工程下载成功，错误 0 个”，说明此工程已创建完成。

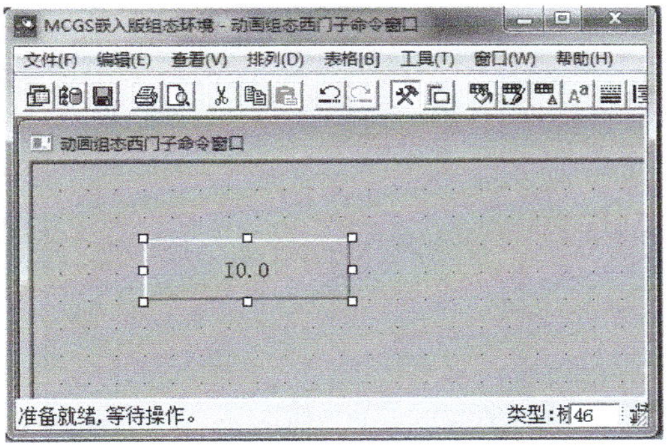

图 5-29 设置完成的按钮

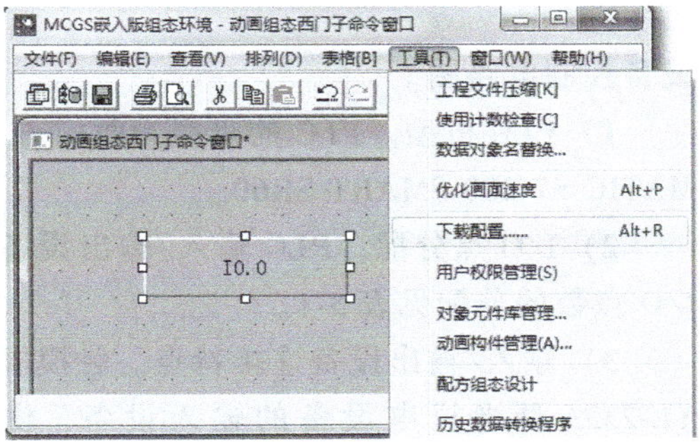

图 5-30 工程下载命令

5）离线模拟。如图 5-33 所示，单击【模拟运行】按钮，弹出图 5-34 所示的 MCGS 模拟界面，单击【 】按钮，弹出图 5-35 所示的“提示信息”对话框，单击【确认】按钮后，进入图 5-36 所示的离线仿真人机界面。

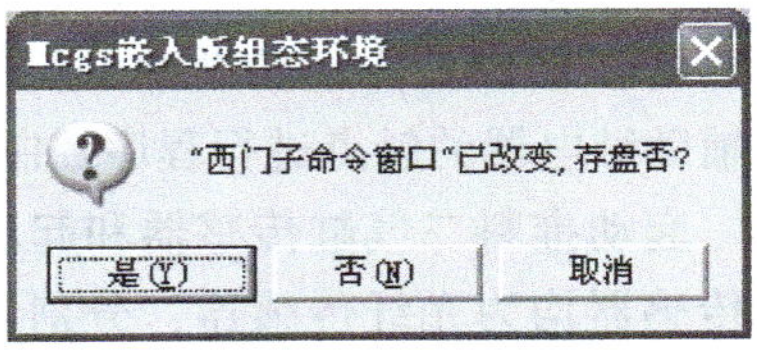

图 5-31 “工程保存”对话框

（4）识读电路图 图 5-37 所示为 YL-235A 型光机电

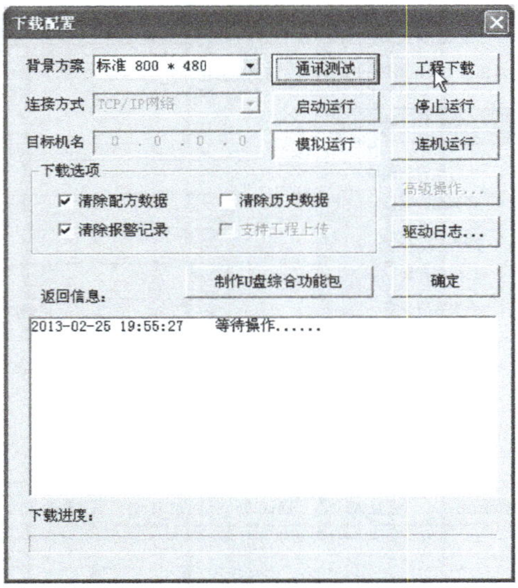

图 5-32 “下载配置”对话框

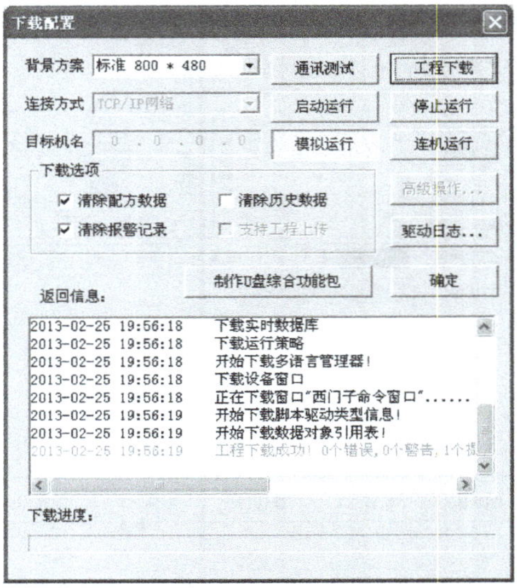

图 5-33 下载完成信息显示

图 5-34 MCGS 模拟界面

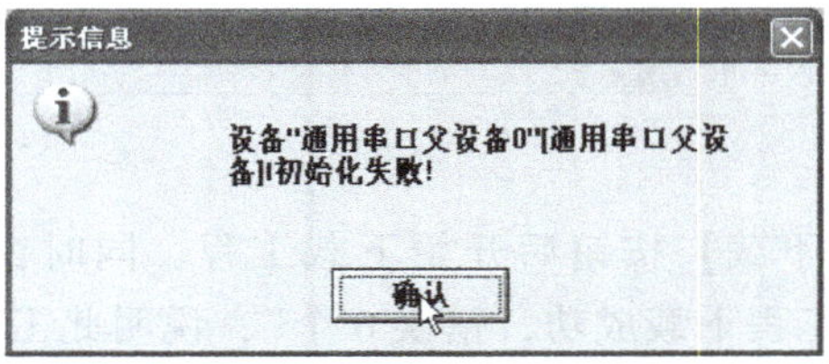

图 5-35 “提示信息”对话框

设备控制电路图。

1）PLC 机型。PLC 的机型为西门子 SIMATIC S7-200 SMART SR60。

2）I/O 点分配。PLC 输入/输出设备及 I/O 点数的分配见表 5-1。

3）输入/输出设备连接特点。触摸屏为 YL-235A 型光机电设备的输入设备，供给 PLC 启动及停止信号。特别说明，触摸屏一般不能直接改写 PLC 输入点的状态，通常的做法是改变 PLC 内部辅助继电器的状态，再用辅助继电器的触点进行程序控制。

图 5-36 离线仿真人机界面

起动推料二气缸传感器和起动推料三气缸传感器均为光纤传感器，分别识别白色物料和黑色物料。

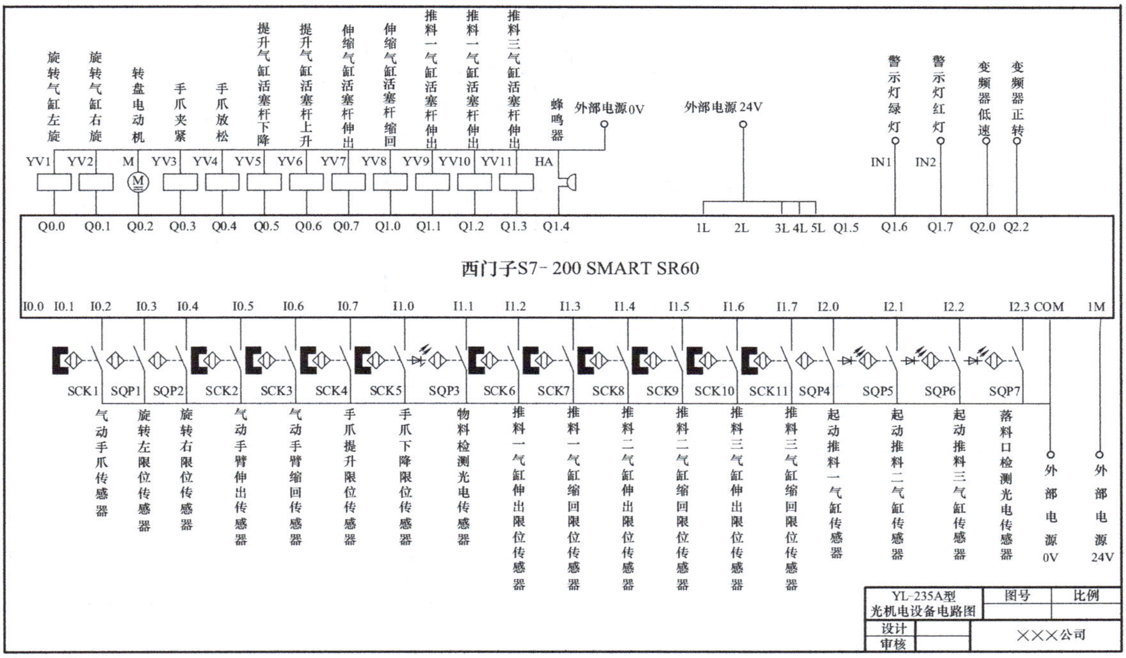

图 5-37　YL-235A 型光机电设备电路图

表 5-1　输入/输出设备及 I/O 点分配表

输入			输出		
元件代号	功能	输入点	元件代号	功能	输出点
SCK1	气动手爪传感器	I0.2	YV1	旋转气缸左旋	Q0.0
SQP1	旋转左限位传感器	I0.3	YV2	旋转气缸右旋	Q0.1
SQP2	旋转右限位传感器	I0.4	M	转盘电动机	Q0.2
SCK2	气动手臂伸出传感器	I0.5	YV3	手爪夹紧	Q0.3
SCK3	气动手臂缩回传感器	I0.6	YV4	手爪放松	Q0.4
SCK4	手爪提升限位传感器	I0.7	YV5	提升气缸活塞杆下降	Q0.5
SCK5	手爪下降限位传感器	I1.0	YV6	提升气缸活塞杆上升	Q0.6
SQP3	物料检测光电传感器	I1.1	YV7	伸缩气缸活塞杆伸出	Q0.7
SCK6	推料一气缸伸出限位传感器	I1.2	YV8	伸缩气缸活塞杆缩回	Q1.0
SCK7	推料一气缸缩回限位传感器	I1.3	YV9	驱动推料一气缸活塞杆伸出	Q1.1
SCK8	推料二气缸伸出限位传感器	I1.4	YV10	驱动推料二气缸活塞杆伸出	Q1.2
SCK9	推料二气缸缩回限位传感器	I1.5	YV11	驱动推料三气缸活塞杆伸出	Q1.3
SCK10	推料三气缸伸出限位传感器	I1.6	HA	蜂鸣器报警	Q1.4
SCK11	推料三气缸缩回限位传感器	I1.7	IN1	警示灯绿灯	Q1.6
SQP4	起动推料气缸一传感器	I2.0	IN2	警示灯红灯	Q1.7
SQP5	起动推料气缸二传感器	I2.1	DIN2	变频器低速	Q2.0
SQP6	起动推料气缸三传感器	I2.2	DIN3	变频器正转	Q2.2
SQP7	落料口检测传感器	I2.3			

（5）识读气动回路图　图 5-38 为 YL-235A 型光机电设备气动回路图，其气路组成及工作原理与项目四相同，各控制元件、执行元件的工作状态见表 5-2 所示。

（6）识读梯形图　图 5-39 为 YL-235A 型光机电设备的梯形图，其动作过程（状态转移图）如图 5-40 所示。

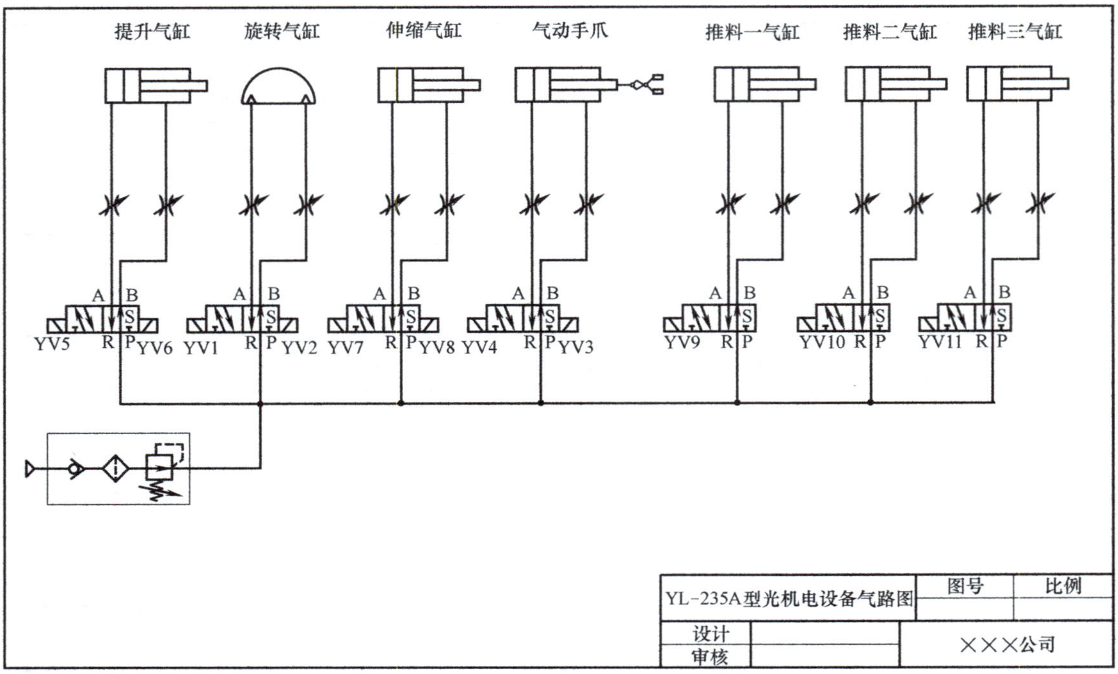

图 5-38 YL-235A 型光机电设备气路图

表 5-2 控制元件、执行元件状态一览表

电磁换向阀的线圈得电情况											执行元件状态	机构任务
YV1	YV2	YV3	YV4	YV5	YV6	YV7	YV8	YV9	YV10	YV11		
+	−										旋转气缸正转	手臂右旋
−	+										旋转气缸反转	手臂左旋
		+	−								气动手爪夹紧	抓料
		−	+								气动手爪放松	放料
				+	−						提升气缸活塞杆伸出	手爪下降
				−	+						提升气缸活塞杆缩回	手爪上升
						+	−				伸缩气缸活塞杆伸出	手臂伸出
						−	+				伸缩气缸活塞杆缩回	手臂缩回
								+			推料一气缸活塞杆伸出	分拣金属物料
								−			推料一气缸活塞杆缩回	等待分拣
									+		推料二气缸活塞杆伸出	分拣白色塑料物料
									−		推料二气缸活塞杆缩回	等待分拣
										+	推料三气缸活塞杆伸出	分拣黑色塑料物料
										−	推料三气缸活塞杆缩回	等待分拣

1）起停控制。触摸人机界面上的起动按钮，M3.0 为 ON，设备所有准备就绪继电器 M2.0 为 ON，将 M1.0、S0.0、S0.1 状态置位。触摸停止按钮，M3.1 为 ON，将 M1.1 置位，只有当机械手回到初始状态时，S0.1 为 ON；传送带回到等料位置，S0.0 为 ON 时，S0.0、S0.1、M1.0、M1.1、M6.1 才复位，从而实现当前工作循环功能完成后停止。

2）送料控制。当 M1.0=ON 后，Q1.6 为 ON，警示灯绿灯闪烁。若出料口无物料，则物料检测传感器 SQP3 不动作，I1.1=OFF，Q0.2 为 ON，驱动转盘电动机旋转，物料挤压上料。当 SQP3 检测到物料时，I1.1=ON，Q0.2 为 OFF，转盘电动机停转，一次上料结束。

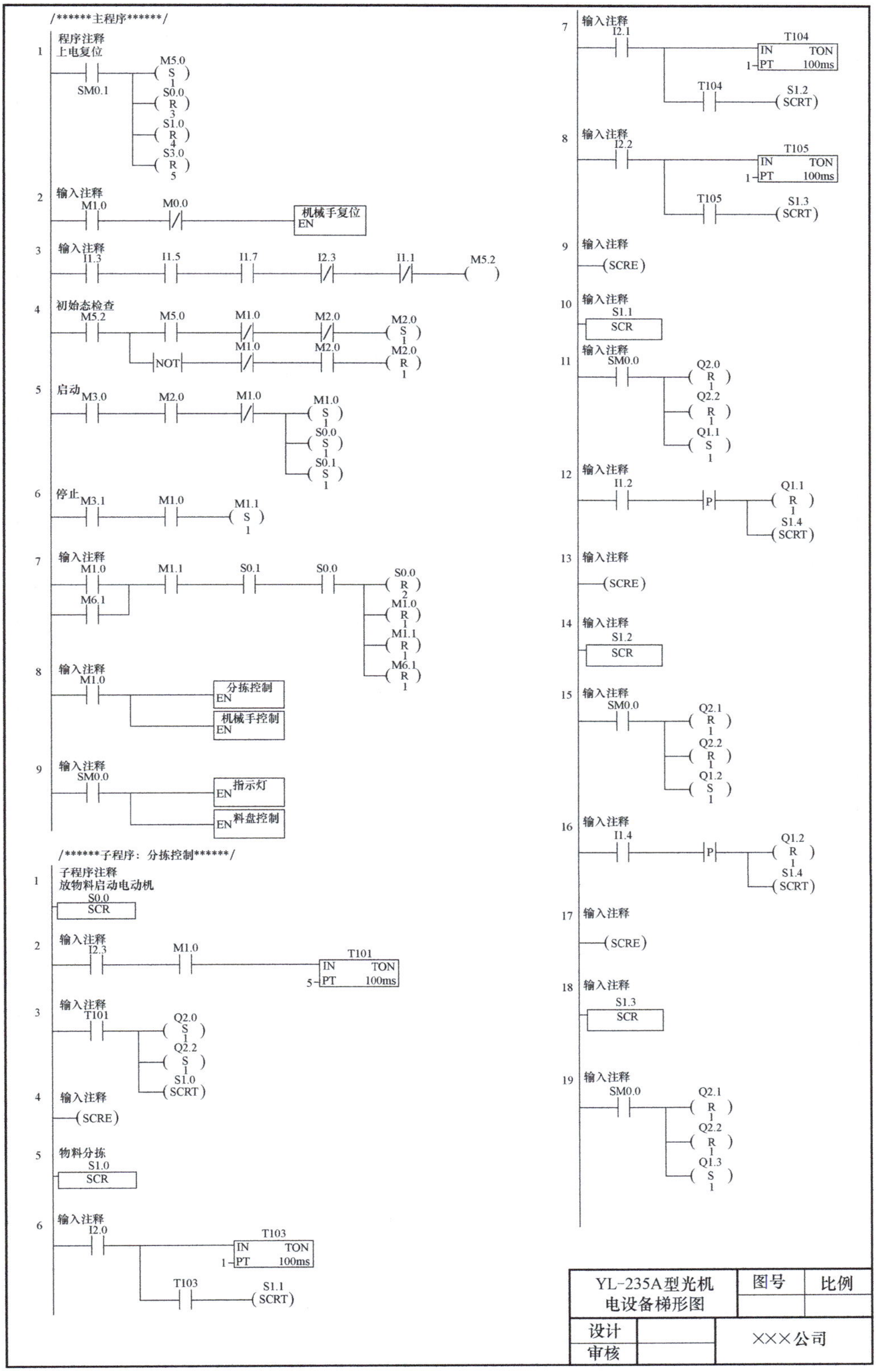

图 5-39　YL-235A 型光机电设备梯形图

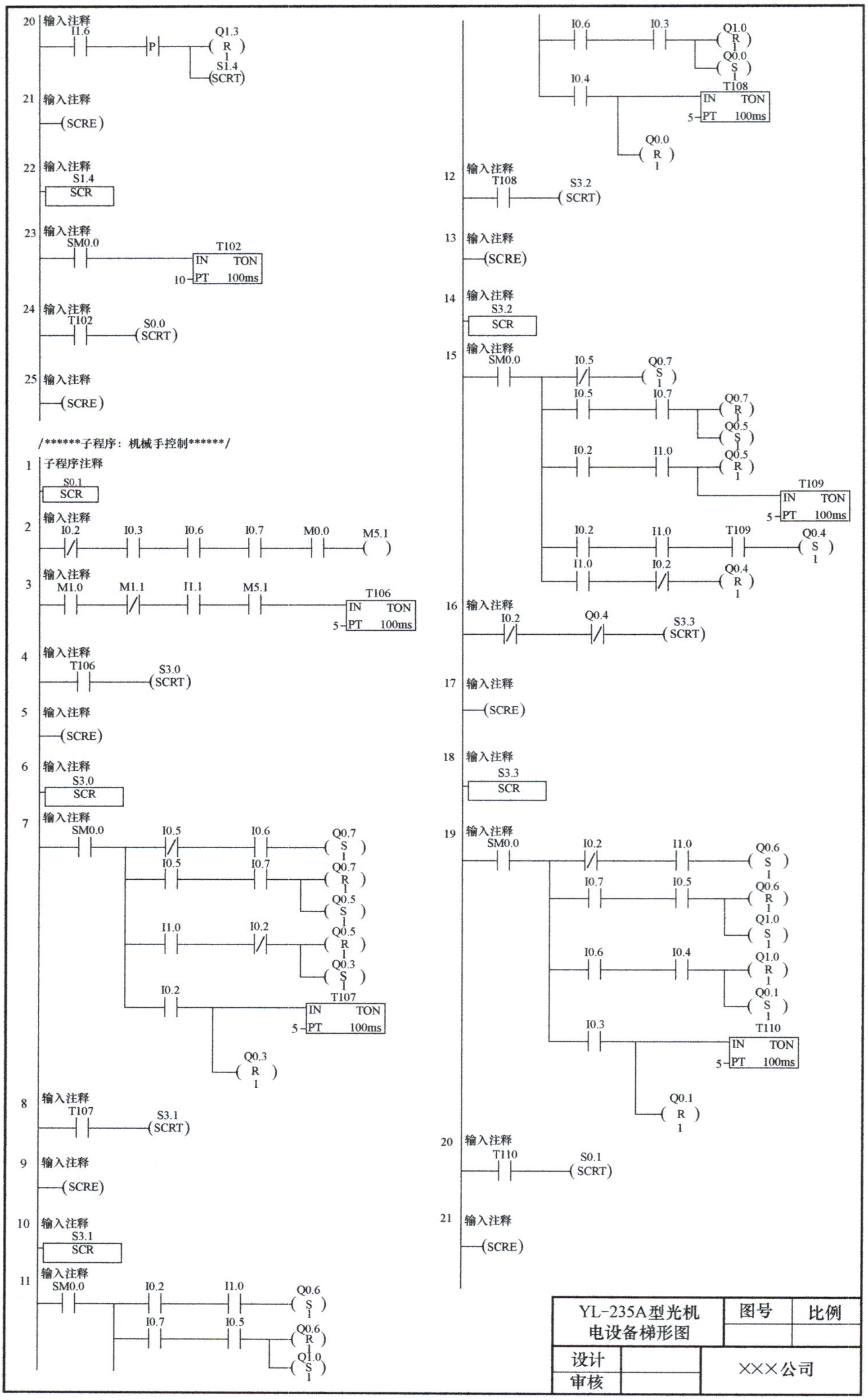

图 5-39 YL-235A 型光机电设备梯形图（续）

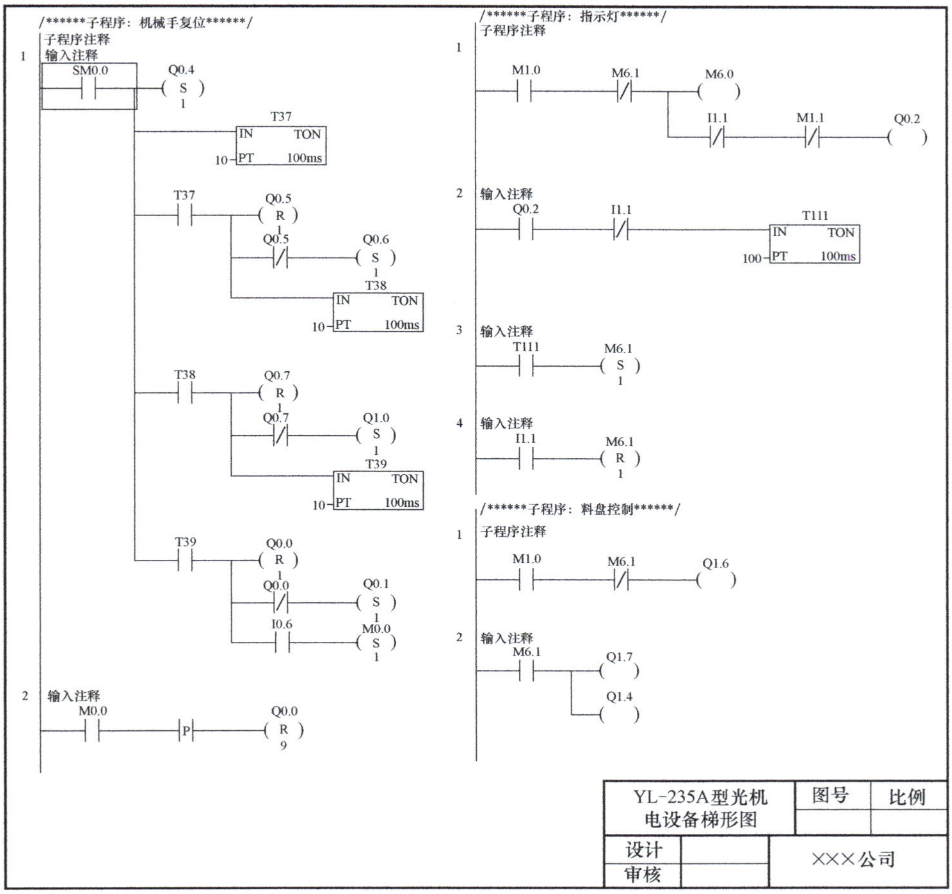

图 5-39 YL-235A 型光机电设备梯形图（续）

3）报警控制。Q0.2 为 ON 时，I1.1=OFF，定时器 T111 开始计时 10s。时间到，若传感器检测不到物料，T111 动作，M6.1 置位，Q1.6、Q0.2 为 OFF，绿灯熄灭，转盘电动机停转；同时 Q1.7、Q1.4 为 ON，警示灯红灯闪烁，蜂鸣器发出报警声。当 SQP3 动作或触摸停止按钮时，M6.1 复位，报警停止。

4）机械手复位控制。设备起动后，M1.0 为 ON，执行机械手的复位子程序：机械手手爪放松、手爪上升、手臂缩回、手臂向左旋转至左侧限位处停止。

5）搬运物料。设备起动后，M3.0 为 ON，S0.1 置位激活，当送料机构出料口有物料时，I1.1 为 ON，稳定 0.5s 后，激活 S3.0 状态→Q0.7 置位，手臂伸出→I0.5 为 ON，I0.7 为 ON，Q0.7 复位、Q0.5 置位，手爪下降→I1.0 为 ON，I0.2 为 OFF，Q0.5 复位、Q0.3 置位，手爪夹紧→夹紧定时 0.5s 到，激活 S3.1 状态→I0.2 为 ON，I1.0 为 ON，Q0.3 复位、Q0.6 置位，手爪上升→I0.7 为 ON，I0.5 为 ON，Q0.6 复位、Q1.0 置位，手臂缩回→I0.6 为 ON，I0.3 为 ON，Q1.0 复位、Q0.0 置位，手臂右旋→手臂右旋到位定时 0.5s，激活 S3.2 状态→I0.5 为 OFF，Q0.7 置位，手臂伸出→I0.5 为 ON，I0.7 为 ON，Q0.7 复位、Q0.5 置位，手爪下降→I0.2 为 ON，I1.0 为 ON，手爪下降到位开始计时，0.5s 时间到，Q0.5 复位，Q0.4 置位，手爪放松→I1.0 为 ON，I0.2 为 OFF，Q0.4 复位，I0.2 为 OFF，

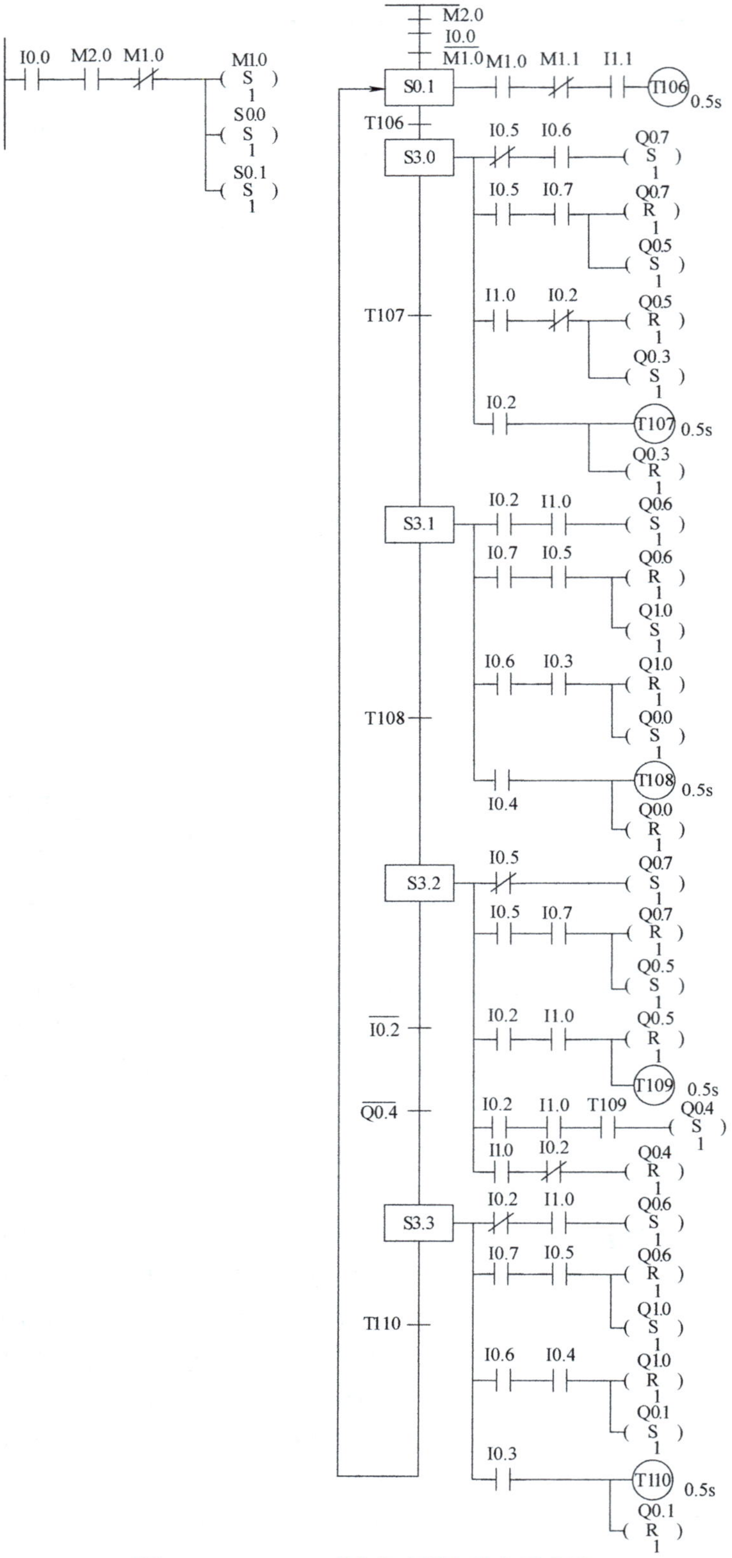

图 5-40 YL-235A 型光机电设备状态转移图

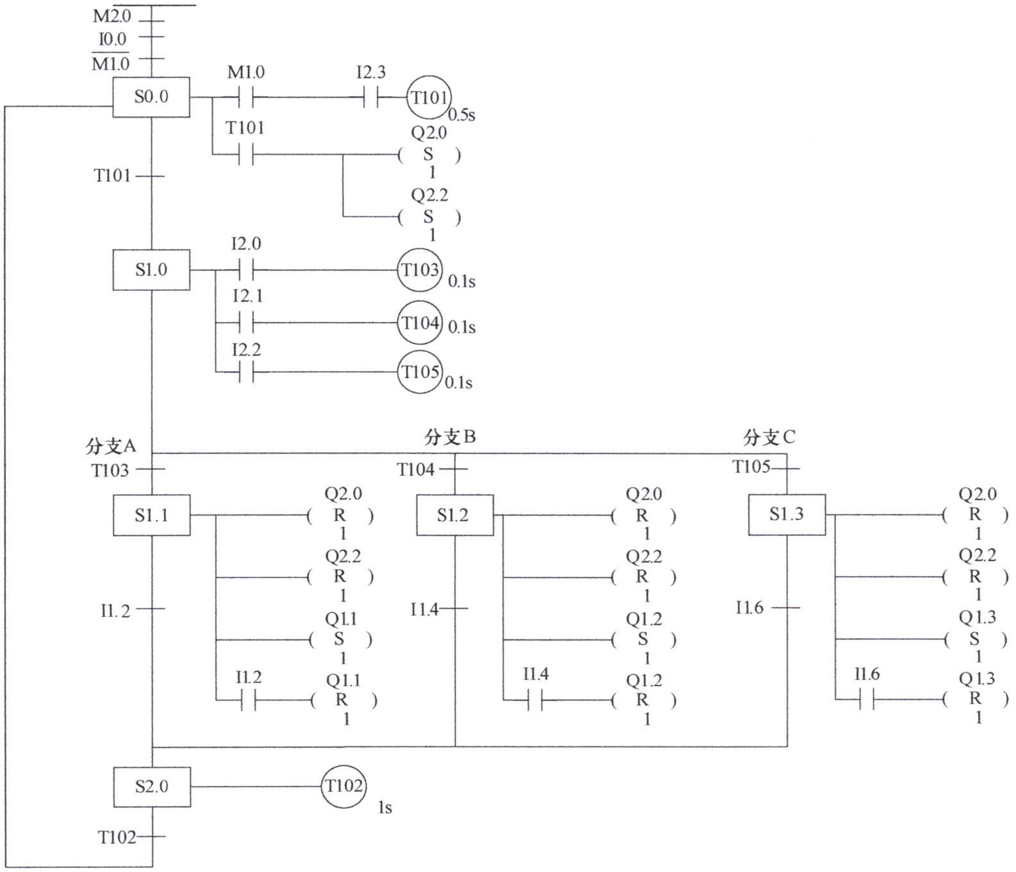

图 5-40　YL-235A 型光机电设备状态转移图（续）

Q0.4 为 OFF，激活 S3.3 状态→I1.0 为 ON，I0.2 为 OFF，Q0.6 置位，手爪上升→I0.7 为 ON，I0.5 为 ON，Q0.6 复位、Q1.0 置位，手臂缩回→I0.6 为 ON，I0.4 为 ON，Q1.0 复位、Q0.1 置位，手臂左旋→手臂左旋到位，I0.3 为 ON，Q0.1 复位，0.5s 后激活 S0.1 状态，开始新的循环。

6）传送物料。设备起动后，S0.0 状态激活。当入料口检测到物料时，I2.3 为 ON，0.5s 后，Q2.0、Q2.2 置位，起动变频器，驱动传送带自左向右低速传送物料。

7）分拣物料。如图 5-40 所示，分拣程序有三个分支，根据物料的性质选择不同分支执行。

若物料为金属物料，传送至 A 点位置时，I2.0 为 ON，物料稳定 0.1s 后执行分支 A，S1.1 状态激活，Q2.0、Q2.2 复位，Q1.1 置位，推料一气缸活塞杆伸出，将它推入料槽一内，传送带停止工作；当气缸一活塞杆伸出到位后，I1.2 为 ON，Q1.1 复位，推料一气缸活塞杆缩回；当气缸活塞杆缩回到位后，S2.0 状态激活，1s 后完成金属物料分拣。

若物料为白色塑料物料，传送至 B 点位置时，I2.1 为 ON，物料稳定 0.1s 后执行分支 B，S1.2 状态激活，Q2.0、Q2.2 复位，Q1.2 置位，推料二气缸活塞杆伸出，将它推入料槽二内；当气缸二活塞杆伸出到位后，I1.4 为 ON，Q1.2 复位，推料二气缸活塞杆缩回，S2.0 激活，1s 后完成白色物料的分拣。

若物料为黑色塑料物料，传送至 C 点位置时，I2.2 为 ON，物料稳定 0.1s 后执行分支 C，S1.3 状态激活，Q2.0、Q2.2 复位，Q1.3 置位，推料三气缸活塞杆伸出，将它推入料槽三内；当气缸三活塞杆伸出到位后，I1.6 为 ON，Q1.3 复位，推料三气缸活塞杆缩回，S2.0 激活，1s 后完成黑色物料的分拣。

（7）制订施工计划　YL-235A 型光机电设备的组装与调试顺序如图 5-41 所示。以此为依据，施工人员填写表 5-3，合理制订施工计划，确保在额定时间内完成规定的施工任务。

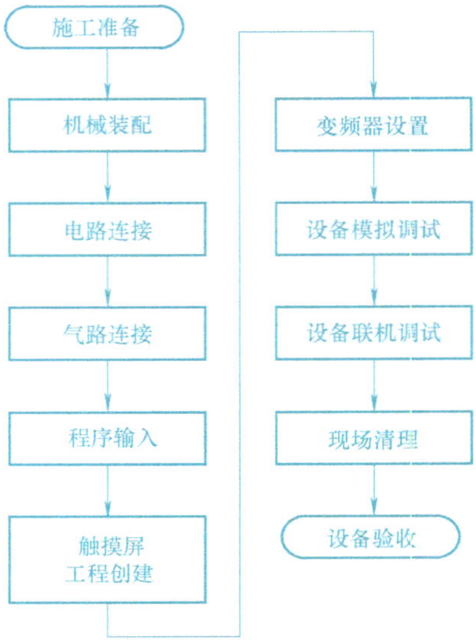

图 5-41　YL-235A 型光机电设备的组装与调试流程图

2. 施工准备

（1）设备清点　检查 YL-235A 型光机电设备的部件是否齐全，并归类放置。YL-235A 型光机电设备清单见表 5-4。

（2）工具清点　设备组装工具清单见表 5-5，施工人员应清点工具的数量，并认真检查其性能是否完好。

表 5-3　施工计划表

设备名称		施工日期	总工时/h	施工人数		施工负责人
YL-235A 型光机电设备						
序号	施工任务			施工人员	工序定额	备注
1	阅读设备技术文件					
2	机械装配、调整					
3	电路连接、检查					
4	气路连接、检查					
5	程序输入					
6	触摸屏工程创建					
7	设置变频器参数					
8	设备模拟调试					
9	设备联机调试					
10	现场清理，技术文件整理					
11	设备验收					

表 5-4　设备清单

序号	名称	型号规格	数量	单位	备注
1	直流减速电动机	24V	1	只	
2	物料料盘		1	个	
3	料盘支架		2	个	
4	物料支架		1	套	
5	警示灯及其支架	两色、闪烁	1	套	
6	伸缩气缸套件	CXSM15-100	1	套	
7	提升气缸套件	CDJ2KB16-75-B	1	套	
8	手爪套件	MHZ2-10D1E	1	套	
9	旋转气缸套件	CDRB2BW20-180S	1	套	
10	机械手固定支架		1	套	

（续）

序号	名称	型号规格	数量	单位	备注
11	缓冲器		2	只	
12	传送带套件	50cm×700cm	1	套	
13	推料气缸套件	CDJ2KB10-60-B	3	套	
14	料槽套件		3	套	
15	电动机及安装套件	380V、25W	1	套	
16	落料口		1	只	
17	光电传感器及其支架	E3Z-LS61	1	套	出料口
18		GO12-MDNA-A	1	套	落料口
19	电感式传感器	NSN4-2M60-E0-AM	3	套	
20	光纤传感器及其支架	E3X-NA11	2	套	
21	磁性传感器	D-59B	1	套	手爪紧松
22		SIWKOD-Z73	2	套	手臂伸缩
23		D-C73	8	套	手爪升降推料限位
24	PLC 模块	YL087、SIMATIC S7-200 SMART SR60	1	块	
25	变频器模块	MM420	1	块	
26	触摸屏及通信线	昆仑通态 TPC7062KS	1	套	
27	按钮模块	YL157	1	块	
28	电源模块	YL046	1	块	
29	螺钉	不锈钢内六角螺钉 M6×12	若干	只	
30		不锈钢内六角螺钉 M4×12	若干	只	
31		不锈钢内六角螺钉 M3×10	若干	只	
32	螺母	椭圆形螺母 M6	若干	只	
33		M4	若干	只	
34		M3	若干	只	
35	垫圈	$\phi4$	若干	只	

表 5-5　工具清单

序号	名称	规格、型号	数量	单位
1	工具箱		1	只
2	螺钉旋具	一字、100mm	1	把
3	钟表螺钉旋具		1	套
4	螺钉旋具	十字、150mm	1	把
5	螺钉旋具	十字、100mm	1	把
6	螺钉旋具	一字、150mm	1	把
7	斜口钳	150mm	1	把
8	尖嘴钳	150mm	1	把
9	剥线钳		1	把
10	内六角扳手(组套)	PM-C9	1	套
11	万用表		1	只

三、实施任务

根据制订的施工计划，按顺序对 YL-235A 型光机电设备实施组装，施工中应注意及时调整进度，保证定额。施工时必须严格遵守安全操作规程，加强安全保障措施，确保人身和设备安全。

1. 机械装配

（1）机械装配前的准备　按照要求清理现场、准备图样及工具，并安排装配流程。参考流程如图 5-42 所示。

（2）机械装配步骤　按确定的设备组装顺序组装 YL-235A 型光机电设备。

1）画线定位。

2）组装传送装置。参考图 4-12 流程组装传送装置。

① 安装传送带脚支架。

② 固定落料口。

③ 安装落料口传感器。

④ 固定传送带。

3）组装分拣装置。参考图 4-13，组装分拣装置。

① 组装起动推料传感器。

② 组装推料气缸。

③ 固定、调整料槽与其对应的推料气缸，使之为同一中心线。

4）安装电动机。调整电动机的高度、垂直度，直至电动机与传送带同轴，如图 4-14 所示。

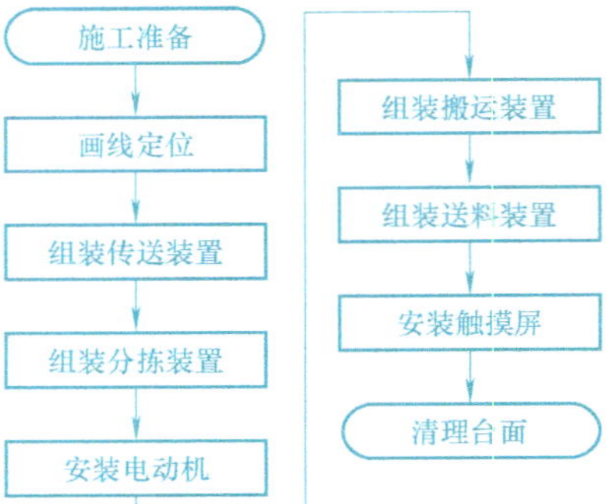

图 5-42　机械装配流程图

5）固定电磁阀阀组。如图 4-15 所示，将电磁阀阀组固定在定位处。

6）组装搬运装置。参考图 4-16 组装固定机械手。

① 安装旋转气缸。

② 组装机械手支架。

③ 组装机械手手臂。

④ 组装提升臂。

⑤ 安装手爪。

⑥ 固定磁性传感器。

⑦ 固定左、右限位装置。

⑧ 固定机械手，调整机械手摆幅、高度等尺寸，使机械手能准确地将物料放入传送带落料口内。

7）组装固定物料支架及出料口。如图 5-43 所示，在物料支架上装好出料口，固定传感

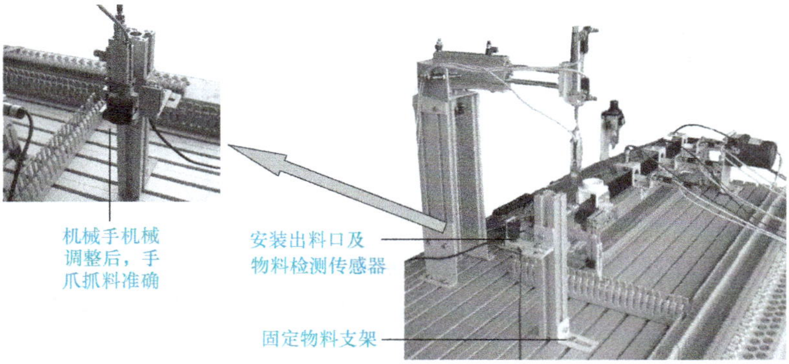

图 5-43　固定、调整物料支架

器后将其固定在定位处。调整出料口的高度等尺寸的同时，配合调整机械手的部分尺寸，保证机械手气动手爪能准确无误地从出料口抓取物料，同时又能准确无误地将物料释放至传送带的落料口内，实现出料口、机械手、落料口三者之间的无偏差衔接。

8）安装料盘及其支架。如图 5-44 所示，装好物料料盘，并将其固定在定位处。

9）固定触摸屏。如图 5-45 所示，将触摸屏固定在定位处。

10）固定警示灯。如图 5-45 所示，将警示灯固定在定位处。

图 5-44　固定物料料盘

图 5-45　固定触摸屏及警示灯

11）清理台面，保持台面无杂物或多余部件。

2. 电路连接

（1）电路连接前的准备　按照要求检查电源状态、准备图样、工具及线号管，并安排电路连接流程。参考流程如图 5-46 所示。

（2）电路连接步骤　电路连接应符合工艺、安全规范要求，所有导线应置于线槽内。导线与端子排连接时，应套线号管并及时编号，避免错编漏编。插入端子排的连接线必须接触良好且紧固。接线端子排的功能分配见图 1-17。

1）连接传感器至端子排。

2）连接电磁换向阀至端子排。

3）连接电动机至端子排。

4）连接 PLC 的输入信号端子至端子排。

5）连接 PLC 的输出信号端子至端子排（负载电源暂不连接，待 PLC 模拟调试成功后再连接）。

6）连接 PLC 的输出信号端子至变频器。

7）连接变频器至电动机。

8）连接触摸屏的电源输入端子至电源模块中的 24V 直流电源。

9）将电源模块中的单相交流电源引至 PLC 模块。

10）将电源模块中的三相电源和接地线引至变频器的主电路输入端子 L1、L2、L3、PE。

11）电路检查。

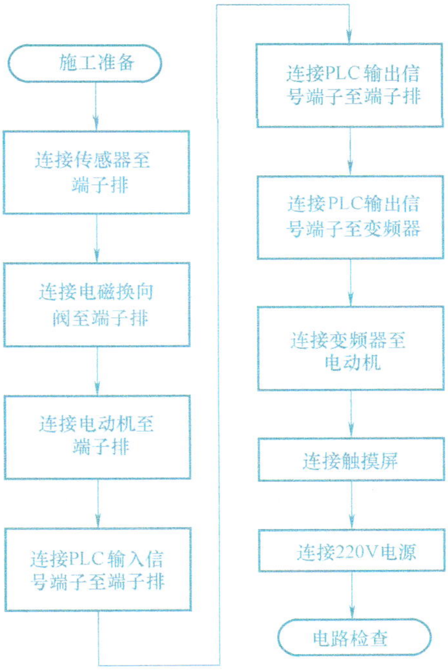

图 5-46　电路连接流程图

12）清理台面，工具入箱。

3. 气动回路连接

（1）气路连接前的准备　按照要求检查空气压缩机状态，准备图样及工具，并安排气动回路连接步骤。

（2）气路连接步骤　根据气路图连接气路。连接时，应避免直角或锐角弯曲，尽量平行布置，力求走向合理且气管最短，如图 4-21 所示。

1）连接气源。

2）连接执行元件。

3）整理、固定气管。

4）清理台面杂物，工具入箱。

4. 程序输入

启动西门子 PLC 编程软件，输入梯形图如图 5-39 所示。

1）启动西门子 PLC 编程软件。

2）创建新文件，选择 PLC 类型。

3）输入程序。

4）编译梯形图。

5）保存文件。

5. 触摸屏工程创建

根据设备控制功能创建触摸屏人机界面，其方法参考触摸屏技术文件。

（1）建立工程

1）启动 MCGS 组态软件。单击桌面【程序】—【MCGS 组态软件】—【嵌入版】—【MCGSE 组态环境】文件，启动 MCGS 嵌入版组态软件。

2）建立新工程。执行【文件】—【新建工程】命令，弹出“新建工程设置”对话框，选择 TPC 的类型为“TPC7062KS”，单击【确定】按钮后，弹出新建工程的工作台。

（2）组态设备窗口

1）进入设备窗口。单击工作台上的标签【设备窗口】，进入设备窗口页，可看到窗口内的“设备窗口”图标。

2）进入设备组态：设备窗口。双击“设备窗口”图标，便进入“设备组态：设备窗口”。

3）打开“设备工具箱”。单击组态软件工具条中的命令，打开“设备工具箱”。

4）选择设备构件。双击“设备工具箱”中的“通用串口父设备”，将通用串口父设备添加到设备窗口中。接着双击“设备工具箱”中的“西门子_S7200PPI”图标，弹出“默认通信参数设备串口父设备参数”确认对话框，单击【是】按钮，便完成“西门子_S7200PPI”设备的添加。关闭设备窗口，返回至工作台界面。

（3）组态用户窗口

1）进入用户窗口。单击工作台上的标签【用户窗口】，进入用户窗口。

2）创建新的用户窗口。单击用户窗口中的【新建窗口】按钮，创建一个新的用户窗口“窗口 0”。

3）设置用户窗口属性。

① 进入“用户窗口属性设置”对话框。右击待定义的用户窗口“窗口 0”图标，执行下拉菜单【属性】命令，弹出“用户窗口属性设置”对话框。

② 为新的用户窗口命名。选择“基本属性”页，将窗口名称中的“窗口 0”修改为“西门子控制画面”。

4）创建图形对象。起动按钮的创建步骤如下：

① 进入动画组态窗口。双击用户窗口“西门子控制画面”图标，进入“动画组态西门子控制画面”窗口。

② 创建起动按钮图形。单击组态软件工具条中的“ ”图标，弹出动画组态“工具箱”。

选择工具箱中“标准按钮” ，在窗口编辑处按住鼠标左键并拖放出合适大小后，松开鼠标左键，便创建出如图 5-47 所示的按钮图形。

③ 定义起动按钮图形属性。

基本属性设置。双击新建的“按钮”图形，弹出图 5-48 所示的“标准按钮构件基本属性设置”对话框，选择“基本属性”页，将状态设置为“抬起”，文本内容修改为“起动按钮”，背景色设置为绿色，单击【确认】按钮后保存。

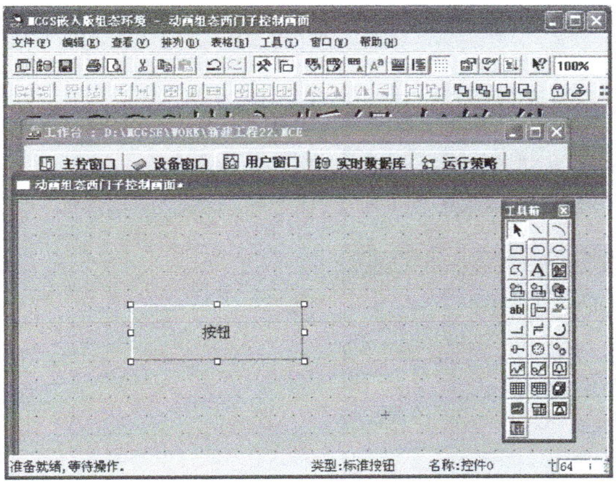

图 5-47　创建的按钮图形

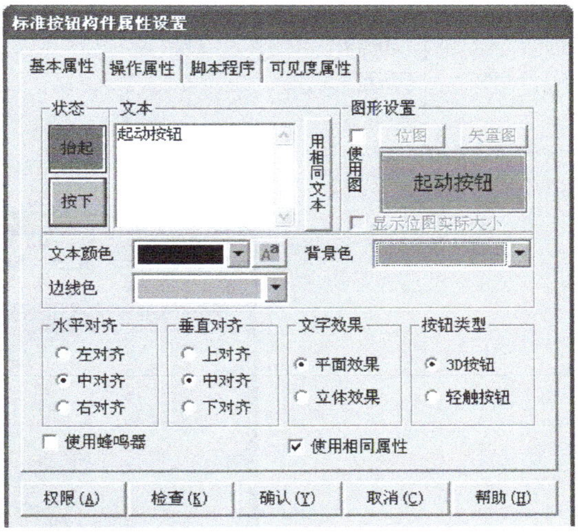

图 5-48　标准按钮构件基本属性设置

操作属性设置。如图 5-49 所示，选择“操作属性”页，单击“抬起功能”，勾选“数据对象值操作”，选择“按 1 松 0”操作，并单击其后面的图标 ? ，弹出图 5-50 所示的“变量选择”对话框，选择“根据采集信息生成”，并将通道类型设置为“M 寄存器”，通道地址设置为“3”，数据类型设置为“通道第 00 位”，读写类型设置为“读写”。单击【确认】按钮，起动按钮的属性便设置完成。

用同样的操作步骤创建“停止按钮”图形，设置其基本属性，将状态设置为“按下”，文本内容修改为“停止按钮”，背景色设置为红色。

根据 PLC 资源分配表，再设置“停止按钮”操作属性，单击“抬起功能”，勾选“数据对象值操作”，选择“按 1 松 0”操作，并单击其后面的图标 ? ，设置“变量选择”对话框，选择“根据采集信息生成”，将通道类型设置为“M 寄存器”，通道地址设置为“3”，数据类型设置为“通道第 01 位”，读写类型设置为“读写”。

5）编辑图形对象。按住键盘上的【Ctrl】键，单击选中两个按钮图形，可以使用组态软件工具条中的等高宽、左对齐等命令对它们进行位置排列，如图 5-51 所示。

（4）工程下载 执行【工具】—【下载配置】命令，将工程保存后下载。

（5）离线模拟 执行【模拟运行】命令，即可实现图 5-1 所示的触摸控制功能。

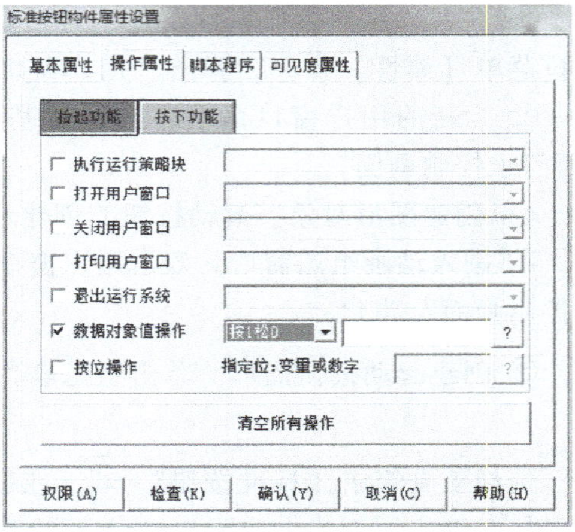

图 5-49 标准按钮构件操作属性设置

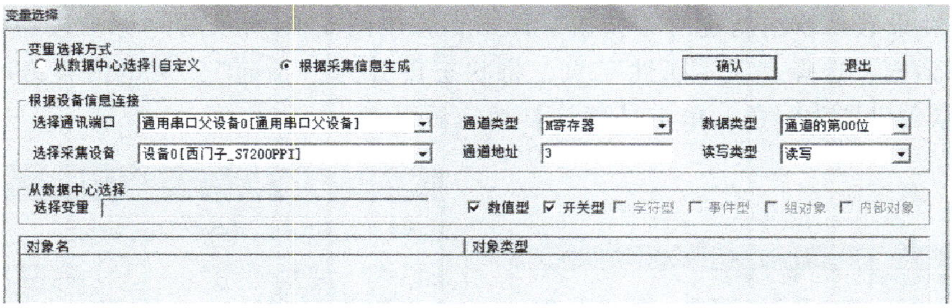

图 5-50 触摸屏输出地址设置

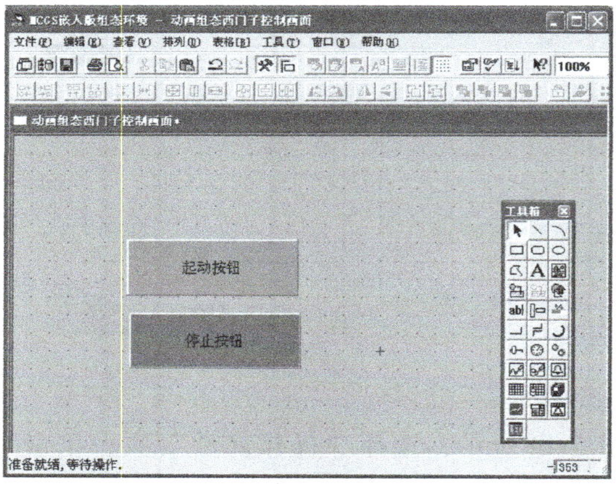

图 5-51 创建完成的组态画面

6. 变频器参数设置

在变频器的面板上，按照表 5-6 设定参数。

表 5-6 变频器参数设定表

序号	参数号	名称	设定值	备注
1	P0010	工厂的默认设定值	30	
2	P0970	参数复位	1	
3	P0003	扩展级	2	

（续）

序号	参数号	名称	设定值	备注
4	P0004	全部参数	0	
5	P0010	快速调试	1	
6	P0100	频率默认为 50Hz，功率/kW	0	
7	P0304	电动机额定电压/V	根据实际设定	
8	P0305	电动机额定电流/A	根据实际设定	
9	P0307	电动机额定功率/kW	根据实际设定	
10	P0310	电动机额定频率/Hz	根据实际设定	
11	P0311	电动机额定速度/(r/min)	根据实际设定	
12	P0700	由端子排输入	2	
13	P1000	固定频率设定值的选择	3	
14	P1080	最低频率/Hz	0	
15	P1082	最高频率/Hz	50	
16	P1120	斜坡上升时间/s	0.7	
17	P1121	斜坡下降时间/s	0.5	
18	P3900	结束快速调试	1	
19	P0003	扩展级	2	
20	P0701	数字输入 1 的功能	17	
21	P0702	数字输入 2 的功能	17	
22	P0703	数字输入 3 的功能	12	
23	P1003	固定频率 3	25(根据要求)	
24	P1040	MOP 的设定值	5	

7. 设备调试

（1）设备调试前的准备　按照要求清理设备，检查机械装配、电路连接、气路连接等情况，确认其安全性、正确性。在此基础上确定调试流程，本设备的调试流程如图 5-52 所示。

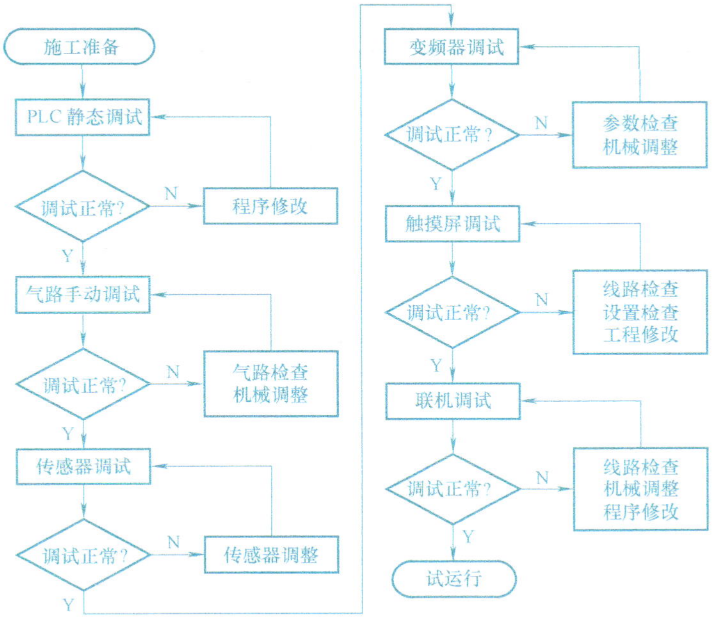

图 5-52　设备调试流程图

（2）模拟调试

1）PLC 静态调试。

① 连接计算机与 PLC。

② 确认 PLC 的输出负载电路电源处于断开状态，并检查空气压缩机的阀门是否关闭。

③ 合上断路器，给设备供电。

④ 写入程序。

⑤ 运行 PLC，按表 5-7～表 5-9 用 PLC 模块上的钮子开关模拟 PLC 输入信号，观察 PLC 的输出指示灯状态。

表 5-7 送料机构静态调试情况记载表

步骤	操作任务	观察任务		备注
		正确结果	观察结果	
1	触摸触摸屏上的起动按钮	Q1.6 指示灯点亮		警示绿灯闪烁
		Q0.2 指示灯点亮		电动机旋转，上料
2	I1.1 在 10s 后仍不动作	Q1.6 指示灯熄灭		10s 后无料，转盘电动机停止，红灯闪烁，蜂鸣器响，停机报警
		Q0.2 指示灯熄灭		
		Q1.7 指示灯点亮		
		Q1.4 指示灯点亮		
3	动作 I1.1 钮子开关	Q1.6 指示灯点亮		出料口有料，等待取料
4	复位 I1.1 钮子开关	Q1.6 指示灯点亮		电动机旋转，上料
		Q0.2 指示灯点亮		
5	动作 I1.1 钮子开关	Q1.6 指示灯点亮		出料口有料，等待取料
		Q0.2 指示灯熄灭		
6	触摸触摸屏上的停止按钮	Q1.6 指示灯熄灭		系统停止

⑥ 将 PLC 的 RUN/STOP 开关置于“STOP”位置。

⑦ 复位 PLC 模块上的钮子开关。

表 5-8 搬运机构静态调试情况记载表

步骤	操作任务	观察任务		备注
		正确结果	观察结果	
1	动作 I0.2 钮子开关并触摸起动按钮	Q0.4 指示灯点亮		手爪放松
2	复位 I0.2 钮子开关	Q0.4 指示灯熄灭		放松到位
		Q0.6 指示灯点亮		手爪上升
3	动作 I0.7 钮子开关	Q0.6 指示灯熄灭		上升到位
		Q1.0 指示灯点亮		手臂缩回
4	动作 I0.6 钮子开关	Q1.0 指示灯熄灭		缩回到位
		Q0.1 指示灯点亮		手臂左旋
5	动作 I0.3 钮子开关	Q0.1 指示灯熄灭		左旋到位
6	动作 I1.1 钮子开关	Q0.7 指示灯点亮		手臂伸出
7	动作 I0.5 钮子开关，复位 I0.6 钮子开关	Q0.7 指示灯熄灭		伸出到位
		Q0.5 指示灯点亮		手爪下降
8	动作 I1.0 钮子开关，复位 I0.7 钮子开关	Q0.5 指示灯熄灭		下降到位
		Q0.3 指示灯点亮		手爪夹紧
9	动作 I0.2 钮子开关，0.5s 后	Q0.6 指示灯点亮		手爪上升
10	动作 I0.7 钮子开关，复位 I1.0 钮子开关	Q0.6 指示灯熄灭		上升到位
		Q1.0 指示灯点亮		手臂缩回

（续）

步骤	操作任务	观察任务		备注
		正确结果	观察结果	
11	动作 I0.6 钮子开关，复位 I0.5 钮子开关	Q1.0 指示灯熄灭		缩回到位
		Q0.0 指示灯点亮		手臂右旋
12	动作 I0.4 钮子开关，复位 I0.3 钮子开关	Q0.0 指示灯熄灭		右旋到位
13	0.5s 后	Q0.7 指示灯点亮		手臂伸出
14	动作 I0.5 钮子开关，复位 I0.6 钮子开关	Q0.7 指示灯熄灭		伸出到位
		Q0.5 指示灯点亮		手爪下降
15	动作 I1.0 钮子开关，复位 I0.7 钮子开关	Q0.5 指示灯熄灭		下降到位
16	0.5s 后	Q0.4 指示灯点亮		手爪放松
17	复位 I0.2 钮子开关	Q0.4 指示灯熄灭		放松到位
		Q0.6 指示灯点亮		手爪上升
18	动作 I0.7 钮子开关，复位 I1.0 钮子开关	Q0.6 指示灯熄灭		上升到位
		Q1.0 指示灯点亮		手臂缩回
19	动作 I0.6 钮子开关，复位 I0.5 钮子开关	Q1.0 指示灯熄灭		缩回到位
		Q0.1 指示灯点亮		手臂左旋
20	动作 I0.3 钮子开关，复位 I0.4 钮子开关	Q0.1 指示灯熄灭		左旋到位
21	一次物料搬运结束，等待加料			
22	重新加料，触摸触摸屏上的停止按钮，机构完成当前工作循环后停止工作			

表 5-9　传送及分拣机构静态调试情况记载表

步骤	操作任务	观察任务		备注
		正确结果	观察结果	
1	动作 I2.3 钮子开关后复位	Q2.0、Q2.2 指示灯点亮		有物料，传送带运转
2	动作 I2.0 钮子开关后复位	Q1.1 指示灯点亮		检测到金属物料，气缸一活塞杆伸出，分拣至料槽一
3	动作 I1.2 钮子开关	Q1.1 指示灯熄灭		伸出到位后，气缸一活塞杆缩回
4	复位 I1.2 钮子开关，动作 I1.3 钮子开关	Q2.0、Q2.2 指示灯熄灭		活塞杆缩回到位后，传送带停止
5	动作 I2.3 钮子开关后复位	Q2.0、Q2.2 指示灯点亮		有物料，传送带运转
6	动作 I2.1 钮子开关后复位	Q1.2 指示灯点亮		检测到白色塑料物料，气缸二活塞杆伸出，分拣至料槽二
7	动作 I1.4 钮子开关	Q1.2 指示灯熄灭		伸出到位后，气缸二活塞杆缩回
8	复位 I1.4 钮子开关，动作 I1.5 钮子开关	Q2.0、Q2.2 指示灯熄灭		活塞杆缩回到位后，传送带停止
9	动作 I2.3 钮子开关后复位	Q2.0、Q2.2 指示灯点亮		有物料，传送带运转
10	动作 I2.2 钮子开关后复位	Q1.3 指示灯点亮		检测到黑色塑料物料，气缸三活塞杆伸出，分拣至料槽三
11	动作 I1.6 钮子开关	Q1.3 指示灯熄灭		伸出到位后，气缸三活塞杆缩回
12	复位 I1.6 钮子开关，动作 I1.7 钮子开关	Q2.0、Q2.2 指示灯熄灭		活塞杆缩回到位后，传送带停止
13	重新加料，动作 I0.1 钮子开关	传送带不能停止，必须完成当前工作循环后才能停止		

2）气动回路手动调试。

① 接通空气压缩机电源，起动空压机压缩空气，等待气源充足。

② 将气源压力调整到 0.4~0.5MPa 后，开启气动二联件上的阀门给设备供气。为确保调试安全，施工人员需观察气路系统有无泄漏现象，若有，应立即解决。

③ 在正常工作压力下，对气动回路进行手动调试，直至机构动作完全正常为止。

④ 调整节流阀至合适开度，使各气缸的运动速度趋于合理。

3）传感器调试。调整传感器的位置，观察 PLC 的输入指示灯状态。

① 出料口放置物料，调整、固定物料检测传感器。

② 手动控制机械手，调整、固定各限位传感器。

③ 在落料口先后放置三类物料，调整、固定落料口物料检测传感器。

④ 在 A 点位置放置金属物料，调整、固定金属传感器。

⑤ 分别在 B 点和 C 点位置放置白色塑料物料、黑色塑料物料，调整固定光纤传感器。

⑥ 手动控制推料气缸，调整、固定磁性传感器。

4）变频器调试。闭合变频器模块上的 DIN2、DIN3 钮子开关，传送带自左向右运行。

5）触摸屏调试。拉下设备断路器，关闭设备总电源。

① 连接触摸屏与 PLC。

② 连接计算机与触摸屏。

③ 接通设备总电源。

④ 下载触摸屏程序。

⑤ 调试触摸屏程序。运行 PLC，触摸人机界面上的起动按钮，PLC 输出指示灯显示设备开始工作；触摸停止按钮，设备停止工作。

（3）联机调试　模拟调试正常后，接通 PLC 输出负载的电源回路，便可联机调试。调试时，要求施工人员认真观察设备的运行情况，若出现问题，应立即解决或切断电源，避免扩大故障范围。调试观察的主要部位如图 5-53 所示。

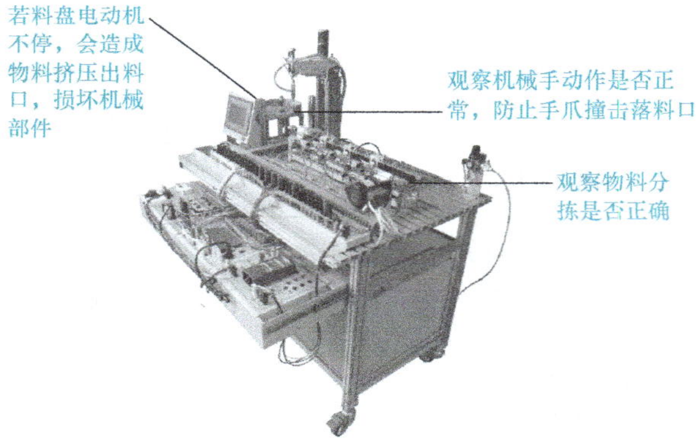

图 5-53　YL-235A 型光机电设备

表 5-10 为联机调试的正确结果，若调试中有与之不符的情况，施工人员首先应根据现场情况，判断是否需要切断电源，在分析、判断故障形成的原因（机械、电路、气路或程序问题）的基础上，进行检修、重新调试，直至设备完全实现功能。

表 5-10　联机调试结果一览表

步骤	操作过程	设备实现的功能	备注
1	触摸起动按钮	机械手复位	
		送料机构送料	送料
2	10s 后无物料	停机报警	
3	出料口有物料	机械手搬运物料	搬运物料

（续）

步骤	操作过程	设备实现的功能	备注
4	机械手释放物料（金属）	传送带运转	传送、分拣金属物料
5	物料传送至 A 点位置	气缸一活塞杆伸出，物料被分拣至料槽一内	
6	气缸一活塞杆伸出到位后	气缸一活塞杆缩回，传送带停转	
7	机械手释放物料（白色塑料）	传送带运转	传送、分拣白色塑料物料
8	物料传送至 B 点位置	气缸二活塞杆伸出，物料被分拣至料槽二内	
9	气缸二活塞杆伸出到位后	气缸二活塞杆缩回，传送带停转	
10	机械手释放物料（黑色塑料）	传送带运转	传送、分拣黑色塑料物料
11	物料传送至 C 点位置	气缸三活塞杆伸出，物料被分拣至料槽三内	
12	气缸三活塞杆伸出到位后	气缸三活塞杆缩回，传送带停转	
13	重新加料，触摸停止按钮，机构完成当前工作循环后停止工作		

（4）试运行　施工人员操作 YL-235A 型光机电设备，观察一段时间，确保设备稳定、可靠运行。

8. 现场清理

设备调试完毕，要求施工人员清点工量具、归类整理资料，清扫现场卫生，并填写设备安装登记表。

9. 设备验收

设备质量验收见表 5-11。

表 5-11　设备质量验收表

验收项目及要求		配分	配分标准	扣分	得分	备注
设备组装	1. 设备部件安装可靠，各部件位置衔接准确 2. 电路安装正确，接线规范 3. 气路连接正确，规范美观	35	1. 部件安装位置错误，每处扣 2 分 2. 部件衔接不到位、零件松动，每处扣 2 分 3. 电路连接错误，每处扣 2 分 4. 导线反圈、压皮、松动，每处扣 2 分 5. 错、漏编号，每处扣 1 分 6. 导线未入线槽、布线凌乱，每处扣 2 分 7. 气路连接错误，每处扣 2 分 8. 气路漏气、掉管，每处扣 2 分 9. 气管过长、过短、乱接，每处扣 2 分			
设备功能	1. 设备起停正常 2. 送料机构正常 3. 机械手复位正常 4. 机械手搬运物料正常 5. 传送带运转正常 6. 金属物料分拣正常 7. 白色塑料物料分拣正常 8. 黑色塑料物料分拣正常 9. 变频器参数设置正确 10. 触摸屏人机界面触摸正常	60	1. 设备未按要求起动或停止，每处扣 5 分 2. 送料机构未按要求送料，扣 10 分 3. 机械手未按要求复位，扣 5 分 4. 机械手未按要求搬运物料，每处扣 5 分 5. 传送带未按要求运转，扣 5 分 6. 金属物料未按要求分拣，扣 5 分 7. 白色塑料物料未按要求分拣，扣 5 分 8. 黑色塑料物料未按要求分拣，扣 5 分 9. 变频器参数未按要求设置，扣 5 分 10. 人机界面未按要求创建，扣 5 分			

（续）

验收项目及要求		配分	配分标准	扣分	得分	备注
设备附件	资料齐全，归类有序	5	1. 设备组装图缺少，每处扣 2 分 2. 电路图、气路图、梯形图缺少，每处扣 2 分 3. 技术说明书、工具明细表、元件明细表缺少，每处扣 2 分			
安全生产	1. 自觉遵守安全文明生产规程 2. 保持现场干净整洁，工具摆放有序		1. 漏接接地线每处扣 5 分 2. 每违反一项规定，扣 3 分 3. 发生安全事故，0 分处理 4. 现场凌乱、乱放工具、丢杂物、完成任务后不清理现场，扣 5 分			
时间	8h		提前正确完成，每 5min 加 5 分 超过额定时间，每 5min 扣 2 分			
开始时间		结束时间		实际时间		

四、设备改造

YL-235A 型光机电设备的改造要求及任务如下：

（1）功能要求

1）起停控制。触摸人机界面上的起动按钮，设备开始工作，机械手复位：机械手手爪放松、手爪上升、手臂左旋至限位处停止。触摸停止按钮，设备完成当前工作循环后停止。

2）送料功能。设备起动后，送料机构开始检测物料支架上的物料，警示灯绿灯闪烁。若无物料，PLC 便起动送料电动机工作，驱动页扇旋转，物料在页扇推挤下，从料盘中移至出料口。当物料检测传感器检测到物料时，电动机停止旋转。若送料电动机运行 10s 后，传感器仍未检测到物料，则说明料盘内已无物料，此时机构停止工作并报警，警示灯红灯闪烁。

3）搬运功能。送料机构出料口有物料，机械手臂伸出→手爪下降→手爪夹紧物料→0.5s 后手爪上升→手臂缩回→手臂右旋→0.5s 后手臂伸出→手爪下降→0.5s 后，若传送带上无物料，则手爪放松、释放物料→手爪上升→手臂缩回→左旋至左侧限位处停止。

4）传送功能。当传送带落料口的光电传感器检测到物料时，变频器起动，以 25Hz 的频率驱动三相异步电动机正转运行，传送带开始自左向右传送物料。当物料分拣完毕时，传送带停止运转。

5）分拣功能。

① 分拣金属物料。金属物料在 A 点位置由推料一气缸活塞杆推入料槽一内。气缸一活塞杆缩回到位后，三相异步电动机停止运行。

② 分拣黑色塑料物料。黑色塑料物料在 B 点位置由推料二气缸活塞杆推入料槽二内。气缸二活塞杆缩回到位后，三相异步电动机停止运行。

③ 分拣白色塑料物料。白色塑料物料在 C 点位置由推料三气缸活塞杆推入料槽三内。气缸三活塞杆缩回到位后，三相异步电动机停止运行。

6）打包报警功能。当料槽中存放有 5 个物料时，要求物料打包取走，打包指示灯按 0.5s 周期闪烁，并发出报警声，5s 后继续工作。

（2）技术要求

1）工作方式要求。设备有两种工作方式：单步运行和自动运行。

2）设备的起停控制要求。

① 触摸起动按钮，设备自动工作。

② 触摸停止按钮，设备完成当前工作循环后停止。

③ 按下急停按钮，设备立即停止工作。

3）电气线路的设计符合工艺要求、安全规范。

4）气动回路的设计符合控制要求、正确规范。

（3）工作任务

1）按设备要求画出电路图。

2）按设备要求画出气路图。

3）按设备要求编写 PLC 控制程序。

4）改装 YL-235A 型光机电设备实现功能。

5）绘制设备装配示意图。

项目六
生产加工设备的组装与调试

一、施工任务

1. 根据设备装配示意图组装生产加工设备。
2. 按照设备电路图连接生产加工设备的电气回路。
3. 按照设备气路图连接生产加工设备的气动回路。
4. 根据要求创建触摸屏人机界面。
5. 输入设备控制程序，正确设置变频器参数，调试生产加工设备实现功能。

扫码看视频

二、施工前准备

施工人员在施工前应仔细阅读生产加工设备随机技术文件，了解设备的组成及其运行情况，看懂装配示意图、电路图、气动回路图及梯形图等图样，然后再根据施工任务制订施工计划、施工方案等。

1. 识读设备图样及技术文件

(1) 装置简介　生产加工设备的主要功能是自动上料、搬运，并能根据物料的性质进行分类输送、加工和存放，其工作流程如图 6-1 所示。

1）起停控制。触摸人机界面上的起动按钮，设备开始工作，机械手复位：机械手手爪放松、手爪上升、手臂缩回、手臂右旋至右侧限位处停止。触摸停止按钮，设备完成当前工作循环后停止。

2）送料功能。设备起动后，送料机构开始检测物料支架上的物料，警示灯绿灯闪烁。若无物料，PLC 便起动送料电动机工作，驱动物料料盘的页扇旋转。物料在页扇推挤下，从料盘内移至出料口。当传感器检测到物料时，料盘页扇停止旋转。若送料电动机运行 10s 后，仍未检测到物料，则说明料盘内已无物料，此时送料机构停止工作并报警，警示灯红灯闪烁。

3）搬运功能。出料口有物料→机械手臂伸出→手爪下降→手爪夹紧物料→0. 5s 后手爪上升→手臂缩回→手臂左旋→0. 5s 后手臂伸出→手爪下降→0. 5s 后，若传送带上无物料，则手爪放松、释放物料→手爪上升→手臂缩回→手臂右旋至右侧限位处停止。

4）传送、加工及分拣功能。当传送带落料口有物料时，变频器起动，以 25Hz 的频率驱动三相异步电动机正转运行，传送带自右向左开始传送物料。

① 传送、加工及分拣金属物料。金属物料被传送至 A 点位置→传送带停止，进行第一次加工→2s 后以 20Hz 的频率驱动传送带继续向左传送至 B 点位置→传送带停止，进行第二次加工→2s 后以 15Hz 的频率驱动传送带继续向左传送至 C 点位置→传送带停止，进行第三次加工→2s 后以 25Hz 的频率驱动传送带返回至 A 点位置停止→推料一气缸（简称气缸一）活塞杆伸出，将它推入料槽一内。

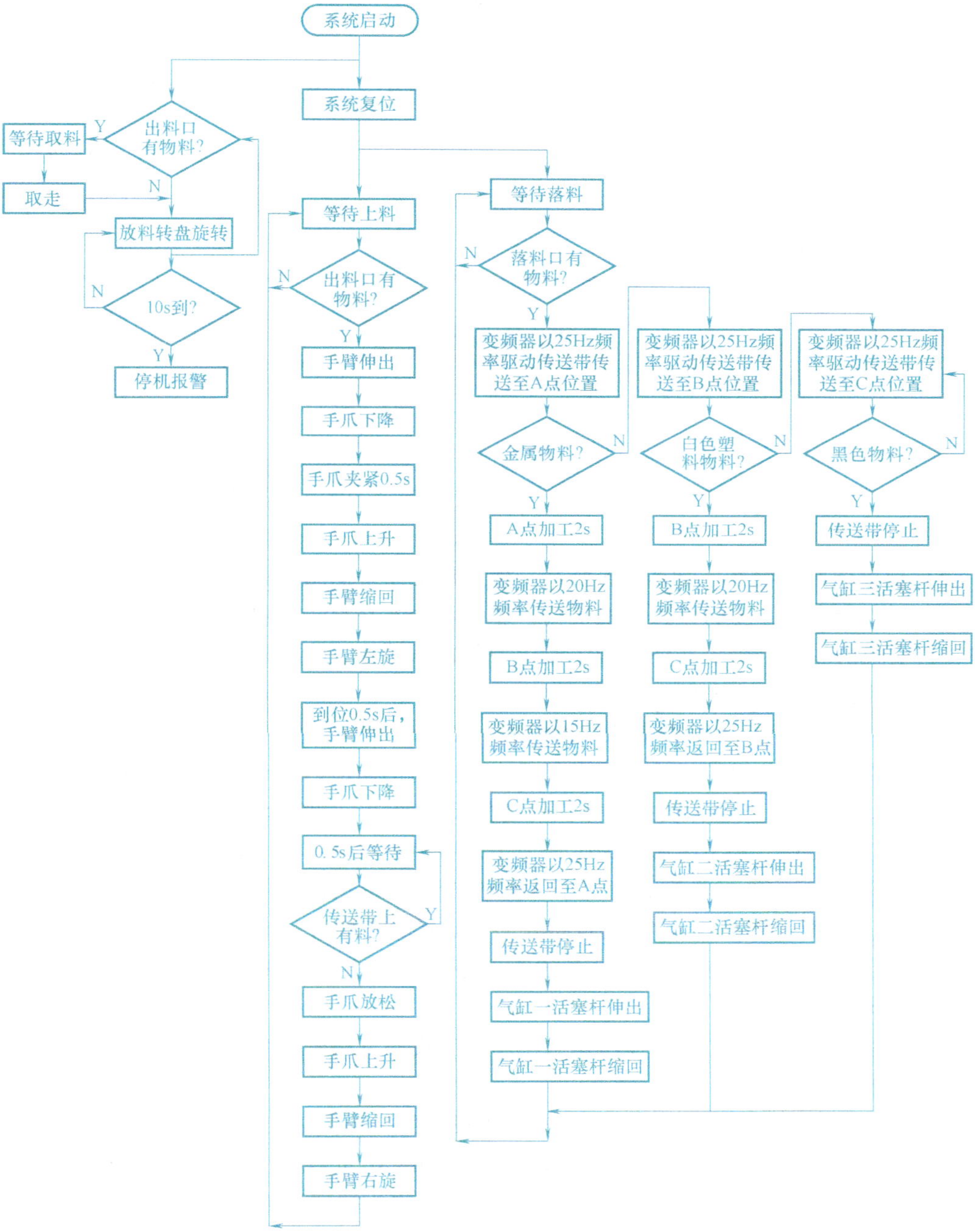

图 6-1　生产加工设备工作流程图

② 传送、加工及分拣白色塑料物料。白色塑料物料被传送至 B 点位置→传送带停止，进行第一次加工→2s 后以 20Hz 的频率驱动传送带继续向左传送至 C 点位置→传送带停止，进行第二次加工→2s 后以 25Hz 的频率驱动传送带返回至 B 点位置停止→推料二气缸（简称气缸二）活塞杆伸出，将它推入料槽二内。

③ 传送、加工及分拣黑色塑料物料。黑色塑料物料被传送至 C 点位置→推料三气缸（简称气缸三）活塞杆伸出，将它推入料槽三内。

5）触摸屏功能。

① 如图 6-2 所示，触摸屏人机界面的首页上方显示“×××生产加工设备”，同时设有界面切换开关“进入命令界面”“进入监视界面”。

② 如图 6-3 所示，命令界面上设置设备“起动按钮”“停止按钮”和“返回首页”。

③ 如图 6-4 所示，监视界面上显示三类分拣物料的个数，当计数显示等于 100 时，数值复位为 0 后重新计数。

图 6-2 人机界面首页

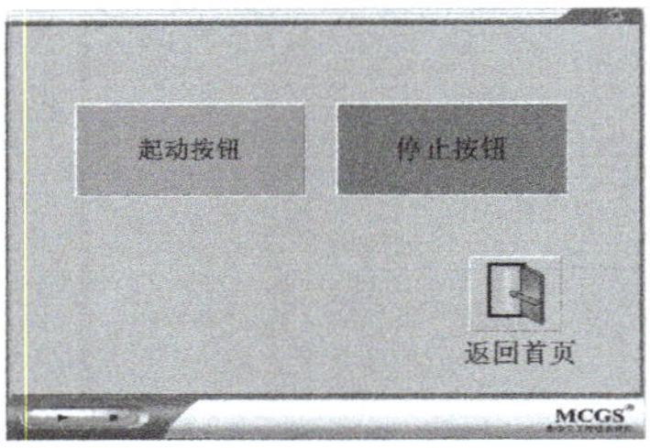

图 6-3 命令界面

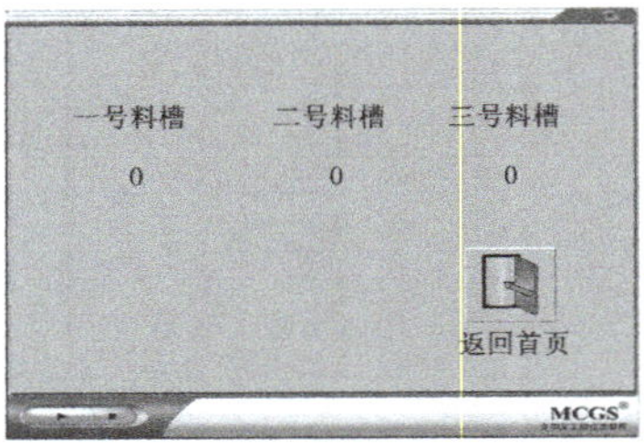

图 6-4 监视界面

（2）识读装配示意图 如图 6-5 所示，生产加工设备的结构布局自右向左分别为送料机构、机械手搬运机构、物料传送分拣机构，鉴于料盘本身高于出料口，且物料检测传感器固定在物料支架的左侧，为了保证机械手搬运物料往返顺畅，物料转盘、出料口、机械手之间安装位置必须调整准确，安装尺寸误差要小。

1）结构组成。生产加工设备的结构组成与项目五相同，主要由物料转盘、出料口、机械手、传送带及分拣装置等组成，两者只是安装布局不同而已，其实物如图 6-6 所示。

2）尺寸分析。生产加工设备各部件的定位尺寸如图 6-7 所示。

（3）识读电路图 图 6-8 所示为生产加工设备控制电路图。

1）PLC 机型。PLC 的机型为西门子 SIMATIC S7-200 SMART SR60。

2）I/O 点分配。PLC 输入/输出设备及 I/O 点的分配情况见表 6-1。

3）输入/输出设备连接特点。设备的起、停信号均由触摸屏提供，PLC 驱动变频器三段速正、反向运行。

（4）识读气动回路图 图 6-9 所示为生产加工设备气路图，各控制元件、执行元件的工作状态见表 6-2。

（5）识读梯形图 图 6-10 所示为生产加工设备的梯形图，其动作过程如图 6-11 所示。

1）起停控制。触摸人机界面上的起动按钮，M3.0 为 ON，设备所有准备就绪继电器 M2.0 为 ON，将 M1.0、S0.0、S0.1 状态置位。触摸停止按钮，M3.1 为 ON，将 M1.1 置位，只有当机械手回到初始状态时，S0.1 置位；传送带回到等料位置，S0.0 为 ON 时，S0.0、S0.1、M1.0、M1.1、M6.1 才复位，从而实现当前工作循环功能完成后停止。

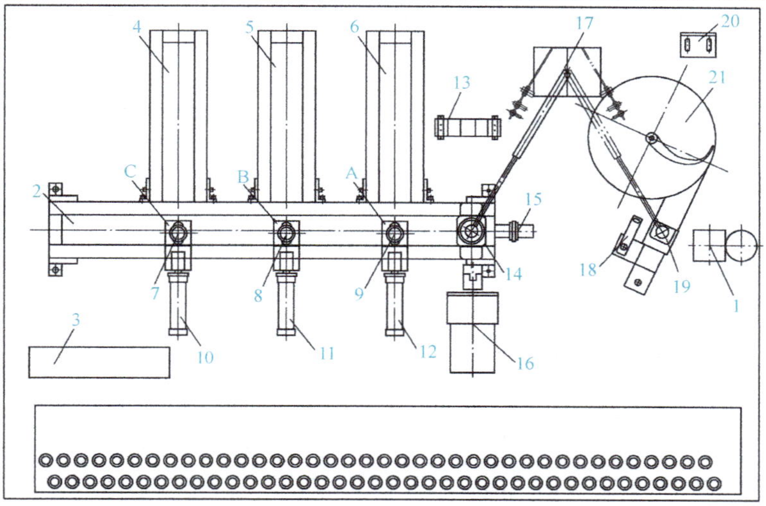

21	物料转盘	1	12	推料一气缸	1	3	触摸屏	1
20	气动二联件	1	11	推料二气缸	1	2	传送带	1
19	出料口	1	10	推料三气缸	1	1	警示灯	1
18	物料检测光电传感器	1	9	电感式传感器	1	序号	名称	数量
17	机械手	1	8	光纤传感器(白)	1			
16	三相异步电动机	1	7	光纤传感器(黑)	1			
15	落料口检测光电传感器	1	6	料槽一	1			
14	落料口	1	5	料槽二	1			
13	电磁阀阀组	1	4	料槽三	1			
序号	名称	数量	序号	名称	数量			

标记 处数 更改文件号 签字 日期
设计 标准化
核对 (审定)
审核
工艺 日期
设备布局图
图样标记 数样 重量 比例
1
×××公司
生产加工设备

图 6-5　生产加工设备布局图

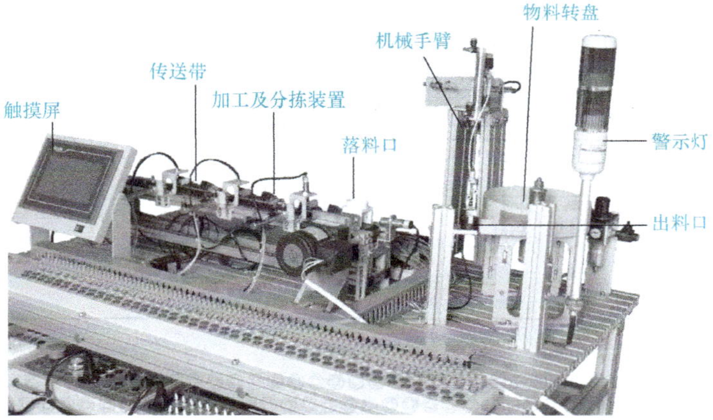

图 6-6　生产加工设备

表 6-1　输入/输出设备及 I/O 点分配表

输入			输出		
元件代号	功能	输入点	元件代号	功能	输出点
SCK1	气动手爪传感器	I0.2	YV1	旋转气缸左旋	Q0.0
SQP1	旋转左限位传感器	I0.3	YV2	旋转气缸右旋	Q0.1
SQP2	旋转右限位传感器	I0.4	M	转盘电动机	Q0.2
SCK2	气动手臂伸出传感器	I0.5	YV3	手爪夹紧	Q0.3

（续）

输入			输出		
元件代号	功能	输入点	元件代号	功能	输出点
SCK3	气动手臂缩回传感器	I0.6	YV4	手爪放松	Q0.4
SCK4	手爪提升限位传感器	I0.7	YV5	提升气缸活塞杆下降	Q0.5
SCK5	手爪下降限位传感器	I1.0	YV6	提升气缸活塞杆上升	Q0.6
SQP3	物料检测光电传感器	I1.1	YV7	伸缩气缸活塞杆伸出	Q0.7
SCK6	推料一气缸伸出限位传感器	I1.2	YV8	伸缩气缸活塞杆缩回	Q1.0
SCK7	推料一气缸缩回限位传感器	I1.3	YV9	驱动推料一气缸活塞杆伸出	Q1.1
SCK8	推料二气缸伸出限位传感器	I1.4	YV10	驱动推料二气缸活塞杆伸出	Q1.2
SCK9	推料二气缸缩回限位传感器	I1.5	YV11	驱动推料三气缸活塞杆伸出	Q1.3
SCK10	推料三气缸伸出限位传感器	I1.6	HA	蜂鸣器报警	Q1.4
SCK11	推料三气缸缩回限位传感器	I1.7	IN1	警示灯绿灯	Q1.6
SQP4	起动推料一传感器	I2.0	IN2	警示灯红灯	Q1.7
SQP5	起动推料二传感器	I2.1	DIN1	变频器中速	Q2.0
SQP6	起动推料三传感器	I2.2	DIN2	变频器低速	Q2.1
SQP7	落料口检测传感器	I2.3	DIN3	变频器正转	Q2.2
			DIN4	变频器反转	Q2.3

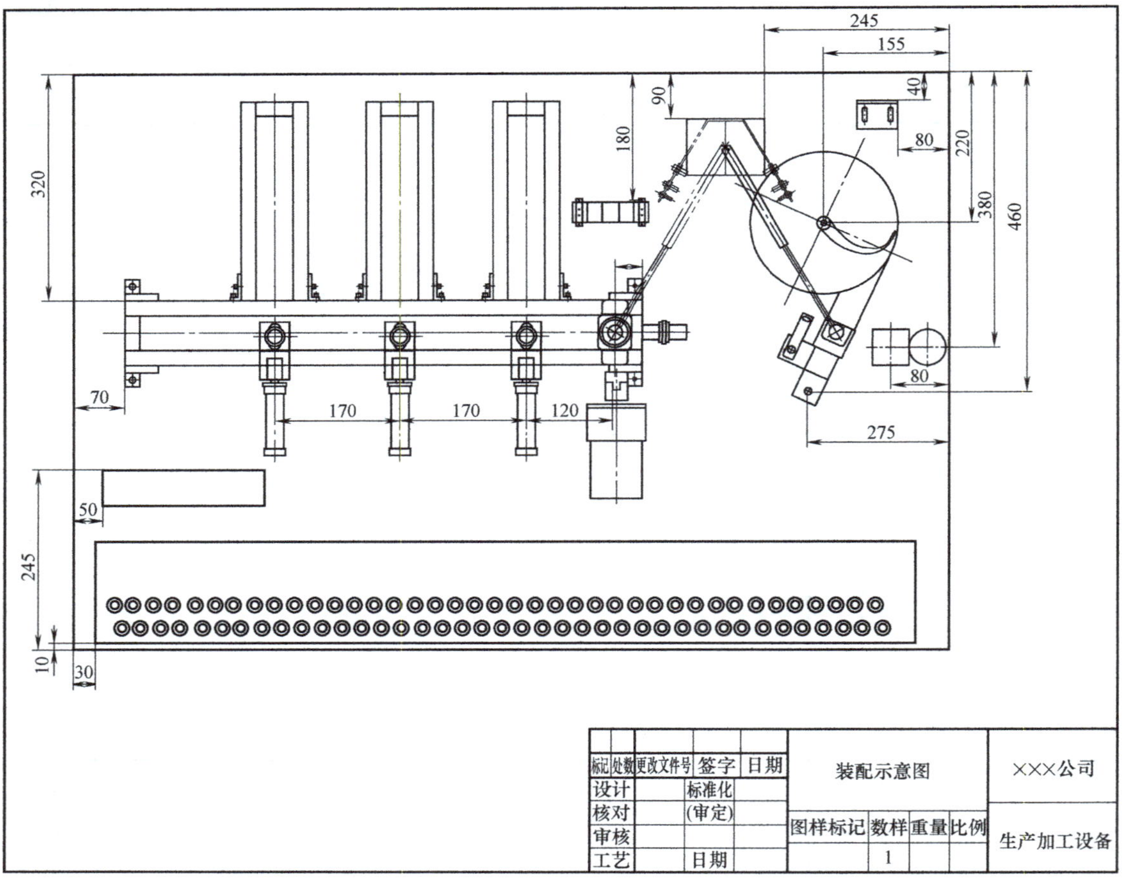

图 6-7 生产加工设备装配示意图

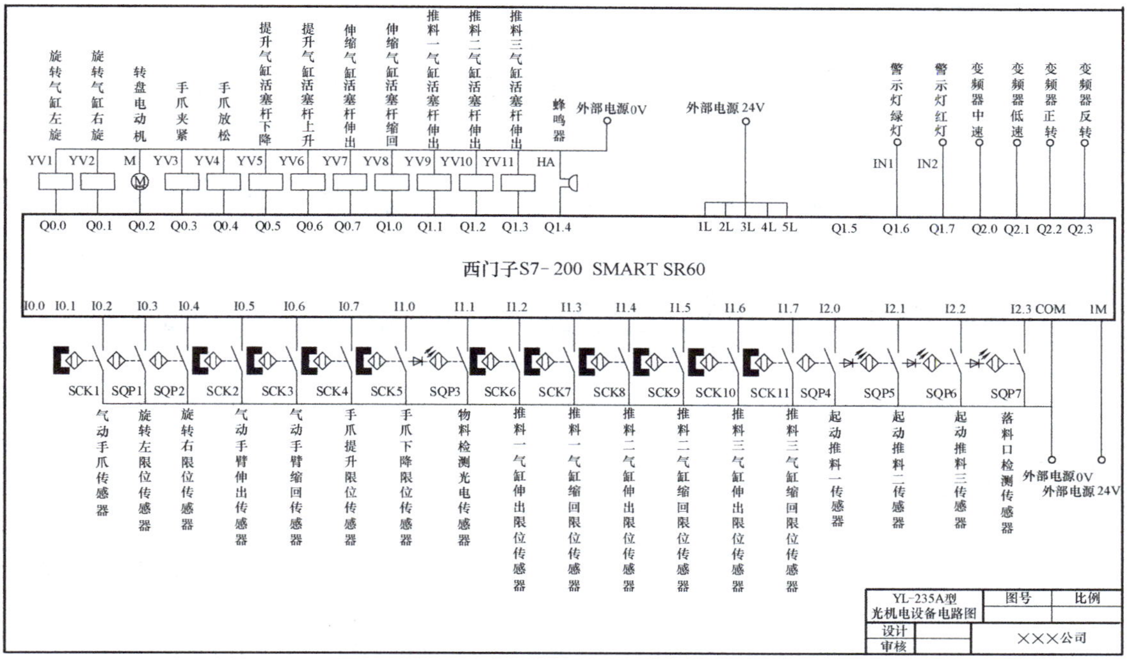

图 6-8　生产加工设备控制电路图

表 6-2　控制元件、执行元件状态一览表

电磁换向阀的线圈得电情况											执行元件状态	机构任务
YV1	YV2	YV3	YV4	YV5	YV6	YV7	YV8	YV9	YV10	YV11		
+	−										气缸正转	手臂右旋
−	+										气缸反转	手臂左旋
		+	−								气动手爪夹紧	抓料
		−	+								气动手爪放松	放料
				+	−						提升气缸伸出	手爪下降
				−	+						提升气缸缩回	手爪上升
						+	−				伸缩气缸伸出	手臂伸出
						−	+				伸缩气缸缩回	手臂缩回
								+			推料一气缸伸出	分拣金属物料
								−			推料一气缸缩回	等待分拣
									+		推料二气缸伸出	分拣白色物料
									−		推料二气缸缩回	等待分拣
										+	推料三气缸伸出	分拣黑色物料
										−	推料三气缸缩回	等待分拣

2）送料控制。当 M1.0 为 ON 后，Q1.6 为 ON，警示灯绿灯闪烁。若出料口无物料，则物料检测光电传感器 SQP3 不动作，I1.1 为 OFF，Q0.2 为 ON，驱动转盘电动机旋转，物料挤压上料。当 SQP3 检测到物料时，I1.1 为 ON，Q0.2 为 OFF，转盘电动机停转，一次上料结束。

3）报警控制。Q0.2 为 ON 时，I1.1 为 OFF，定时器 T111 开始计时 10s。时间到，若传感器检测不到物料，T111 动作，M6.1 置位，Q1.6、Q0.2 为 OFF，警示灯绿灯熄灭，转盘电动机停转；同时 Q1.7、Q1.4 为 ON，警示灯红灯闪烁，蜂鸣器发出报警声。当 SQP3 动作或触摸停止按钮时，M6.1 复位，报警停止。

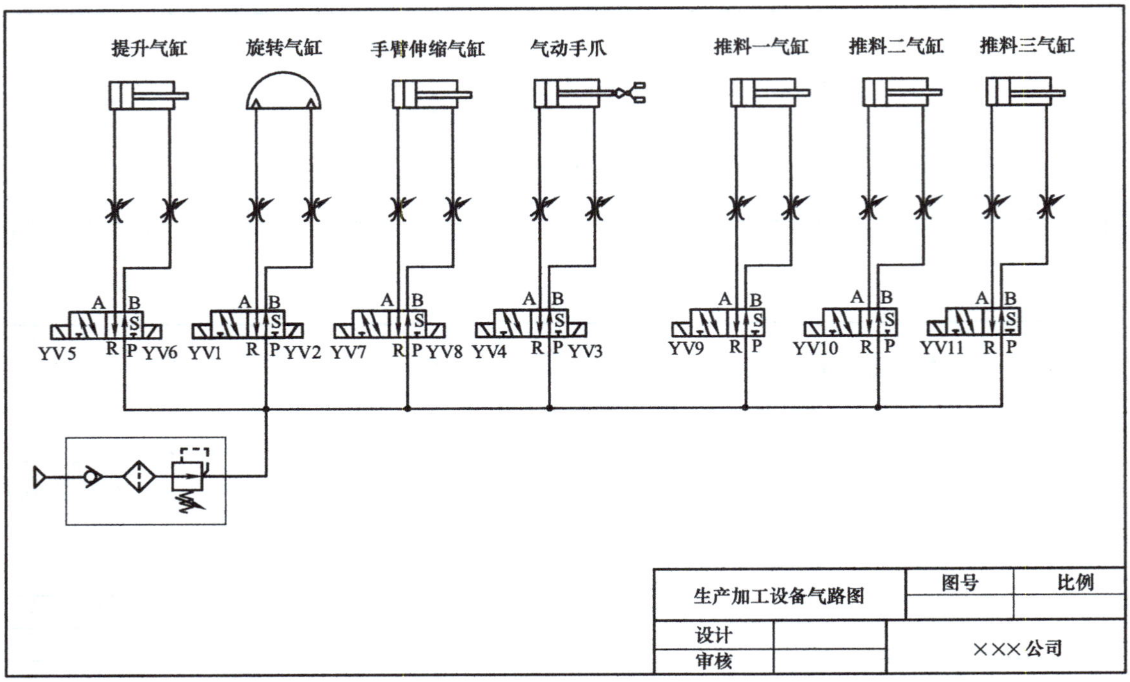

图 6-9　生产加工设备气路图

4）机械手复位控制。设备起动后，M1.0 为 ON，执行机械手复位子程序：机械手手爪放松、手爪上升、手臂缩回、手臂向右旋转至右侧限位处停止。

5）搬运物料。设备起动后，M3.0 为 ON，S0.1 置位激活，当送料机构出料口有物料时，I1.1 为 ON，稳定 0.5s 后，激活 S3.0 状态→Q0.7 置位，手臂伸出→I0.5 为 ON，I0.7 为 ON，Q0.7 复位、Q0.5 置位，手爪下降→I1.0 为 ON，I0.2 为 OFF，Q0.5 复位、Q0.3 置位，手爪夹紧→夹紧定时 0.5s 到，激活 S3.1 状态→I0.2 为 ON，I1.0 为 ON，Q0.3 复位、Q0.6 置位，手爪上升→I0.7 为 ON，I0.5 为 ON，Q0.6 复位、Q1.0 置位，手臂缩回→I0.6 为 ON，I0.3 为 ON，Q1.0 复位、Q0.0 置位，手臂左旋→手臂左旋到位定时 0.5s，激活 S3.2 状态→I0.5 为 OFF，Q0.7 置位，手臂伸出→I0.5 为 ON，I0.7 为 ON，Q0.7 复位、Q0.5 置位，手爪下降→I0.2 为 ON，I1.0 为 ON，手爪下降到位定时，Q0.5 复位，0.5s 时间到，Q0.4 置位，手爪放松→I1.0 为 ON，I0.2 为 OFF，Q0.4 复位，I0.2 为 OFF，Q0.4 为 OFF，激活 S3.3 状态→I1.0 为 ON，I0.2 为 OFF，Q0.6 置位，手爪上升→I0.7 为 ON，I0.5 为 ON，Q0.6 复位、Q1.0 置位，手臂缩回→I0.6 为 ON，I0.4 为 ON，Q1.0 复位、Q0.1 置位，手臂右旋→手臂右旋到位，I0.3 为 ON，Q0.1 复位，0.5s 后激活 S0.1 状态，开始新的循环。

6）传送物料。设备起动后，S0.0 状态激活。当落料口检测到物料时，I2.3 为 ON，0.5s 后，Q2.0、Q2.1、Q2.2 置位，起动变频器正转高速运行，驱动传送带自右向左高速传送物料。

7）加工及分拣物料。如图 6-11 所示，加工及分拣程序有三个分支，根据物料的性质选择不同分支执行。

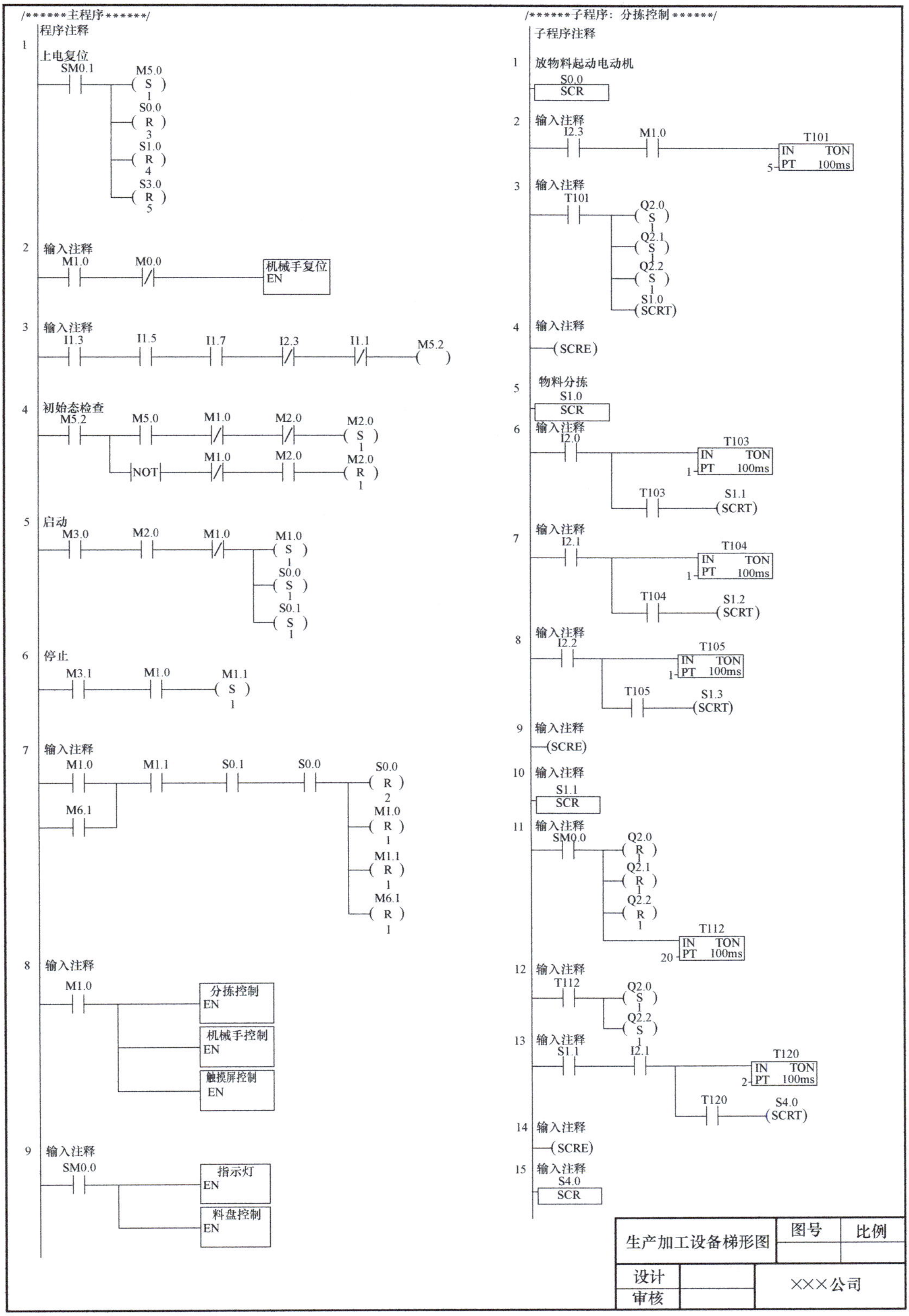

图 6-10 生产加工设备梯形图

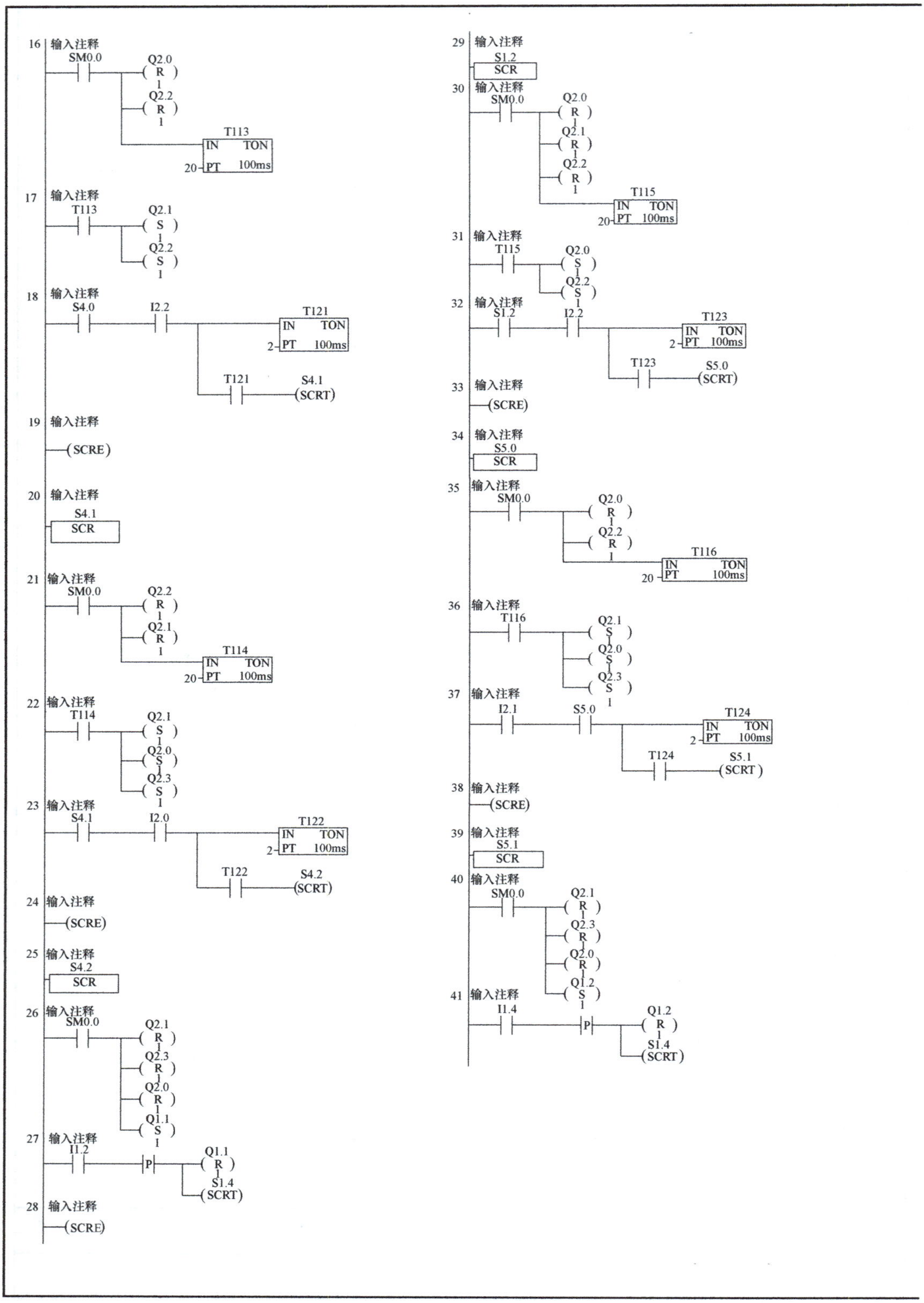
16 输入注释
SM0.0
Q2.0 R 1
Q2.2 R 1
T113 IN TON
20 PT 100ms
17 输入注释
T113
Q2.1 S 1
Q2.2 S 1
18 输入注释
S4.0
I2.2
T121 IN TON
2 PT 100ms
T121
S4.1 SCRT
19 输入注释
SCRE
20 输入注释
S4.1 SCR
21 输入注释
SM0.0
Q2.2 R 1
Q2.1 R 1
T114 IN TON
20 PT 100ms
22 输入注释
T114
Q2.1 S 1
Q2.0 S 1
Q2.3 S 1
23 输入注释
S4.1
I2.0
T122 IN TON
2 PT 100ms
T122
S4.2 SCRT
24 输入注释
SCRE
25 输入注释
S4.2 SCR
26 输入注释
SM0.0
Q2.1 R 1
Q2.3 R 1
Q2.0 R 1
Q1.1 S 1
27 输入注释
I1.2
P
Q1.1 R 1
S1.4 SCRT
28 输入注释
SCRE
29 输入注释
S1.2 SCR
30 输入注释
SM0.0
Q2.0 R 1
Q2.1 R 1
Q2.2 R 1
T115 IN TON
20 PT 100ms
31 输入注释
T115
Q2.0 S 1
Q2.2 S 1
32 输入注释
S1.2
I2.2
T123 IN TON
2 PT 100ms
T123
S5.0 SCRT
33 输入注释
SCRE
34 输入注释
S5.0 SCR
35 输入注释
SM0.0
Q2.0 R 1
Q2.2 R 1
T116 IN TON
20 PT 100ms
36 输入注释
T116
Q2.1 S 1
Q2.0 S 1
Q2.3 S 1
37 输入注释
I2.1
S5.0
T124 IN TON
2 PT 100ms
T124
S5.1 SCRT
38 输入注释
SCRE
39 输入注释
S5.1 SCR
40 输入注释
SM0.0
Q2.1 R 1
Q2.3 R 1
Q2.0 R 1
Q1.2 S 1
41 输入注释
I1.4
P
Q1.2 R 1
S1.4 SCRT

图 6-10 生产加工

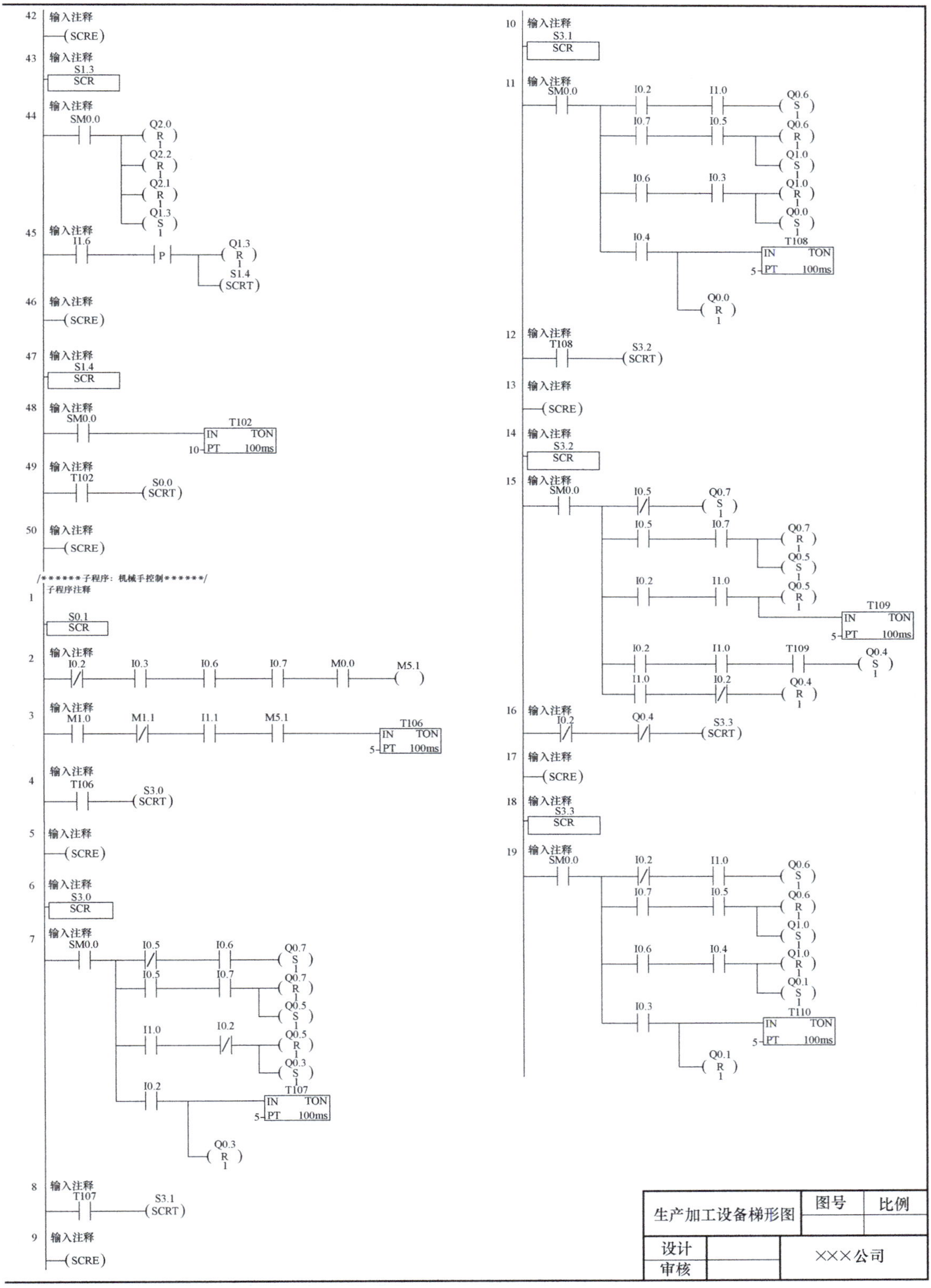

生产加工设备梯形图		图号	比例
设计		×××公司	
审核			

设备梯形图（续）

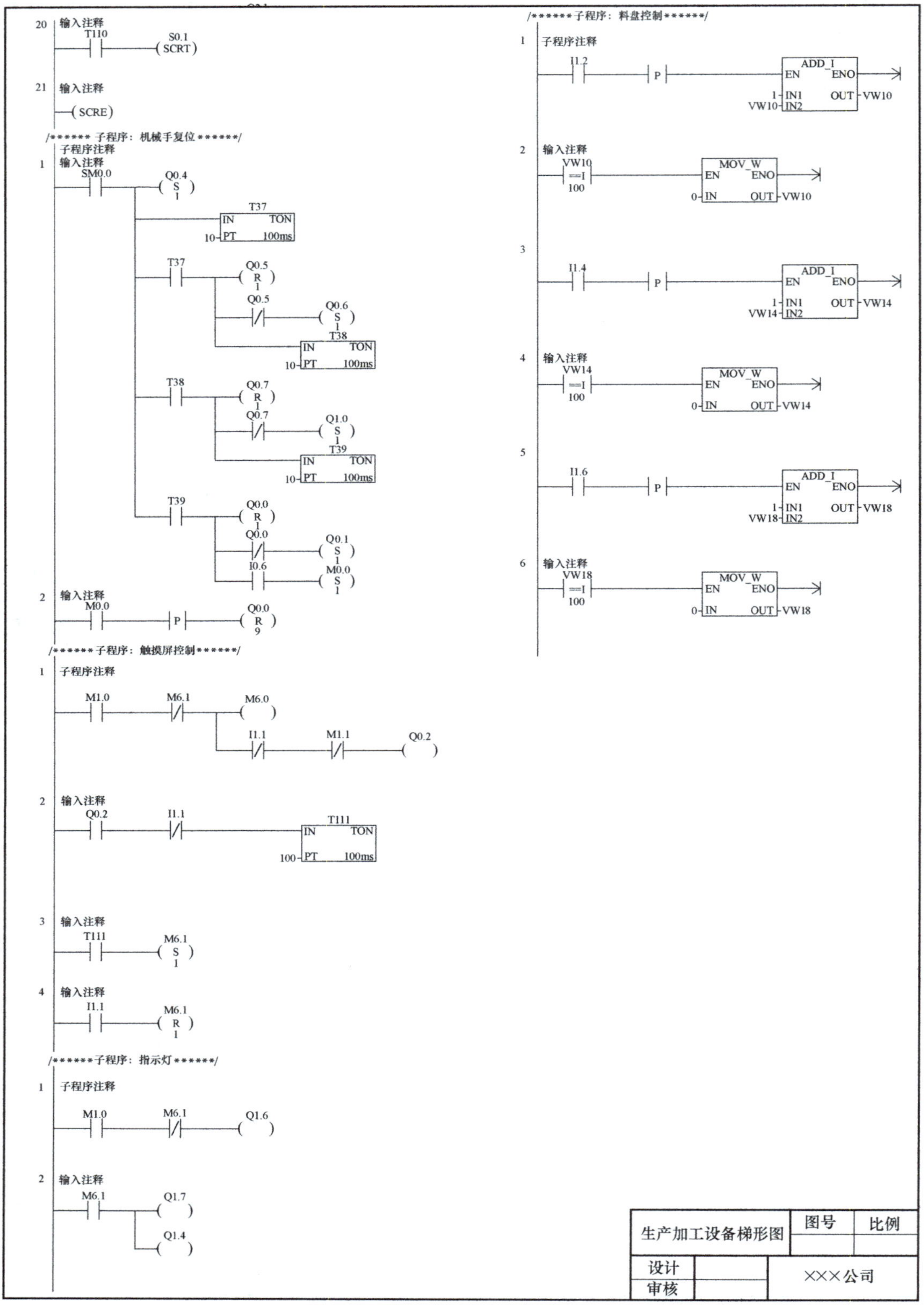

图 6-10 生产加工设备梯形图（续）

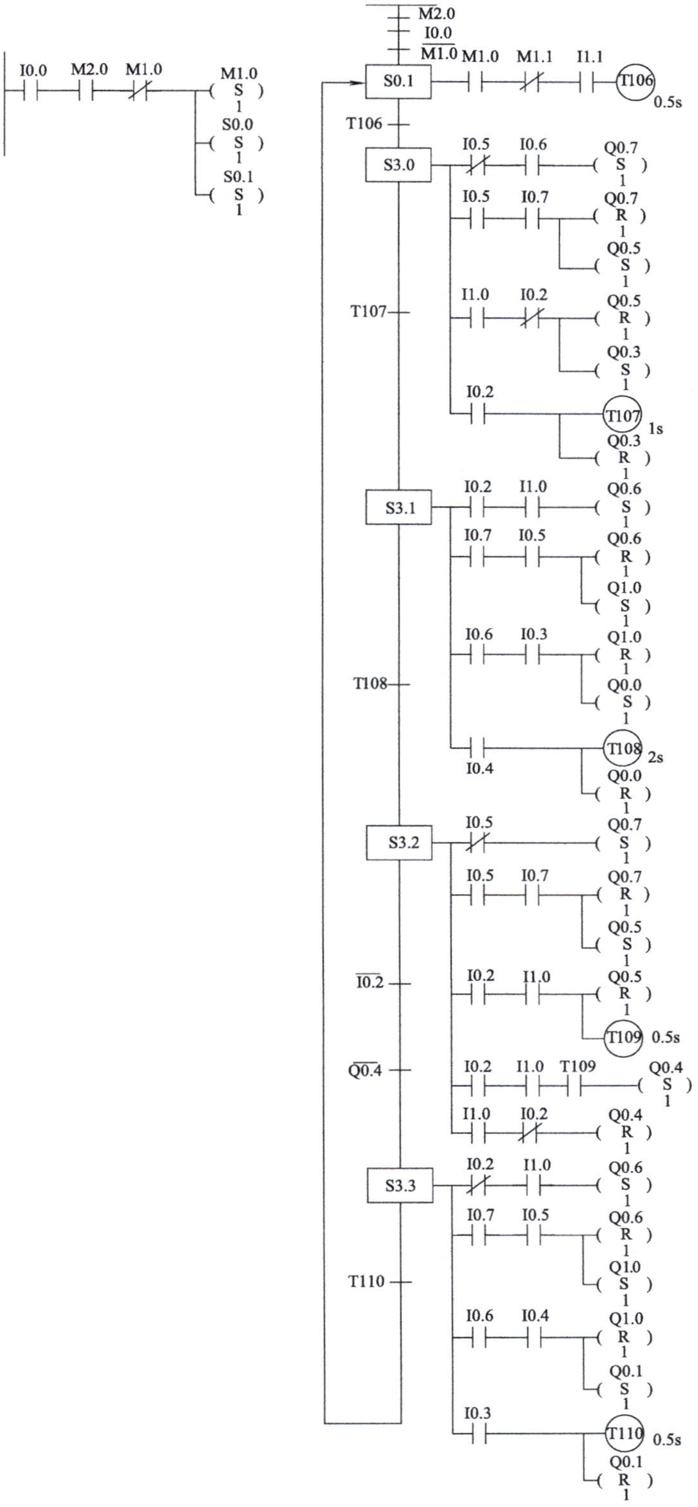

图 6-11　生产加工设备状态转移图

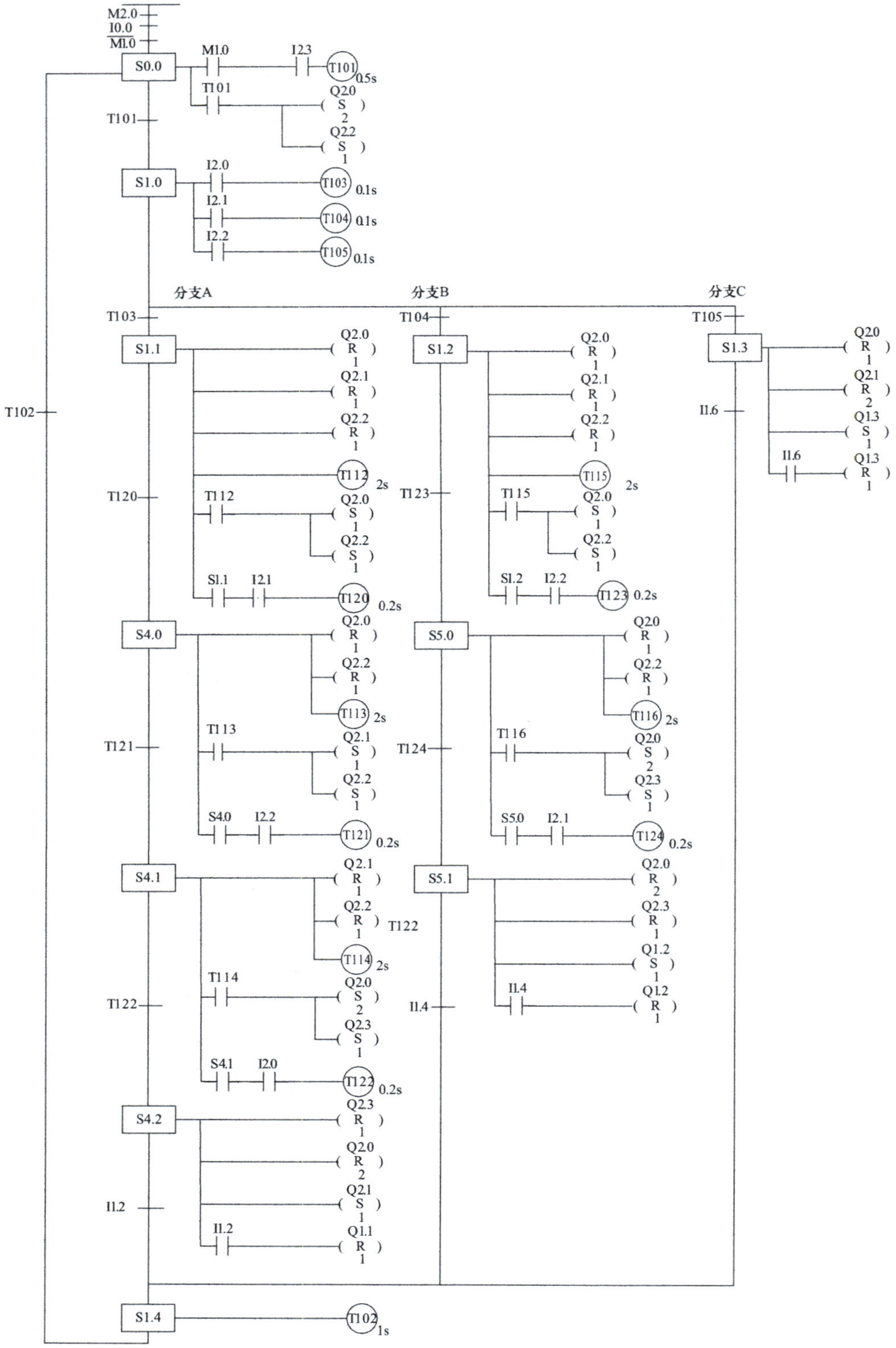

图 6-11　生产加工设备状态转移图（续）

若物料为金属物料，当它被传送至 A 点位置时，I2.0 为 ON，物料稳定 0.1s 后执行分支 A，S1.1 状态激活，Q2.0、Q2.1、Q2.2 复位，传送带停止、进行第一次加工；T112 开始计时，2s 到，加工结束，Q2.0、Q2.2 置位，传送带以中速向左继续传送此物料。至 B 点位置，I2.1 为 ON，0.2s 后，S4.0 状态激活，Q2.0、Q2.2 复位，传送带停止、进行第二次加工；T113 开始计时，2s 到，加工结束，Q2.1、Q2.2 置位，传送带以低速向左继续传送物料。至 C 点位置，I2.2 为 ON，0.2s 后，S4.1 状态激活，Q2.1、Q2.2 复位，传送带停止、进行第三次加工；T114 开始计时 2s 到，加工结束，Q2.0、Q2.1、Q2.3 置位，物料自左向右以高速返回至 A 点位置，I2.0 为 ON，0.2s 后，Q2.0、Q2.1、Q2.3 复位，Q1.1 置位，推料一气缸活塞杆伸出将它推入料槽一内，传送带停止工作；当气缸一活塞杆伸出到位后，I1.2 为 ON，Q1.1 复位，推料一气缸活塞杆缩回；当气缸活塞杆缩回到位后，S1.4 状态激活，1s 后 S0.0 状态激活，进入下一个循环。

若物料为白色塑料物料，当它被传送至 B 点位置时，I2.1 为 ON，物料稳定 0.1s 后执行分支 B，S1.2 状态激活，Q2.0、Q2.1、Q2.2 复位，传送带停止，进行第一次加工；T115 开始计时，2s 到，加工结束，Q2.0、Q2.2 置位，传送带以中速向左继续传送此物料。至 C 点位置，I2.2 为 ON，0.2s 后，S5.0 状态激活，Q2.0、Q2.2 复位，传送带停止、进行第二次加工；T116 开始计时，2s 到，加工结束，Q2.0、Q2.1、Q2.3 置位，物料自左向右以高速返回至 B 点位置，I2.1 为 ON，0.2s 后，Q2.0、Q2.1、Q2.2、Q2.3 复位，Q1.2 置位，推料二气缸活塞杆伸出将它推入料槽二内，传送带停止工作；当气缸二活塞杆伸出到位后，I1.4 为 ON，Q1.2 复位，推料二气缸活塞杆缩回；当气缸活塞杆缩回到位后，S1.4 状态激活，1s 后 S0.0 状态激活，进入下一个循环。

若物料为黑色塑料物料，当它被传送至 C 点位置时，I2.2 为 ON，物料稳定 0.1s 后执行分支 C，S1.3 状态激活，Q2.0、Q2.1、Q2.2 复位，输送带停止；Q1.3 置位，推料三气缸活塞杆伸出将它推入料槽三内，当气缸三活塞杆伸出到位后，I1.6 为 ON，Q1.3 复位，推料三气缸活塞杆缩回；当气缸活塞杆缩回到位后，S1.4 状态激活，1s 后 S0.0 状态激活，进入下一个循环。

8）监视界面计数显示。VW10 对推料一气缸的伸出次数（分拣金属物料的个数）进行计数，VW14 对推料二气缸的伸出次数（分拣白色塑料物料的个数）进行计数，VW18 对推料三气缸的伸出次数（分拣黑色塑料物料的个数）进行计数，当计数满 100 时，寄存器复位，重新开始。这三个寄存器的当前值由触摸屏读入，并在监视界面上显示。

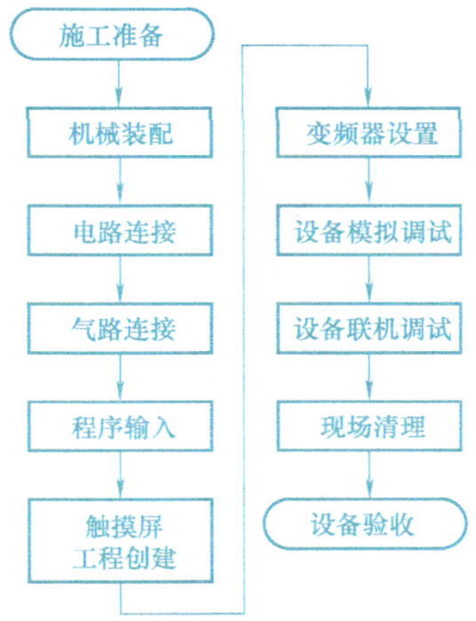

图 6-12　生产加工设备的组装与调试流程图

（6）制订施工计划　生产加工设备的组装与调试流程如图 6-12 所示。以此为依据，施工人员填写表 6-3，合理制订施工计划，确保在额定时间内完成规定的施工任务。

2. 施工准备

（1）设备清点　检查生产加工设备的部件是否齐全，并归类放置。生产加工设备的部件清单见表 6-4。

表 6-3 施工计划表

设备名称		施工日期	总工时/h	施工人数		施工负责人
×××生产加工设备						
序号	施工任务			施工人员	工序定额	备注
1	阅读设备技术文件					
2	机械装配、调整					
3	电路连接、检查					
4	气路连接、检查					
5	程序输入					
6	触摸屏工程创建					
7	设置变频器参数					
8	设备模拟调试					
9	设备联机调试					
10	现场清理，技术文件整理					
11	设备验收					

表 6-4 设备清单

序号	名称	型号规格	数量	单位	备注
1	直流减速电动机	24V	1	只	
2	物料料盘		1	个	
3	料盘支架		2	个	
4	物料支架		1	套	
5	警示灯及其支架	两色、闪烁	1	套	
6	伸缩气缸套件	CXSM15-100	1	套	
7	提升气缸套件	CDJ2KB16-75-B	1	套	
8	手爪套件	MHZ2-10D1E	1	套	
9	旋转气缸套件	CDRB2BW20-180S	1	套	
10	机械手固定支架		1	套	
11	缓冲器		2	只	
12	传送带套件	50cm×700cm	1	套	
13	推料气缸套件	CDJ2KB10-60-B	3	套	
14	料槽套件		3	套	
15	电动机及安装套件	380V、25W	1	套	
16	落料口		1	只	
17	光电传感器及其支架	E3Z-LS61	1	套	出料口
18		GO12-MDNA-A	1	套	落料口
19	电感式传感器	NSN4-2M60-E0-AM	3	套	
20	光纤传感器及其支架	E3X-NA11	2	套	
21	磁性传感器	D-59B	1	套	手爪紧松
22		SIWKOD-Z73	2	套	手臂伸缩
23		D-C73	8	套	手爪升降 推料限位
24	PLC 模块	YL087、SIMATIC S7-200 SMART SR60	1	块	
25	变频器模块	MM420	1	块	
26	触摸屏及通信线	昆仑通态 TPC7062KS	1	套	
27	按钮模块	YL157	1	块	
28	电源模块	YL046	1	块	
29	螺钉	不锈钢内六角螺钉 M6×12	若干	只	
30		不锈钢内六角螺钉 M4×12	若干	只	
31		不锈钢内六螺钉角 M3×10	若干	只	

（续）

序号	名称	型号规格	数量	单位	备注
32	螺母	椭圆形螺母 M6	若干	只	
33		M4	若干	只	
34		M3	若干	只	
35	垫圈	$\phi4$	若干	只	

（2）工具清点　设备组装工具见表 6-5 所示，施工人员应清点工具的数量，并认真检查其性能是否完好。

表 6-5　工具清单

序号	名称	规格、型号	数量	单位
1	工具箱		1	只
2	螺钉旋具	一字、100mm	1	把
3	钟表螺钉旋具		1	套
4	螺钉旋具	十字、150mm	1	把
5	螺钉旋具	十字、100mm	1	把
6	螺钉旋具	一字、150mm	1	把
7	斜口钳	150mm	1	把
8	尖嘴钳	150mm	1	把
9	剥线钳		1	把
10	内六角扳手（组套）	PM-C9	1	套
11	万用表		1	只

三、实施任务

根据制订的施工计划，按顺序对生产加工设备实施组装，施工过程中应注意及时调整施工进度，保证定额。施工时必须严格遵守安全操作规程，加强安全保障措施，确保人身和设备安全。

1. 机械装配

（1）机械装配前的准备　按照要求清理现场、准备图样及工具，并安排装配流程，参考流程如图 6-13 所示。

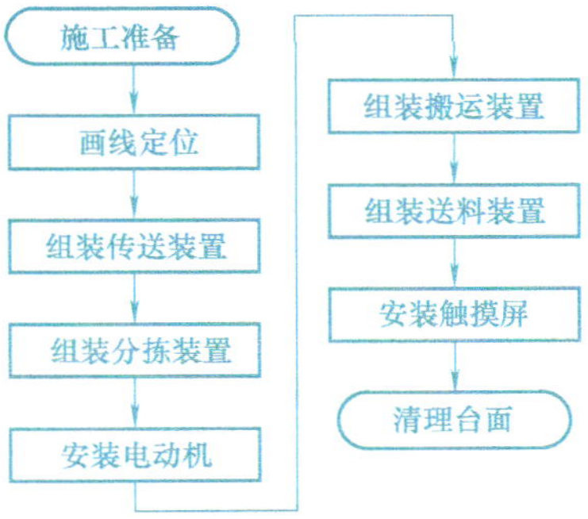

图 6-13　机械装配流程图

（2）机械装配步骤　依据确定的设备组装顺序组装生产加工设备。

1）画线定位。

2）组装传送装置。参考图 6-14，组装传送装置。

① 安装传送带脚支架。

② 在传送带的右侧（电动机侧）固定落料口，并保证物料落放准确、平稳。

③ 安装落料口传感器。

④ 将传送带固定在定位处。

3）组装分拣装置。参考图 6-15，组装分拣装置。

① 组装起动推料传感器。

② 组装推料气缸。

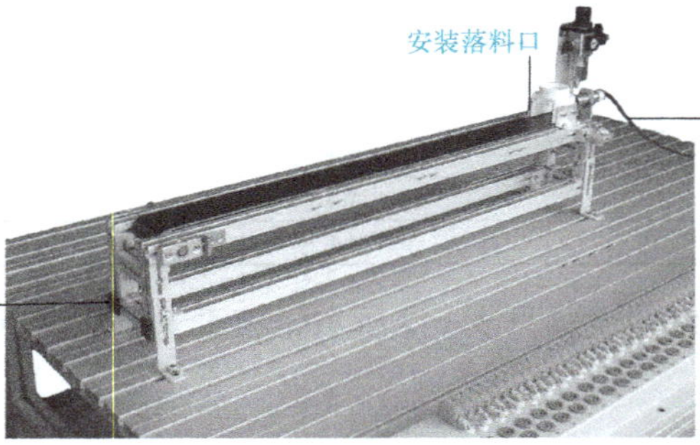

图 6-14 组装传送装置

③ 固定、调整料槽与其对应的推料气缸，使两者在同一中心线上。

4）安装电动机。调整电动机的高度、垂直度，直至电动机与传送带同轴，如图 6-16 所示。

图 6-15 组装分拣装置

图 6-16 安装电动机

5）固定电磁阀阀组。如图 6-17 所示，将电磁阀阀组固定在定位处，并装好线槽。

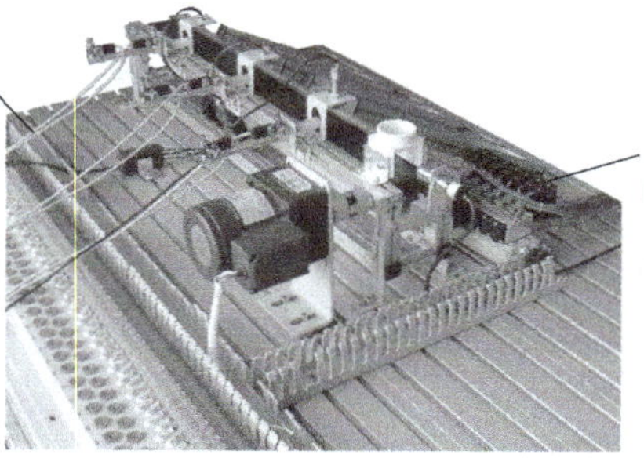

图 6-17 固定电磁阀阀组

6）组装搬运装置。参考图 6-18，组装固定机械手。

① 安装旋转气缸。

② 组装机械手支架。

③ 组装机械手手臂。

④ 组装提升臂。

⑤ 安装手爪。

⑥ 固定磁性传感器。

⑦ 固定左右限位装置。

⑧ 固定机械手，调整机械手摆幅、高度等尺寸，使机械手能准确地将物料放入传送带落料口内。

图 6-18　固定机械手

7）组装固定物料支架及出料口。如图 6-19 所示，在物料支架上装好出料口，固定传感器后将其固定在定位处。调整出料口的高度等尺寸的同时，配合调整机械手的部分尺寸，保证机械手气动手爪能准确无误地从出料口抓取物料，同时又能准确无误地将物料释放至传送带的落料口内，实现出料口、机械手、落料口三者之间的无偏差衔接。

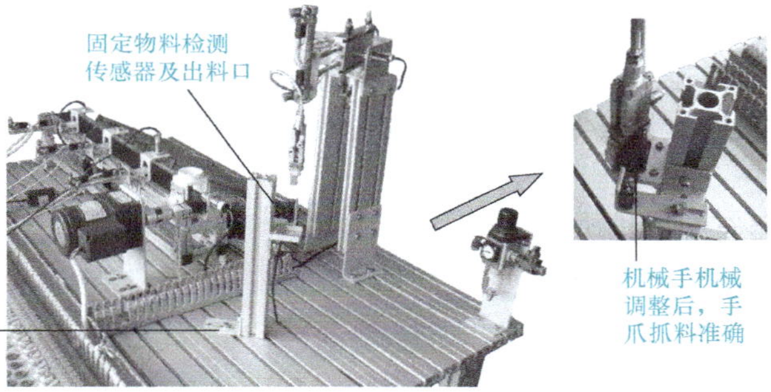

图 6-19　固定、调整物料支架

8）安装料盘及其支架。如图 6-20 所示，装好物料料盘，并将其固定在定位处。

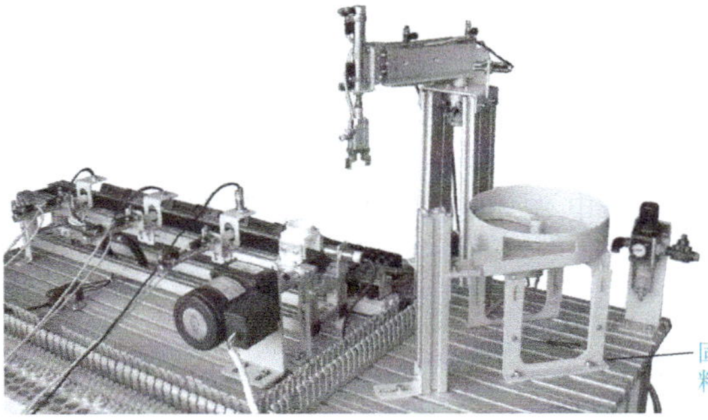

图 6-20　固定物料料盘

9）固定触摸屏。如图 6-21 所示，将触摸屏固定在定位处。

10）固定警示灯。如图 6-21 所示，将警示灯固定在定位处。

11）清理台面，保持台面无杂物或多余部件。

图 6-21 固定触摸屏及警示灯

2. 电路连接

（1）电路连接前的准备 按照要求检查电源状态、准备图样，工具及线号管，并安排电路连接流程。参考流程如图 6-22 所示。

（2）电路连接步骤 电路连接应符合工艺、安全规范要求，所有导线应置于线槽内。导线与端子排连接时，应套线号管并及时编号，避免错编漏编。插入端子排的连接线必须接触良好且紧固。接线端子排的功能分配如图 6-23 所示。

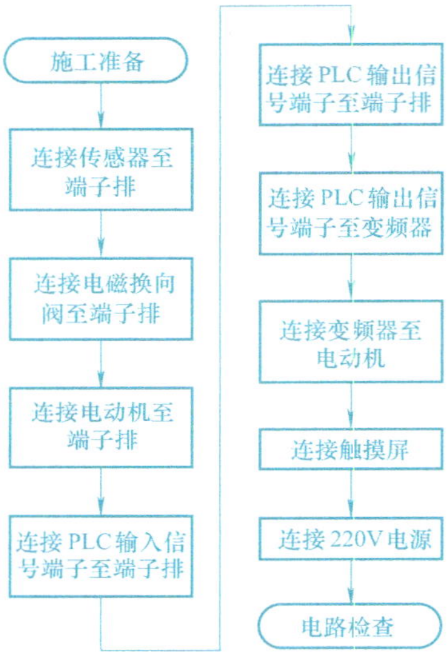

图 6-22 电路连接流程图

1）连接传感器至端子排。

2）连接电磁换向阀至端子排。

3）连接电动机至端子排。

4）连接 PLC 的输入信号端子至端子排。

5）连接 PLC 的输出信号端子至端子排（负载电源暂不连接，待 PLC 模拟调试成功后再进行）。

6）连接 PLC 的输出信号端子至变频器。

7）连接变频器至电动机。

8）连接触摸屏的电源输入端子至电源模块中的 24V 直流电源。

9）将电源模块中的单相交流电源引至 PLC 模块。

10）将电源模块中的三相电源和接地线引至变频器的主电路输入端子 L1、L2、L3、PE。

11）电路检查。

12）清理台面，工具入箱。

3. 气动回路连接

（1）气路连接前的准备 按照要求检查空气压缩机状态、准备图样及工具，并安排气路连接步骤。

（2）气路连接步骤 根据气路图连接气路。连接时，应避免直角或锐角弯曲，尽量平行布置，力求走向合理且气管最短，如图 6-24 所示。

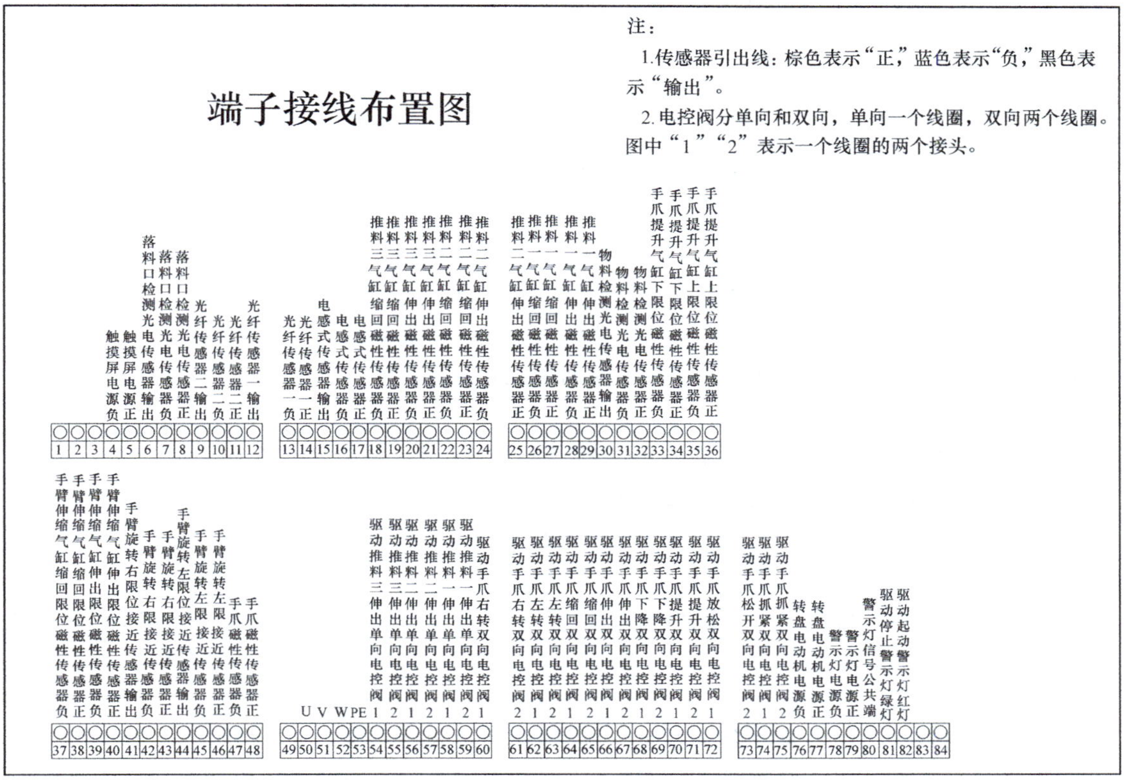

图 6-23　端子接线布置图

1）连接气源。

2）连接执行元件。

3）整理、固定气管。

4）清理台面杂物，工具入箱。

图 6-24　气路连接

4. 程序输入

启动西门子 PLC 编程软件，输入梯形图如图 6-10 所示。

1）启动西门子 PLC 编程软件。

2）创建新文件，选择 PLC 类型。

3）输入程序。

4）编译梯形图。

5）保存文件。

5. 触摸屏工程创建

根据设备控制功能创建触摸屏人机界面，其方法参考触摸屏技术文件。

（1）建立工程

1）启动 MCGS 组态软件。单击桌面【程序】—【MCGS 组态软件】—【嵌入版】—【MCGSE 组态环境】文件，启动 MCGS 嵌入版组态软件。

2）建立新工程。执行【文件】—【新建工程】命令，弹出"新建工程设置"对话框，选择 TPC 的类型为“TPC7062KS”，单击【确定】按钮后，弹出新建工程的工作台。

（2）组态设备窗口

1）进入设备窗口。单击工作台上的标签【设备窗口】，进入设备窗口页，可看到窗口内的“设备窗口”图标。

2）进入“设备组态：设备窗口”。双击“设备窗口”图标，便可进入。

3）打开“设备工具箱”。单击组态软件工具条中的命令，打开“设备工具箱”。

4）选择设备构件。双击“设备工具箱”中的“通用串口父设备”，将通用串口父设备添加到设备窗口中。接着双击“设备工具箱”中的“西门子_S7200PPI”图标，弹出“默认通信参数设备串口父设备参数”确认对话框，单击【是】按钮，便完成“西门子_S7200PPI”设备的添加。关闭设备窗口，返回至工作台。

（3）组态用户窗口

1）进入用户窗口。单击工作台上的标签【用户窗口】，进入用户窗口。

2）创建新的用户窗口。如图 6-25 所示，单击用户窗口中的【新建窗口】按钮，创建三个新的用户窗口“窗口 0”“窗口 1”“窗口 2”。

3）设置用户窗口属性。

① 将“窗口 0”命名为“人机界面首页”。右击待定义的用户窗口“窗口 0”图标，执行下拉菜单【属性】命令，进入“用户窗口属性设置”对话框。选择“基本属性”页，将窗口名称中的“窗口 0”修改为“人机界面首页”，单击【确认】后保存。

② 将“窗口 1”命名为“命令界面”。用同样的步骤将“窗口 1”命名为“命令界面”。

③ 将“窗口 2”命名为“监视界面”。用同样的步骤将“窗口 2”命名为“监视界面”。设置完成后的用户窗口如图 6-26 所示。

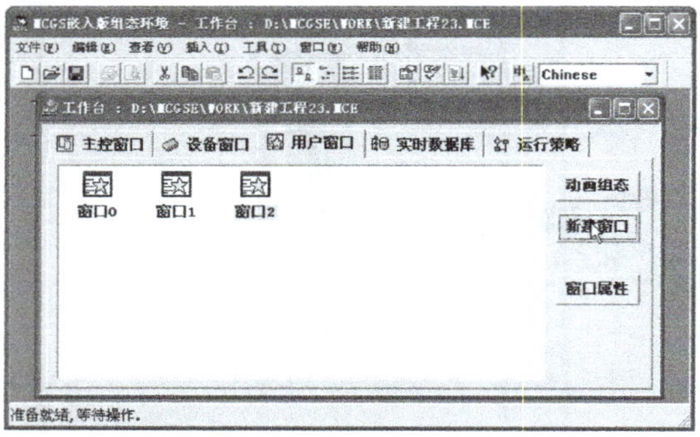

图 6-25 新建三个用户窗口

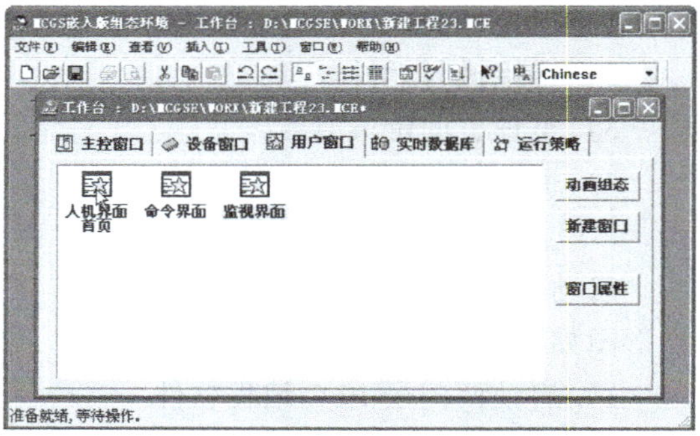

图 6-26 修改后的用户窗口

4）创建图形对象。

第一步：创建“人机界面首页”的图形对象。

① 创建“×××生产加工设备”图形对象。进入动画组态窗口。鼠标双击用户窗口内的“人机界面首页”图标，进入“动画组态人机界面首页”窗口。

创建“×××生产加工设备”标签图形。单击组态软件工具条中的图标，弹出动画组态设备构件“工具箱”，如图 6-27 所示。

如图 6-27 所示，选择工具箱中的标签 A，在窗口编辑处按住鼠标左键并拖放出合适大小后，松开鼠标左键，便创建出一个图 6-28 所示的标签图形。

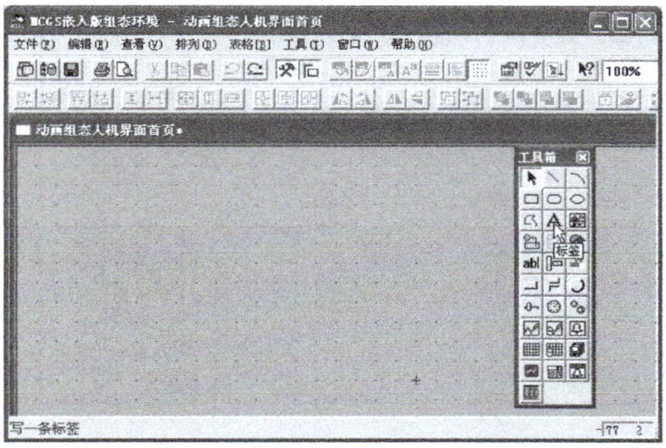

图 6-27　设备构件“工具箱”

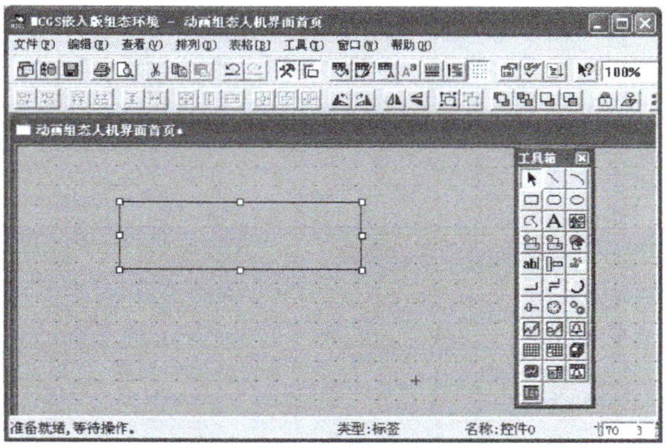

图 6-28　新建的标签图形

定义“×××生产加工设备”标签图形属性。双击新建的标签图形，弹出图 6-29 所示的“标签动画组态属性设置”对话框，选择“属性设置”页，将填充颜色设置为“灰色”，字符颜色设置为“黑色”，边线颜色设置为“没有边线”。

如图 6-30 所示，选择“扩展属性”页，将其文本内容输入为“×××生产加工设备”。单击【确认】按钮后，“×××生产加工设备”标签图形便创建完成，调整标签图形至合适的位置，如图 6-31 所示。

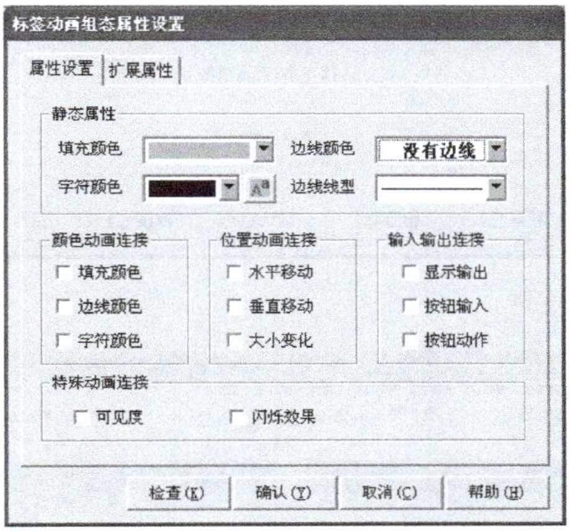

图 6-29　标签动画组态属性设置

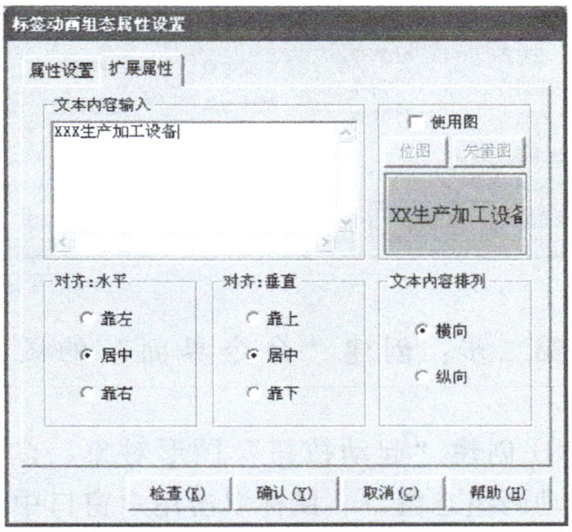

图 6-30　标签动画组态扩展属性设置

② 创建切换按钮“进入命令界面”图形对象。创建切换按钮“进入命令界面”图形。选择工具箱中的“标准按钮”，在窗口编辑处按住鼠标左键并拖放出合适大小后，松开鼠标左键，便创建出一个图 6-32 所示的切换按钮图形。

定义切换按钮图形属性。双击新建的“按钮”图形，弹出图 6-33 所示的“标准按钮构件属性设置”对话框，选择“基本属性”页，将状态设置为“抬起”，文本内容修改为“进入命令界面”，背景色设置为灰色，文本颜色设置为黑色。

如图 6-34 所示，选择“操作属性”页，单击“抬起功能”，勾选“打开用户窗口”，打开的用户窗口设置为“命令界面”，单击【确认】按钮，其属性便设置完成。

③ 创建切换按钮“进入监视界面”图形对象。用同样的方法创建切换按钮“进入监视界面”。创建完成后的用户窗口人机界面首页如图 6-35 所示。

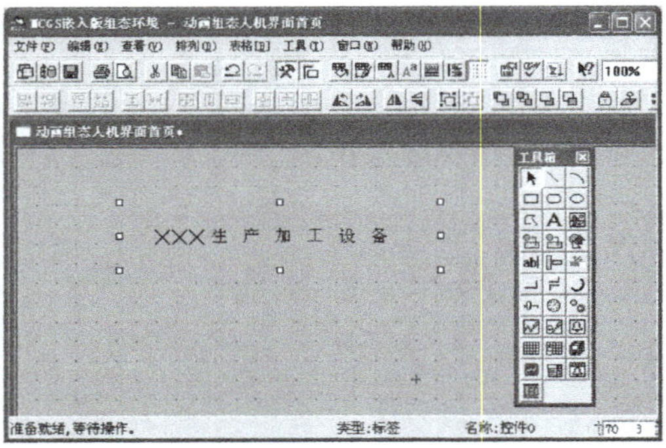

图 6-31 “×××生产加工设备”标签图形

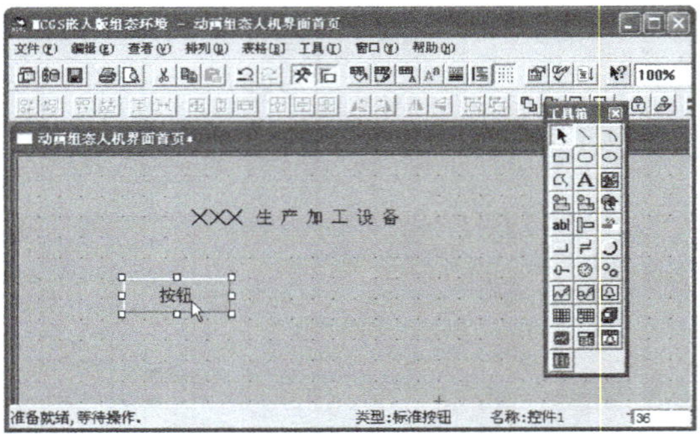

图 6-32 新建的切换按钮图形

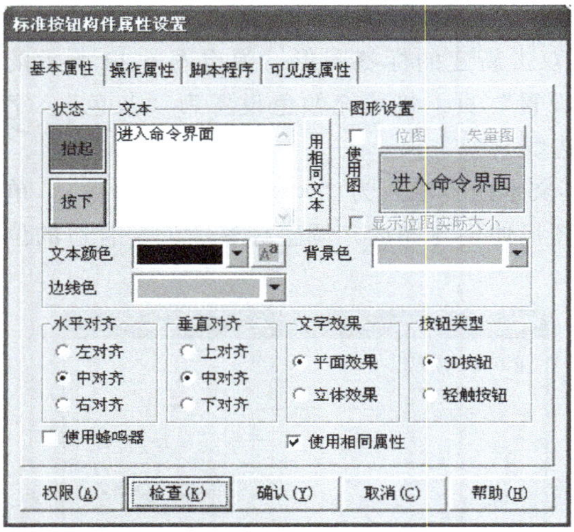

图 6-33 “进入命令界面”图形的基本属性设置

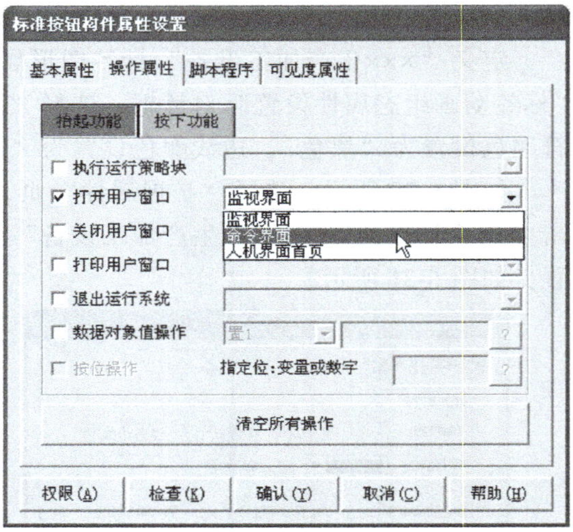

图 6-34 “进入命令界面”图形的操作属性设置

第二步：创建“命令界面”的图形对象。

① 创建“起动按钮”图形对象。首先进入动画组态窗口。鼠标双击用户窗口中的“命令界面”图标，进入“动画组态命令界面”窗口。

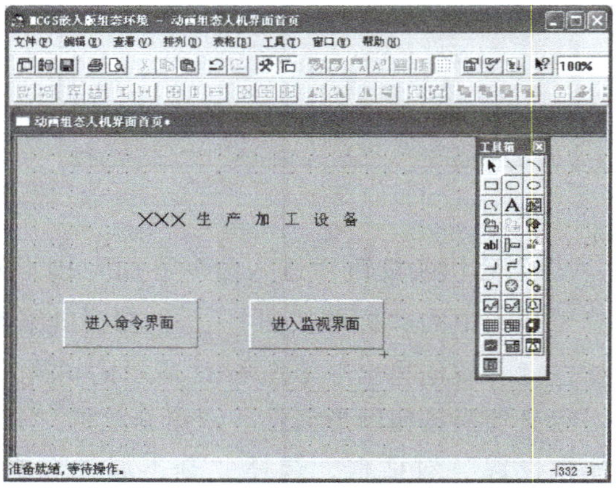

图 6-35 创建完成后的人机界面首页图形

创建起动按钮图形。单击组态软件工具条中的图标，弹出动画组态“工具箱”。

选择工具箱中“标准按钮”，在窗口编辑处按住鼠标左键并拖放出合适大小后，松开鼠标左键，便创建出一个按钮图形。

定义起动按钮图形属性。双击新建的“按钮”图形，弹出图 6-36 所示的“标准按钮构件属性设置”对话框，选择“基本属性”页，将状态设置为“抬起”，文本内容修改为“起动按钮”，背景色设置为绿色，文本颜色设置为“黑色”。

如图 6-37 所示，选择“操作属性”页，单击“按下功能”，勾选“数据对象值操作”，选择“置 1”操作，并单击其后面的图标 ? ，弹出图 6-38 所示的“变量选择”对话框，选择“根据采集信息生成”，并将通道类型设置为“M 寄存器”，通道地址设置为“3”，数据类型设置为“通道第 00 位”，读写类型设置为“读写”，单击“变量选择”对话框的【确认】按钮，其操作属性页的设置内容如图 6-39 所示，单击“标准按钮构件属性设置”对话框【确认】按钮，起动按钮的属性便设置完成。

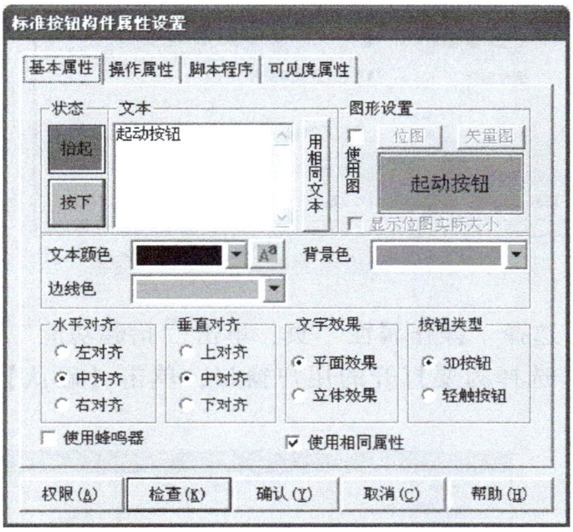

图 6-36　起动按钮基本属性设置

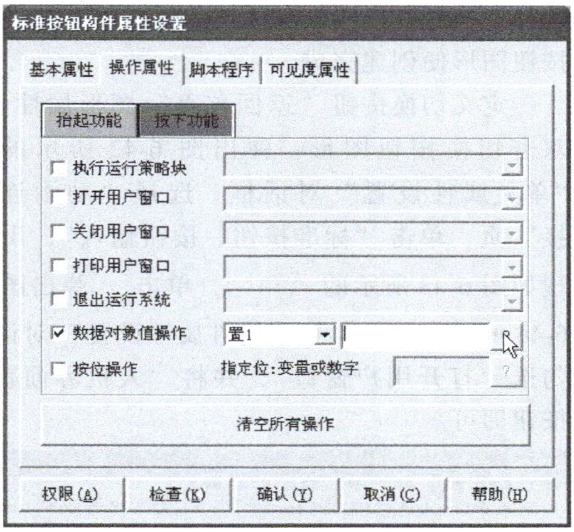

图 6-37　起动按钮操作属性设置

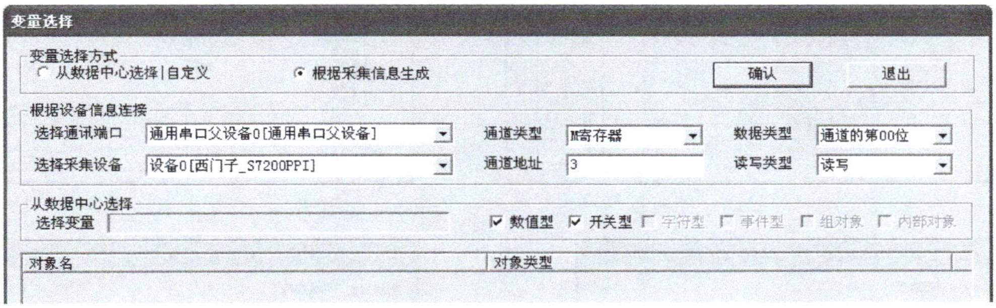

图 6-38　“变量选择”对话框

② 创建“停止按钮”图形对象。用同样的操作步骤创建“停止按钮”图形，设置其基本属性，将状态设置为“按下”，文本内容修改为“停止按钮”，背景色设置为红色。

根据 PLC 资源分配表，再设置“停止按钮”操作属性，单击“按下功能”，勾选“数据对象值操作”，选择“置 1”操作，并单击其后面的图标 ? ，设置“变量选择”对话框，选择“根据采集信息生成”，将通道类型设置为“M 寄存器”，通道地址设置为“3”，数据类型设置为“通道第 01 位”，读写类型设置为“读写”。

③ 编辑图形对象。按住键盘上的【Ctrl】键，单击选中两个按钮图形，使用组态软件工具条中的等高宽、左对齐等命令对它们进行位置排列，如图 6-40 所示。

④ 创建切换按钮“返回首页”图形对象。打开“对象元件库管理”对话框。如图 6-40 所示，单击工具箱中的设备构件“插入元件”，弹出图 6-41 所示的“对象元件库管理”对话框。

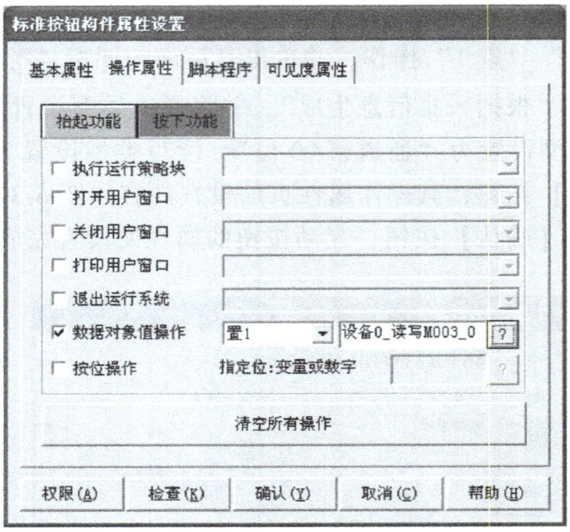

图 6-39 设置完成后的起动按钮操作属性

创建切换按钮“返回首页”图形。单击“对象元件列表”中的文件夹“按钮”，选择“按钮 40”，单击【确定】按钮，切换按钮图形便创建完成。

定义切换按钮“返回首页”图形属性。双击切换按钮图形，弹出图 6-42 所示的“单元属性设置”对话框。选择“动画连接”页，单击“标准按钮—按钮输入”，出现如图 6-43 所示的 [?][>]，单击 [>] 弹出图 6-44 所示的“标准按钮构件属性设置”对话框，选择“操作属性”页，单击“抬起功能”，勾选“打开用户窗口”，并将“人机界面首页”选择为要打开的用户窗口，单击【确认】按钮即可。

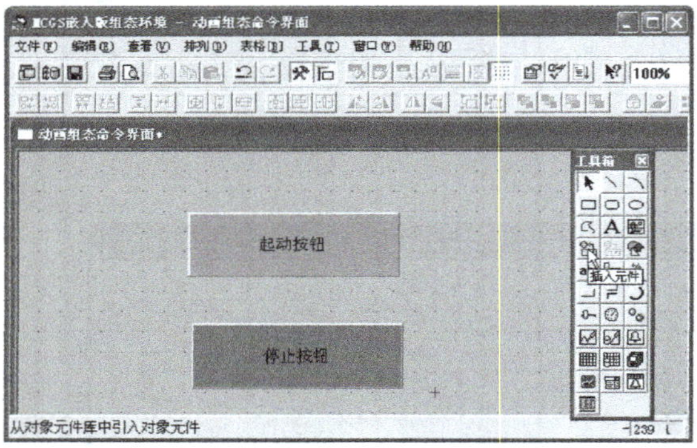

图 6-40 创建完成后的起动、停止按钮图形

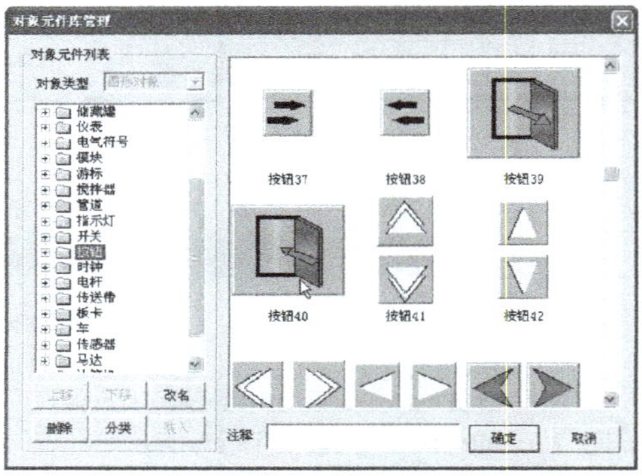

图 6-41 “对象元件库管理”对话框

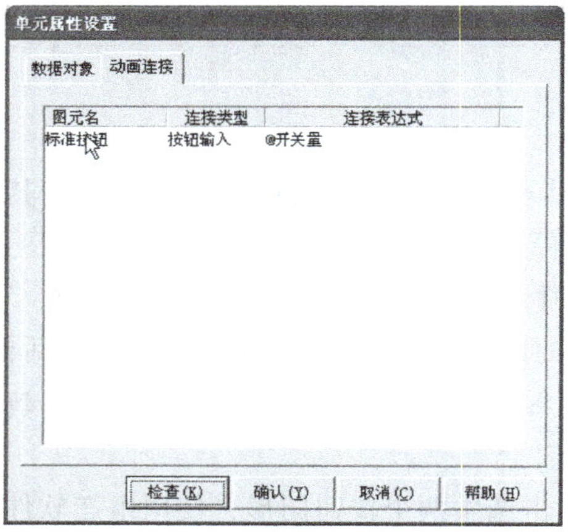

图 6-42 “单元属性设置”对话框

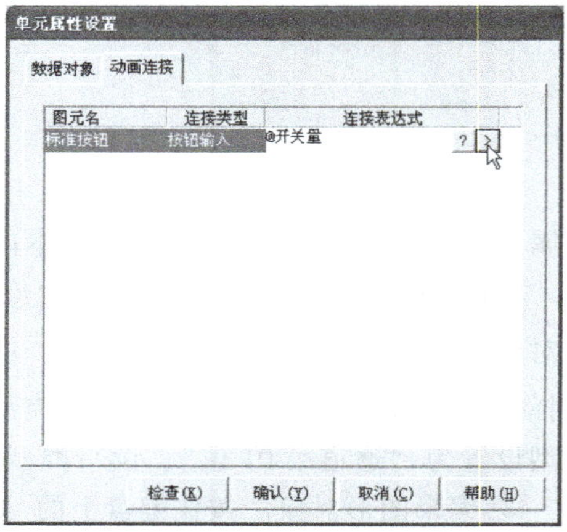

图 6-43 单击“连接表达式”

⑤ 创建文字标签“返回首页”图形对象。与创建文字标签“×××生产加工设备”的方法一样，创建文字标签“返回首页”，调整至合适位置后如图 6-45 所示。

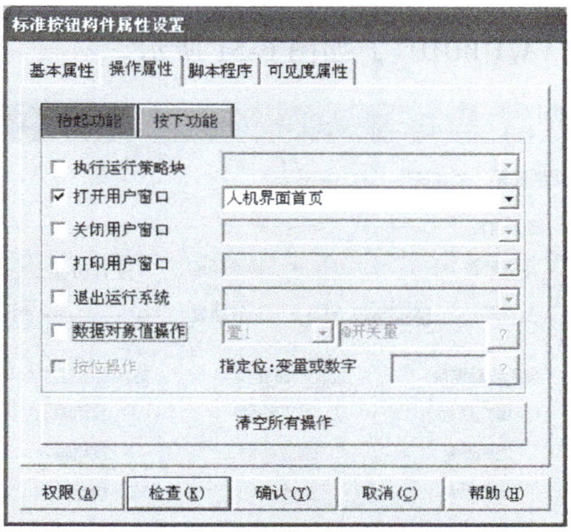

图 6-44　切换按钮操作属性设置

第三步：创建“监视界面”的图形对象。

① 创建文字标签图形。鼠标双击用户窗口“监视界面”图标，进入“动画组态监视界面”窗口。与创建人机界面首页的图形方法一样，创建文字标签“料槽一”“料槽二”“料槽三”，如图 6-46 所示。

② 创建数值显示标签图形。创建料槽一的数值显示图形。选择工具箱中的设备构件“标签”，在料槽一下方拖放出一个图 6-47 所示的标签图形。

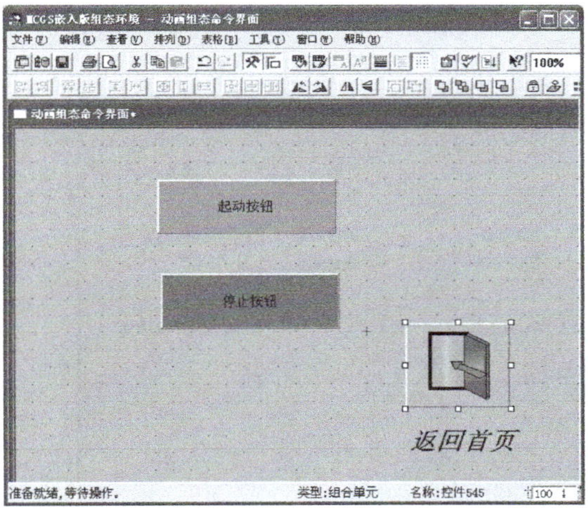

图 6-45　创建完成后的命令界面图形

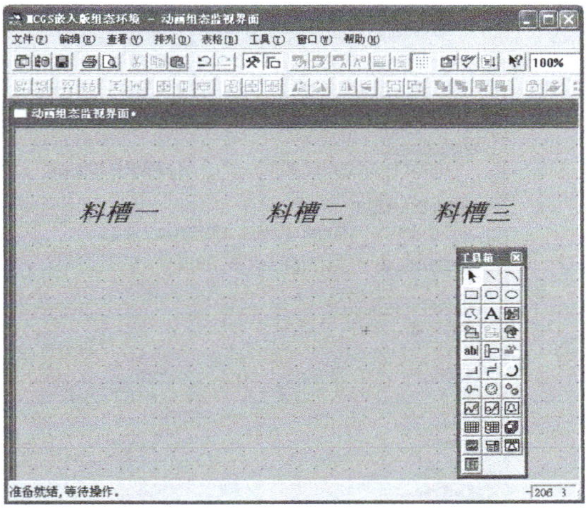

图 6-46　“动画组态监视界面”窗口

定义料槽一的数值显示图形属性。双击创建的数值显示图形，弹出图 6-48 所示的“标签动画组态属性设置”对话框，选择“属性设置”页，将边线颜色设置为“没有边线”，输入输出连接勾选为“显示输出”。

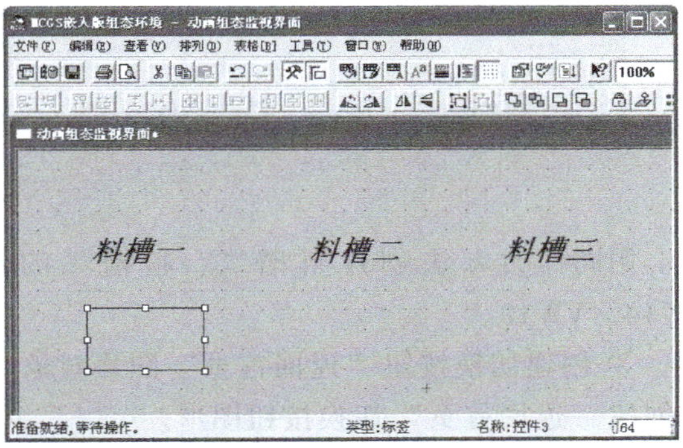

图 6-47　料槽一的“数值显示”标签图形

如图 6-49 所示，选择“显示输出”页，将“输出类型”设置为“数值量输出”，输出格式设置为“十进制”。单击表达式中的 ? ，弹出图 6-50 所示的“变量选择”对话框，将通道类型设置为“V 寄存器”，数据类型设置为“16 位无符号二进制”，通道地址设置为“10”，单击【确认】按钮后，“显示输出”页中“表达式”的内容则变为“设备0_读写VWUB010”，如图6-51所示。

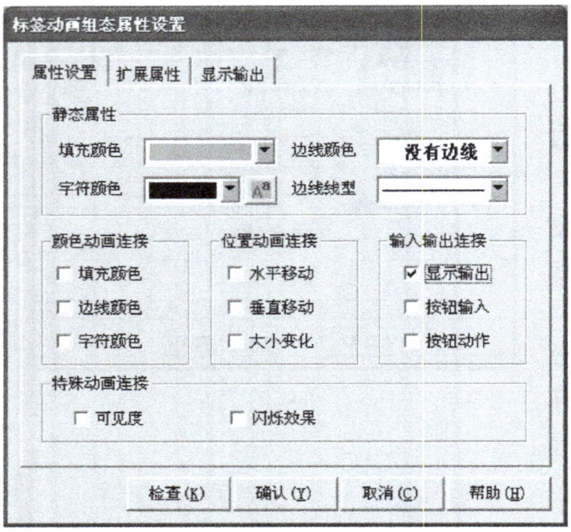

图6-48　标签动画组态属性设置

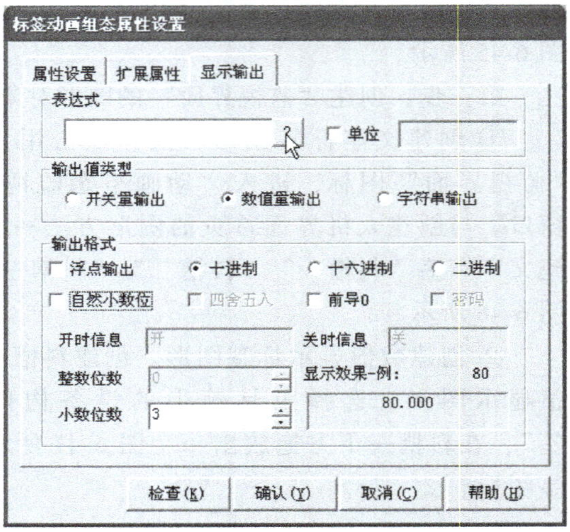

图6-49　显示输出设置

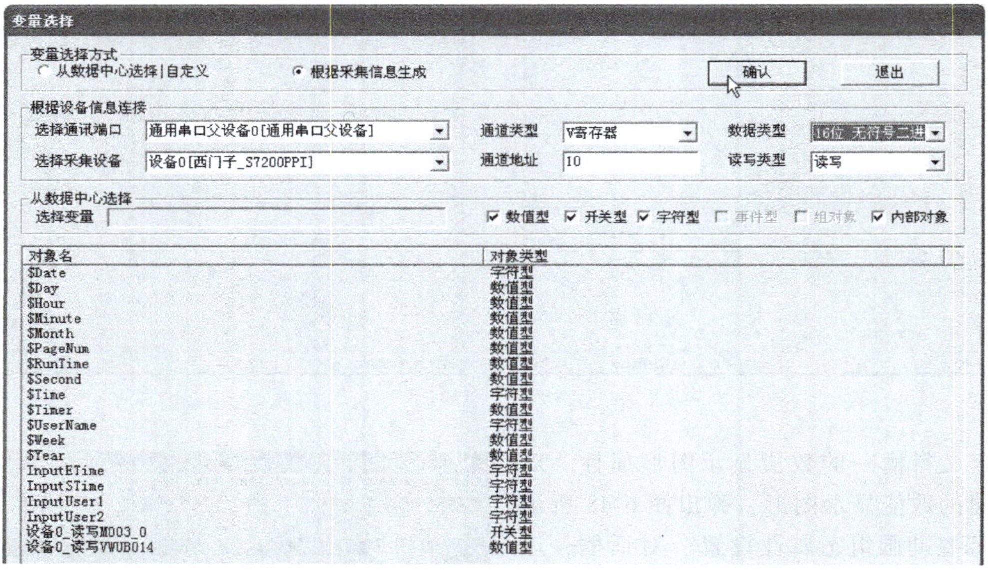

图6-50　“变量选择”对话框

用同样的方法创建料槽二、料槽三的数值显示图形，分别将其通道地址设置为VW14、VW18。

③ 创建切换按钮“返回首页”图形对象。与命令界面中的创建方法一样，在监视界面上创建“返回首页”切换按钮图形。

④ 创建文字标签“返回首页”图形对象。与命令界面中的创建方法一样，在监视界面上创建文字标签“返回首页”图形，完成后的监视界面如图6-52所示。

（4）工程下载　执行【工具】—【下载配置】命令，将工程保存后下载。

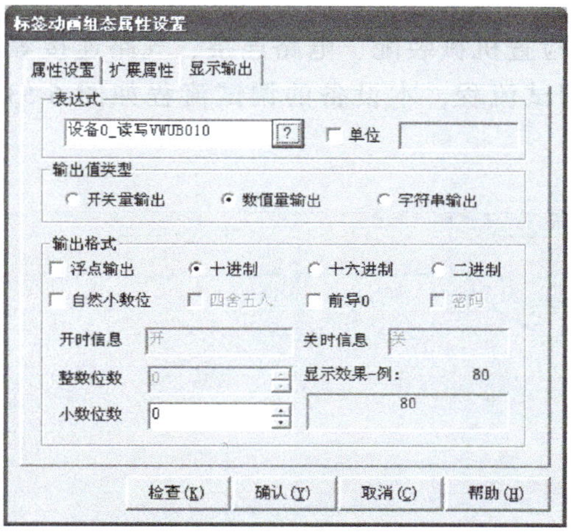

图 6-51　设置完成后的变量表达式

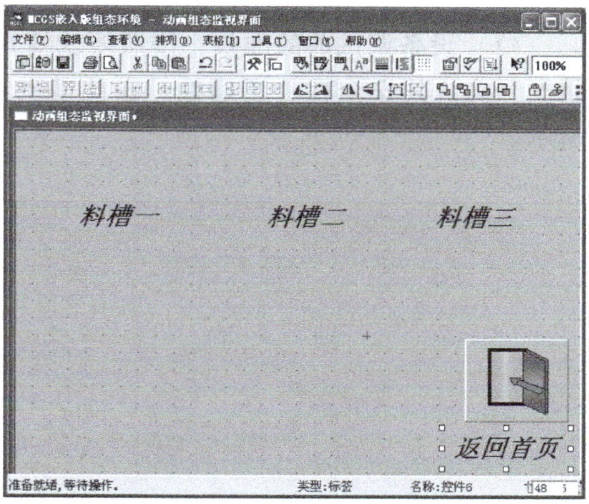

图 6-52　创建完成后的“监视界面”窗口

（5）离线模拟　执行【模拟运行】命令，即可实现图 6-2～图 6-4 所示的触摸控制功能。

6. 变频器参数设置

使用变频器的面板，按表 6-6 设定参数。

表 6-6　变频器参数设定表

序号	参数号	名称	设定值	备注
1	P0010	工厂的默认设定值	30	
2	P0970	参数复位	1	
3	P0003	扩展级	2	
4	P0004	全部参数	0	
5	P0010	快速调试	1	
6	P0100	频率默认为 50Hz，功率/kW	0	
7	P0304	电动机额定电压/V	根据实际设定	
8	P0305	电动机额定电流/A	根据实际设定	
9	P0307	电动机额定功率/kW	根据实际设定	
10	P0310	电动机额定频率/Hz	根据实际设定	
11	P0311	电动机额定速度/(r/min)	根据实际设定	
12	P0700	由端子排输入	2	
13	P1000	固定频率设定值的选择	3	
14	P1080	最低频率/Hz	0	
15	P1082	最高频率/Hz	50	
16	P1120	斜坡上升时间/s	0.7	
17	P1121	斜坡下降时间/s	0.5	
18	P3900	结束快速调试	1	
19	P0003	扩展级	2	
20	P0701	数字输入 1 的功能	12	
21	P0702	数字输入 2 的功能	17	
22	P0703	数字输入 3 的功能	17	
23	P0704	数字输入 4 的功能	1	
24	P1001	固定频率 1	15	
25	P1002	固定频率 2	20	
26	P1003	固定频率 3	25	
27	P1040	MOP 的设定值	5	

7. 设备调试

（1）设备调试前的准备　按照要求清理设备，检查机械装配、电路连接、气路连接等情况，确认其安全性、正确性。在此基础上确定调试流程，本设备的调试流程如图6-53所示。

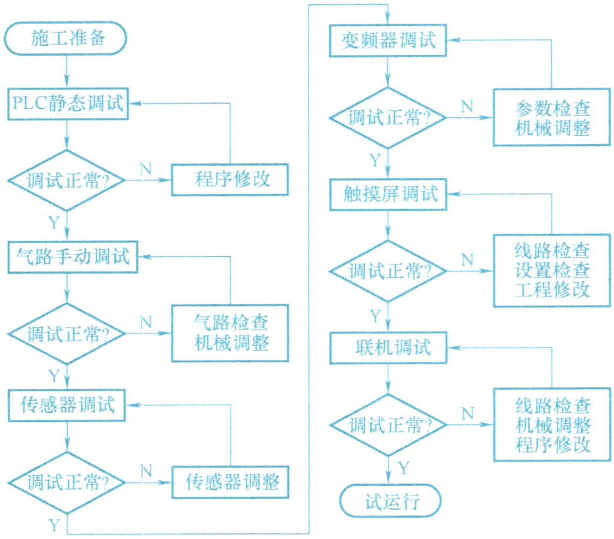

图6-53　设备调试流程图

（2）模拟调试

1）PLC静态调试。

① 连接计算机与PLC。

② 确认PLC的输出负载回路电源处于断开状态，并检查空气压缩机的阀门是否关闭。

③ 合上断路器，给设备供电。

④ 写入程序。

⑤ 运行PLC，按表6-7～表6-9用PLC模块上的钮子开关模拟PLC输入信号，观察PLC的输出指示灯状态。

表6-7　送料机构静态调试情况记载表

步骤	操作任务	观察任务		备注
		正确结果	观察结果	
1	触摸触摸屏起动按钮	Q1.6指示灯点亮		警示灯绿灯闪烁
		Q0.2指示灯点亮		电动机旋转，上料
2	I1.1在10s后仍不动作	Q1.6指示灯熄灭		10s后无料，转盘电动机停止，红灯闪烁，蜂鸣器响，停机报警
		Q0.2指示灯熄灭		
		Q1.7指示灯点亮		
		Q1.4指示灯点亮		
3	动作I1.1钮子开关	Q1.7指示灯点亮		出料口有料，等待取料
4	复位I1.1钮子开关	Q1.7指示灯点亮		电动机旋转，上料
		Q0.2指示灯点亮		
5	动作I1.1钮子开关	Q1.6指示灯点亮		出料口有料，等待取料
		Q0.2指示灯熄灭		
6	触摸触摸屏停止按钮	Q1.6指示灯熄灭		系统停止

表 6-8 搬运机构静态调试情况记载表

步骤	操作任务	观察任务		备注
		正确结果	观察结果	
1	动作 I0.2 钮子开关并触摸起动按钮	Q0.4 指示灯点亮		手爪放松
2	复位 I0.2 钮子开关	Q0.4 指示灯熄灭		放松到位
		Q0.6 指示灯点亮		手爪上升
3	动作 I0.7 钮子开关	Q0.6 指示灯熄灭		上升到位
		Q1.0 指示灯点亮		手臂缩回
4	动作 I0.6 钮子开关	Q1.0 指示灯熄灭		缩回到位
		Q0.1 指示灯点亮		手臂右旋
5	动作 I0.3 钮子开关	Q0.1 指示灯熄灭		右旋到位
6	动作 I1.1 钮子开关	Q0.7 指示灯点亮		有料,手臂伸出
7	动作 I0.5 钮子开关,复位 I0.6 钮子开关	Q0.7 指示灯熄灭		伸出到位
		Q0.5 指示灯点亮		手爪下降
8	动作 I1.0 钮子开关,复位 I0.7 钮子开关	Q0.5 指示灯熄灭		下降到位
		Q0.3 指示灯点亮		手爪夹紧
9	动作 I0.2 钮子开关,0.5s 后	Q0.6 指示灯点亮		手爪上升
10	动作 I0.7 钮子开关,复位 I1.0 钮子开关	Q0.6 指示灯熄灭		上升到位
		Q1.0 指示灯点亮		手臂缩回
11	动作 I0.6 钮子开关,复位 I0.5 钮子开关	Q1.0 指示灯熄灭		缩回到位
		Q0.0 指示灯点亮		手臂左旋
12	动作 I0.4 钮子开关,复位 I0.3 钮子开关	Q0.0 指示灯熄灭		左旋到位
13	0.5s 后	Q0.7 指示灯点亮		手臂伸出
14	动作 I0.5 钮子开关,复位 I0.6 钮子开关	Q0.7 指示灯熄灭		伸出到位
		Q0.5 指示灯点亮		手爪下降
15	动作 I1.0 钮子开关,复位 I0.7 钮子开关	Q0.5 指示灯熄灭		下降到位
16	0.5s 后	Q0.4 指示灯点亮		手爪放松
17	复位 I0.2 钮子开关	Q0.4 指示灯熄灭		放松到位
		Q0.6 指示灯点亮		手爪上升
18	动作 I0.7 钮子开关,复位 I1.0 钮子开关	Q0.6 指示灯熄灭		上升到位
		Q1.0 指示灯点亮		手臂缩回
19	动作 I0.6 钮子开关,复位 I0.5 钮子开关	Q1.0 指示灯熄灭		缩回到位
		Q0.1 指示灯点亮		手臂右旋
20	动作 I0.3 钮子开关,复位 I0.4 钮子开关	Q0.1 指示灯熄灭		右旋到位
21	一次物料搬运结束,等待加料			
22	重新加料,触摸触摸屏停止按钮,机构完成当前工作循环后停止工作			

表 6-9 传送、加工及分拣机构静态调试情况记载表

步骤	操作任务	观察任务		备注
		正确结果	观察结果	
1	动作 I2.3 钮子开关后复位	Q2.0~Q2.2 指示灯点亮		有物料,传送带高速传送
2	动作 I2.0 钮子开关	Q2.0~Q2.2 指示灯熄灭		A 点检测到金属物料,传送带停止,开始加工
3	2s 后	Q2.0、Q2.2 指示灯点亮		传送带中速传送

（续）

步骤	操作任务	观察任务		备注
		正确结果	观察结果	
4	动作 I2.1 钮子开关	Q2.0、Q2.2 指示灯熄灭		B 点检测到金属物料，传送带停止，开始加工
5	2s 后	Q2.1、Q2.2 指示灯点亮		传送带低速传送
6	动作 I2.2 钮子开关	Q2.1、Q2.2 指示灯熄灭		C 点检测到金属物料，传送带停止，开始加工
7	2s 后	Q2.0、Q2.3、Q2.1 指示灯点亮		传送带高速返回
8	动作 I2.0 钮子开关	Q2.0、Q2.3、Q2.1 指示灯熄灭 Q1.1 指示灯点亮		至 A 点传送带停止，气缸一活塞杆伸出
9	动作 I1.2 钮子开关	Q1.1 指示灯熄灭		气缸一活塞杆缩回
10	动作 I2.3 钮子开关后复位	Q2.0~Q2.2 指示灯点亮		有物料，传送带高速传送
11	动作 I2.1 钮子开关	Q2.0~Q2.2 指示灯熄灭		B 点检测到白色塑料物料，传送带停止，开始加工
12	2s 后	Q2.0、Q2.2 指示灯点亮		传送带中速传送
13	动作 I2.2 钮子开关	Q2.0、Q2.2 指示灯熄灭		C 点检测到白色塑料物料，传送带停止，开始加工
14	2s 后	Q2.0、Q2.1、Q2.3 指示灯点亮		传送带高速返回
15	动作 I2.1 钮子开关	Q2.0、Q2.1、Q2.3 指示灯熄灭 Q1.2 指示灯点亮		至 B 点传送带停止，气缸二活塞杆伸出
16	动作 I1.4 钮子开关	Q1.2 指示灯熄灭		气缸二活塞杆缩回
17	动作 I2.3 钮子开关后复位	Q2.0~Q2.2 指示灯点亮		有物料，传送带高速传送
18	动作 I2.2 钮子开关	Q2.0~Q2.2 指示灯熄灭		C 点检测到黑色塑料物料，传送带停止，开始加工
19	2s 后	Q1.3 指示灯点亮		气缸三活塞杆伸出
20	动作 I1.6 钮子开关	Q1.3 指示灯熄灭		气缸三活塞杆缩回
21	重新加料，触摸触摸屏停止按钮	传送带不能停止，必须完成当前工作循环后才能停止		

⑥ 将 PLC 的 RUN/STOP 开关置于“STOP”位置。

⑦ 复位 PLC 模块上的钮子开关。

2）气动回路手动调试。

① 接通空气压缩机电源，起动空压机压缩空气，等待气源充足。

② 将气源压力调整到 0.4~0.5MPa 后，开启气动二联件上的阀门给系统供气。为确保调试安全，施工人员需观察气路系统有无泄露现象，若有，应立即解决。

③ 在正常工作压力下，对气动回路进行手动调试，直至机构动作完全正常为止。

④ 调整节流阀至合适开度，使各气缸的运动速度趋于合理。

3）传感器调试。调整传感器的位置，观察 PLC 的输入指示灯状态。

① 出料口放置物料，调整、固定物料检测光电传感器。

② 手动控制机械手，调整、固定各限位传感器。

③ 在落料口先后放置三类物料，调整、固定传送带落料口检测光电传感器。

④ 在 A 点位置放置金属物料，调整、固定金属传感器。

⑤ 分别在 B 点和 C 点位置放置白色塑料物料、黑色塑料物料，调整固定光纤传感器。

⑥ 手动控制推料气缸，调整、固定磁性传感器。

4）变频器调试。

① 闭合变频器模块上的 DIN1、DIN2、DIN3 钮子开关，传送带自右向左高速运行。

② 闭合变频器模块上的 DIN1、DIN3 钮子开关，传送带自右向左中速运行。

③ 闭合变频器模块上的 DIN2、DIN3 钮子开关，传送带自右向左低速运行。

④ 闭合变频器模块上的 DIN1、DIN2 、DIN4 钮子开关，传送带自左向右高速运行。

若电动机反转，须关闭电源，改变输出电源 U、V、W 相序后重新调试。

5）触摸屏调试。拉下设备断路器，关闭设备总电源。

① 用通信线连接触摸屏与 PLC。

② 用下载线连接计算机与触摸屏。

③ 接通设备总电源。

④ 设置下载选项，选择下载设备为 USB。

⑤ 下载触摸屏程序。

⑥ 调试触摸屏程序。运行 PLC，进入命令界面，触摸起动按钮，PLC 输出指示灯显示设备开始工作；进入监视界面，观察物料的数值显示是否正确；触摸命令界面上的停止按钮，设备停止工作。

（3）联机调试 模拟调试正常后，接通 PLC 输出负载的电源回路，便可联机调试。调试时，要求施工人员认真观察设备的运行情况，若出现问题，应立即解决或切断电源，避免扩大故障范围。调试观察的主要部位如图 6-54 所示。

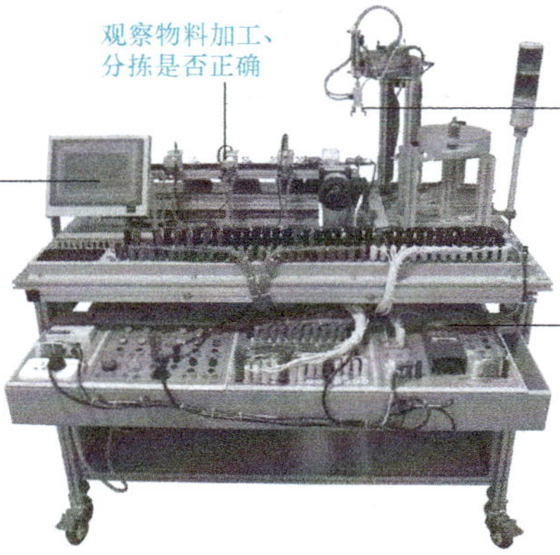

图 6-54 生产加工设备

表 6-10 为联机调试的正确结果，若调试中有与之不符的情况，施工人员首先应根据现场情况，判断是否需要切断电源，在分析、判断故障形成的原因（机械、电路、气路或程序问题）的基础上，进行检修、重新调试，直至设备完全实现功能。

（4）试运行 施工人员操作生产加工设备，运行、观察一段时间，确保设备合格、稳定、可靠。

8. 现场清理

设备调试完毕，要求施工人员清点工量具、归类整理资料，并清扫现场卫生。

表 6-10 联机调试结果一览表

步骤	操作过程	设备实现的功能	备注
1	触摸起动按钮	机械手复位	
		送料机构送料	送料
2	10s 后无物料	报警	
3	出料口有物料	机械手搬运物料	搬运
4	机械手释放物料(金属)	传送带高速传送至 A 点,加工 2s,中速传送至 B 点,加工 2s,低速传送至 C 点,加工 2s,高速返回至 A 点,推入料槽一内	传送、加工、分拣金属物料
5	机械手释放物料(白色塑料)	传送带高速传送至 B 点,加工 2s,中速传送至 C 点,加工 2s,高速返回至 B 点,推入料槽二内	传送、加工、分拣白色塑料物料
6	机械手释放物料(黑色塑料)	传送带高速传送至 C 点,推入料槽三内	传送、分拣黑色塑料物料
7	重新加料,触摸停止按钮,机构完成当前工作循环后停止工作		

1）清点工量具。对照清单清点工量具，并按要求装入工具箱。

2）资料整理。整理归类技术说明书、电气元件明细表、施工计划表、设备电路图、梯形图、气路图、安装图等资料。

3）清扫设备周围卫生，保持环境整洁。

4）填写设备安装登记表，记载设备调试过程中出现的问题及解决的办法。

9. 设备验收

设备质量验收见表 6-11。

表 6-11 设备质量验收表

验收项目及要求		配分	配分标准	扣分	得分	备注
设备组装	1. 设备部件安装可靠,各部件位置衔接准确 2. 电路安装正确,接线规范 3. 气路连接正确,规范美观	35	1. 部件安装位置错误,每处扣 2 分 2. 部件衔接不到位、零件松动,每处扣 2 分 3. 电路连接错误,每处扣 2 分 4. 导线反圈、压皮、松动,每处扣 2 分 5. 错、漏编号,每处扣 1 分 6. 导线未入线槽、布线凌乱,每处扣 2 分 7. 气路连接错误,每处扣 2 分 8. 气路漏气、掉管,每处扣 2 分 9. 气管过长、过短、乱接,每处扣 2 分			
设备功能	1. 设备起停正常 2. 送料机构正常 3. 机械手复位正常 4. 机械手搬运物料正常 5. 传送带运转正常 6. 金属物料加工、分拣正常 7. 白色塑料物料加工、分拣正常 8. 黑色塑料物料加工、分拣正常 9. 变频器参数设置正确 10. 触摸屏人机界面触摸正常	60	1. 设备未按要求起动或停止,每处扣 5 分 2. 送料机构未按要求送料,扣 10 分 3. 机械手未按要求复位,扣 5 分 4. 机械手未按要求搬运物料,每处扣 5 分 5. 传送带未按要求运转,扣 5 分 6. 金属物料未按要求加工、分拣,扣 5 分 7. 白色塑料物料未按要求加工、分拣,扣 5 分 8. 黑色塑料物料未按要求加工、分拣,扣 5 分 9. 变频器参数未按要求设置,扣 5 分 10. 人机界面未按要求创建,扣 5 分			

（续）

验收项目及要求		配分	配分标准	扣分	得分	备注
设备附件	资料齐全，归类有序	5	1. 设备组装图缺少，每处扣 2 分 2. 电路图、气路图、梯形图缺少，每处扣 2 分 3. 技术说明书、工具明细表、元件明细表缺少，每处扣 2 分			
安全生产	1. 自觉遵守安全文明生产规程 2. 保持现场干净整洁，工具摆放有序		1. 漏接接地线，每处扣 5 分 2. 每违反一项规定，扣 3 分 3. 发生安全事故，按 0 分处理 4. 现场凌乱、乱放工具、丢杂物、完成任务后不清理现场，扣 5 分			
时间	8h		提前正确完成，每 5min 加 5 分 超过额定时间，每 5min 扣 2 分			
开始时间		结束时间		实际时间		

四、设备改造

对生产加工设备的改造要求及任务如下：

（1） 功能要求

1） 起停控制。触摸人机界面上的起动按钮，设备开始工作，机械手复位：机械手手爪放松、手爪上升、手臂缩回、手臂右旋至右限位处停止。触摸停止按钮，设备完成当前工作循环后停止。

2） 送料功能。设备起动后，送料机构开始检测物料支架上的物料，警示灯绿灯闪烁。若无物料，PLC 便起动送料电动机工作，物料在页扇推挤下，从料盘中移至出料口。当物料检测传感器检测到物料时，物料料盘停止旋转。若送料电动机运行 10s 后，物料检测传感器仍未检测到物料，则说明料盘已无物料，此时机构停止工作并报警，警示灯红灯闪烁。

3） 搬运功能。若出料口有物料→机械手臂伸出→手爪下降→手爪夹紧物料→0.5s 后手爪上升→手臂缩回→手臂左旋→0.5s 后手臂伸出→手爪下降→0.5s 后，若传送带上无物料，则手爪放松、释放物料→手爪上升→手臂缩回→右旋至右侧限位处停止。

4） 传送、加工及分拣功能。当落料口的光电传感器检测到物料时，变频器起动，以 35Hz 的频率驱动三相异步电动机反转运行，传送带自右向左开始传送物料。

① 传送、加工及分拣金属物料。金属物料传送至 B 点位置→传送带停止，进行第一次加工→2s 后以 20Hz 的频率继续驱动传送带向左传送至 C 点位置→传送带停止，进行第二次加工→2s 后以 25Hz 的频率驱动传送带返回至 B 点位置停止→推料二气缸动作，活塞杆伸出将它推入料槽二内。

② 传送、加工及分拣白色塑料物料。白色塑料物料传送至 C 点位置→传送带停止，进行加工→2s 后推料三气缸动作，活塞杆伸出将它推入料槽三内。

③ 传送及分拣黑色塑料物料。黑色塑料物料传送至 C 点位置→传送带停止→1s 后以 25Hz 的频率驱动传送带返回至 A 点位置停止→推料一气缸动作，活塞杆伸出将它推入料槽一内。

5） 打包报警功能。当料槽中存放至 100 个物料时，要求物料打包取走，打包指示灯按

0.5s周期闪烁，并发出报警声，5s后继续工作。

6）触摸屏功能。

① 在触摸屏人机界面首页的上方显示“×××生产加工设备”，设置界面切换开关“进入命令界面”和“进入监视界面”。

② 命令界面上设有“起动按钮”“停止按钮”。

③ 监视界面上显示三类物料分拣的个数和打包指示。当计数显示等于100时，数值复位为0后重新计数。

（2）技术要求

1）设备的起停控制要求。

① 触摸人机界面上的起动按钮，设备开始工作。

② 触摸人机界面上的停止按钮，设备完成当前工作循环后停止。

③ 按下急停按钮，设备立即停止工作。

2）电气线路的设计符合工艺要求、安全规范。

3）气动回路的设计符合控制要求、正确规范。

（3）工作任务

1）按设备要求画出电路图。

2）按设备要求画出气路图。

3）按设备要求编写PLC控制程序。

4）改装生产加工设备实现功能。

5）绘制设备装配示意图。

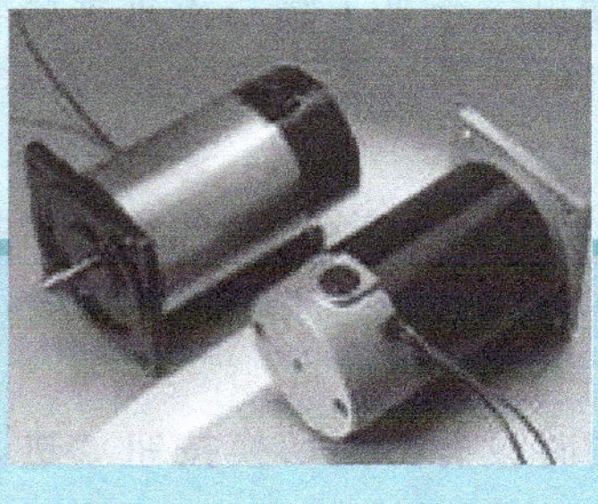

项目七

生产线分拣设备的组装与调试

一、施工任务

1. 根据设备装配示意图组装生产线分拣设备。
2. 按照设备电路图连接生产线分拣设备的电气回路。
3. 按照设备气路图连接生产线分拣设备的气动回路。
4. 根据要求创建触摸屏人机界面。
5. 输入设备控制程序，正确设置变频器参数，调试生产线分拣设备实现功能。

扫码看视频

二、施工前准备

施工人员在施工前应仔细阅读生产线分拣设备随机技术文件，了解设备的组成及其运行情况，看懂装配示意图、电路图、气动回路图及梯形图等图样，然后再根据施工任务制订施工计划、施工方案等。

1. 识读设备图样及技术文件

（1）装置简介　生产线分拣设备的主要功能是输送落料口的物料，并根据物料的性质进行搬运或组合存放，其工作流程如图 7-1 所示。

1）起停控制。按下 SB1 或触摸人机界面上的起动按钮，机械手复位：机械手手爪放松、手爪上升、手臂缩回、手臂右旋至右限位处停止；设备开始工作，警示灯绿灯亮。按下 SB2 或触摸停止按钮，设备完成当前工作循环后停止。

2）传送功能。当落料口检测到物料时，变频器以 25Hz 的频率驱动电动机运行，传送带自右向左输送物料。当物料分拣完毕或机械手开始搬运物料时，传送带停止。

3）组合分拣功能。

① 组合功能。料槽一内推入的物料为金属物料与黑色塑料物料的组合（对第一个物料不作金属物料或黑色塑料物料的限制）；料槽二内推入的物料为金属物料与白色塑料物料的组合（对第一个物料不作金属物料或白色塑料物料的限制）。

② A 点位置分拣功能。对于 A 点位置符合要求的物料由气缸一活塞杆推入料槽一内，而不符合要求的物料则继续以 25Hz 的频率驱动传送带向左传送。

③ B 点位置分拣功能。对于 B 点位置符合要求的物料由气缸二活塞杆推入料槽二内，而不符合要求的物料则继续以 25Hz 的频率驱动传送带向左传送。

④ C 点位置推料功能。当所有不符合要求的物料到达 C 点位置时，由气缸三活塞杆推

入料台内。

4）搬运功能。若料台内有不符合要求的物料，机械手臂伸出→手爪下降→手爪夹紧物料→0.5s 后手爪上升→手臂缩回→手臂左旋→0.5s 后手臂伸出→手爪放松、释放物料→手臂缩回→右旋至右侧限位处停止。

5）系统报警功能。若 10s 后落料口内仍无物料，则警示灯红灯点亮，蜂鸣器发出报警声。

6）人机界面。

① 人机界面首页设有“×××生产线分拣设备”的字样，同时设有界面切换按钮“进入命令界面”和“进入监视界面”，如图 7-2 所示。

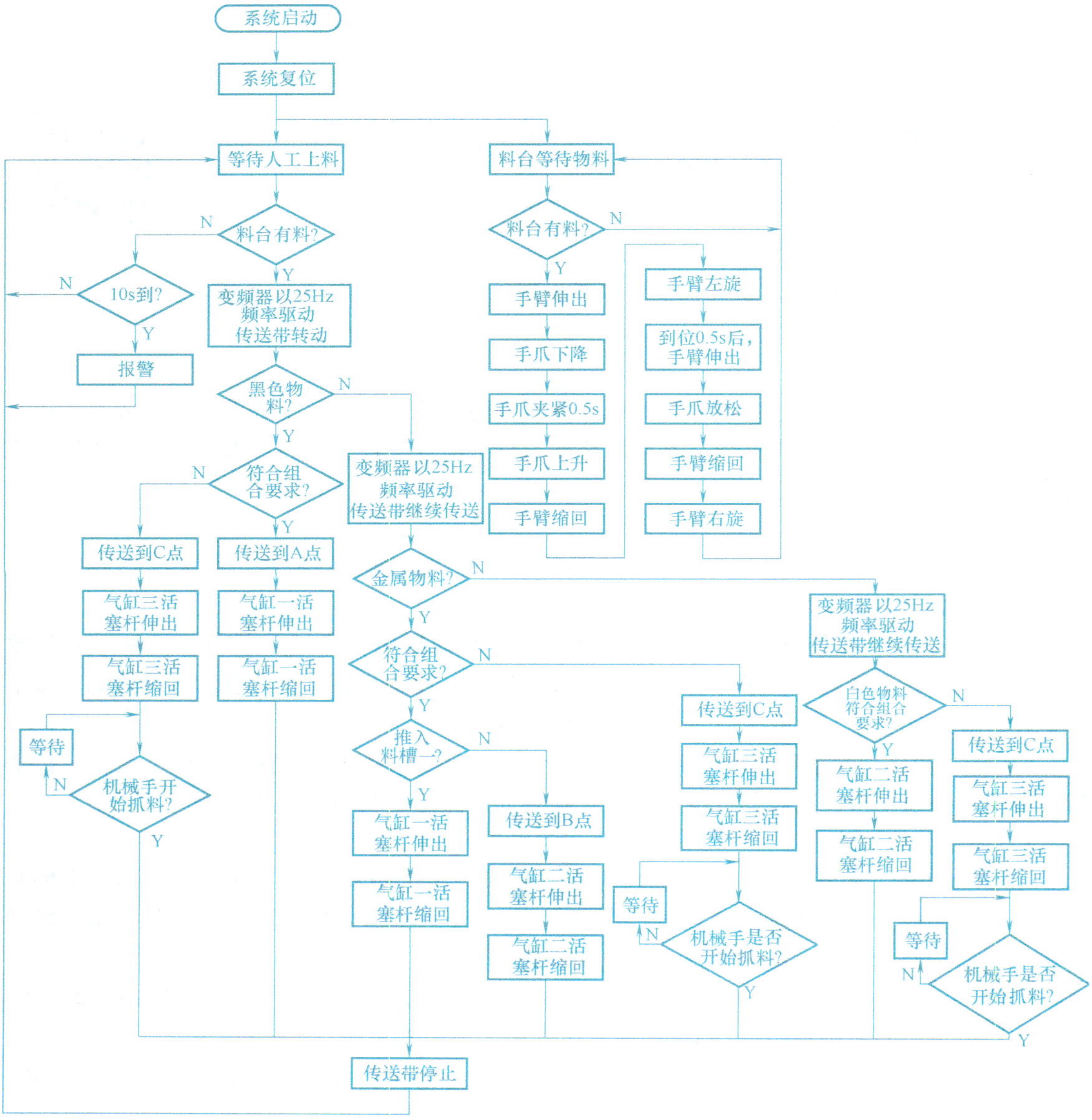

图 7-1 生产线分拣设备动作流程图

② 命令界面上设有“起动按钮”与“停止按钮”，如图 7-3 所示。

③ 监视界面上设有运行指示灯和报警指示灯。正常运行时，运行指示灯点亮；报警时，报警指示灯点亮，如图 7-4 所示。

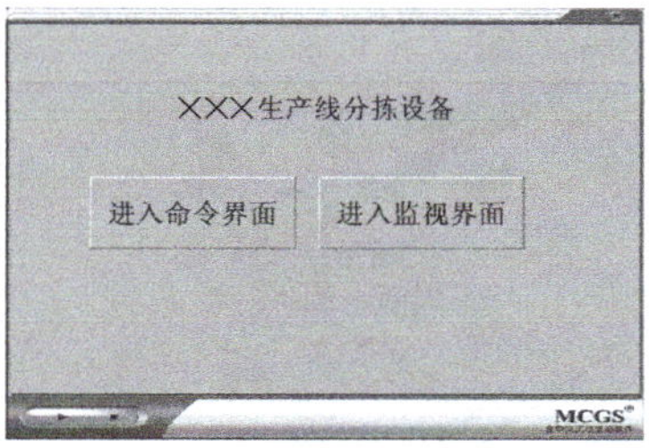

图 7-2　人机界面首页

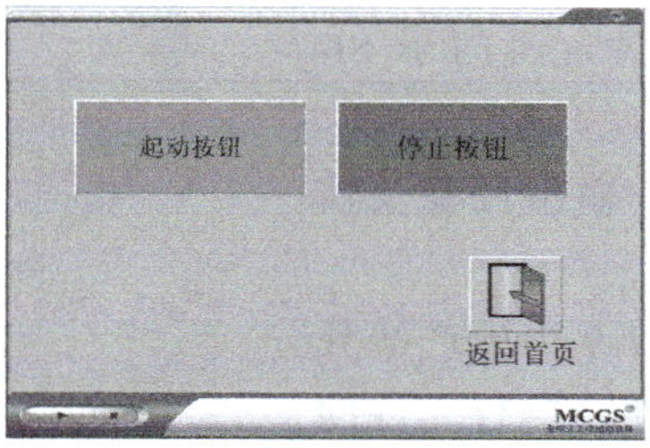

图 7-3　命令界面

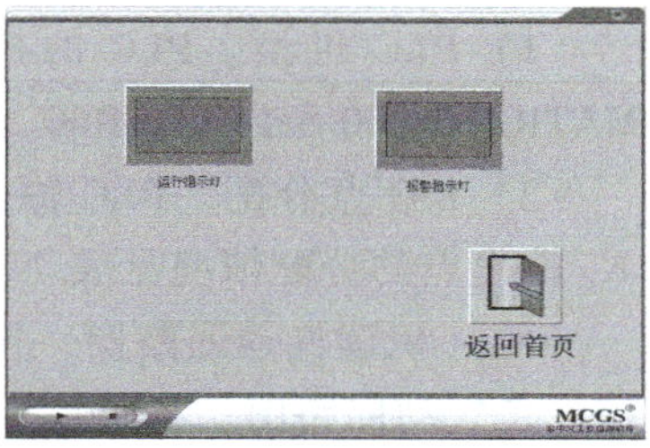

图 7-4　监视界面

（2）识读装配示意图　如图 7-5 所示，A 点位置的传感器为电感式传感器，只能检测金属，不能识别黑色塑料物料，程序采用了延时的方法，实现黑色塑料物料被传送至 A 点位置时停止，所以要求各料槽、起动推料传感器及落料口的安装尺寸误差要小。

1）结构组成。生产线分拣设备自右向左由落料口、传送带、料槽分拣装置、料台、机械手、物料料盘和触摸屏等组成，A 点位置设有电感式传感器（金属）、B 点位置设有光纤传感器（白色塑料）、C 点设有光纤传感器（黑色塑料），其实物图如图 7-6 所示。

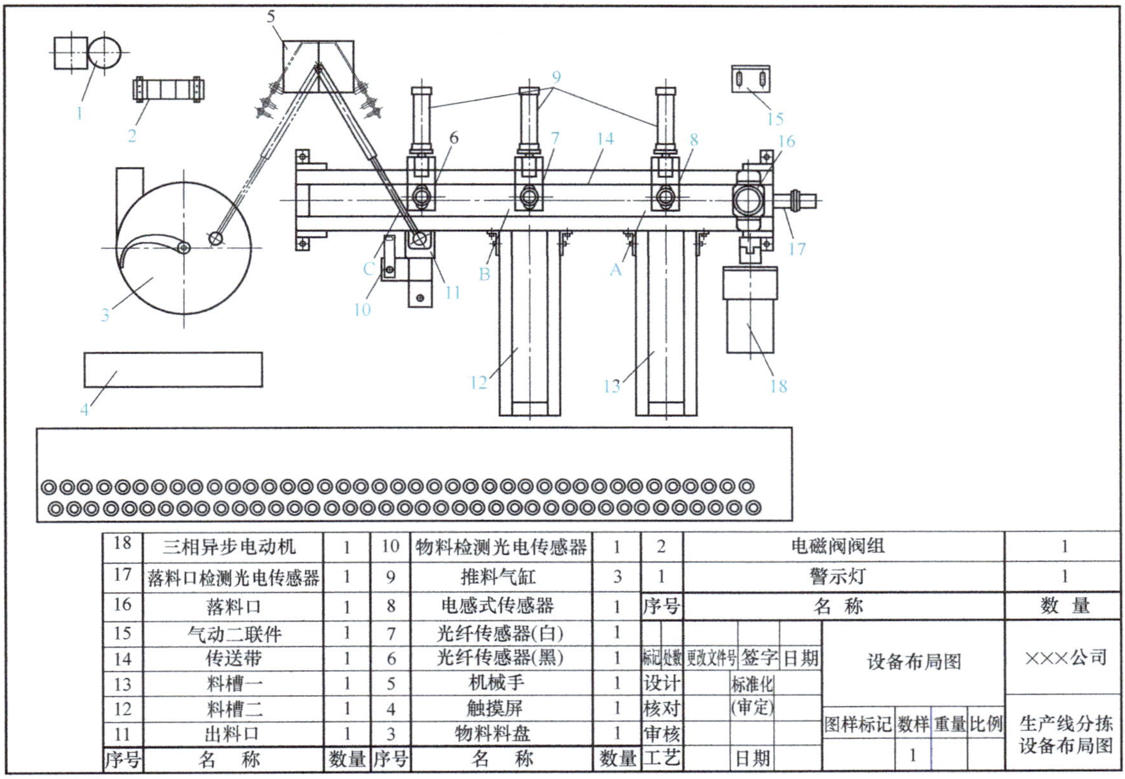

18	三相异步电动机	1	10	物料检测光电传感器	1	2	电磁阀阀组	1
17	落料口检测光电传感器	1	9	推料气缸	3	1	警示灯	1
16	落料口	1	8	电感式传感器	1	序号	名　称	数　量
15	气动二联件	1	7	光纤传感器(白)	1			
14	传送带	1	6	光纤传感器(黑)	1			
13	料槽一	1	5	机械手	1			
12	料槽二	1	4	触摸屏	1			
11	出料口	1	3	物料料盘	1			
序号	名　称	数量	序号	名　称	数量			

标记	处数	更改文件号	签字	日期	设备布局图			×××公司
设计		标准化						
核对		(审定)			图样标记	数样	重量	比例
审核								生产线分拣设备布局图
工艺		日期				1		

图 7-5　生产线分拣设备布局图

2）尺寸分析。生产线分拣设备各部件的定位尺寸如图 7-7 所示。

（3）识读电路图　图 7-8 为生产线分拣设备控制电路图。

1）PLC 机型。PLC 的机型为西门子 SIMATIC S7-200 SMART SR60。

2）I/O 点分配。PLC 输入/输出设备及输入/输出点的分配情况见表 7-1。

（4）识读气动回路图　图 7-9 为生产线分拣设备气动回路图，各控制元件、执行元件的工作状态见表 7-2。

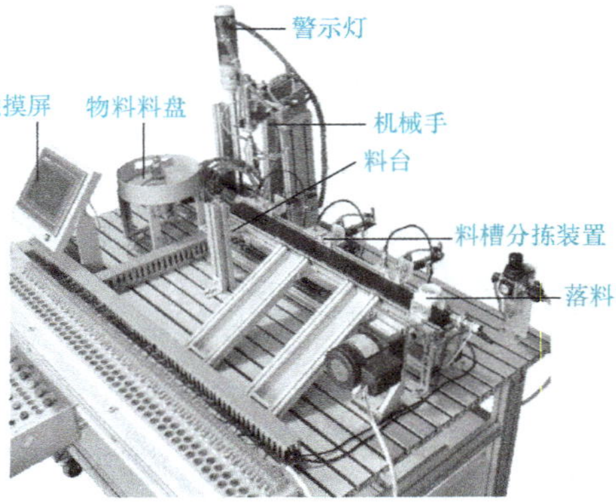

图 7-6　生产线分拣设备

表 7-1　输入/输出设备及 I/O 点分配表

输入			输出		
元件代号	功能	输入点	元件代号	功能	输出点
SB1	起动按钮	I0.0	YV1	旋转气缸右旋	Q0.0
SB2	停止按钮	I0.1	YV2	旋转气缸左旋	Q0.1
SCK1	气动手爪传感器	I0.2	YV3	手爪夹紧	Q0.3
SQP1	旋转左限位传感器	I0.3	YV4	手爪放松	Q0.4
SQP2	旋转右限位传感器	I0.4	YV5	提升气缸活塞杆下降	Q0.5
SCK2	气动手臂伸出传感器	I0.5	YV6	提升气缸活塞杆上升	Q0.6
SCK3	气动手臂缩回传感器	I0.6	YV7	伸缩气缸活塞杆伸出	Q0.7
SCK4	手爪提升限位传感器	I0.7	YV8	伸缩气缸活塞杆缩回	Q1.0
SCK5	手爪下降限位传感器	I1.0	YV9	驱动推料一气缸活塞杆伸出	Q1.1
SQP3	物料检测光电传感器	I1.1	YV10	驱动推料二气缸活塞杆伸出	Q1.2
SCK6	推料一气缸伸出限位传感器	I1.2	YV11	驱动推料三气缸活塞杆伸出	Q1.3
SCK7	推料一气缸缩回限位传感器	I1.3	HA	蜂鸣器报警	Q1.4
SCK8	推料二气缸伸出限位传感器	I1.4	IN1	警示灯绿灯	Q1.6
SCK9	推料二气缸缩回限位传感器	I1.5	IN2	警示灯红灯	Q1.7
SCK10	推料三气缸伸出限位传感器	I1.6	DIN1	变频器低速	Q2.0
SCK11	推料三气缸缩回限位传感器	I1.7	DIN4	变频器反转	Q2.3
SQP4	起动推料一气缸传感器	I2.0			
SQP5	起动推料二气缸传感器	I2.1			
SQP6	起动推料三气缸传感器	I2.2			
SQP7	落料口光电检测传感器	I2.3			

表 7-2　控制元件、执行元件状态一览表

电磁换向阀的线圈得电情况											执行元件状态	机构任务
YV1	YV2	YV3	YV4	YV5	YV6	YV7	YV8	YV9	YV10	YV11		
+	−										旋转气缸正转	手臂右旋
−	+										旋转气缸反转	手臂左旋
		+	−								气动手爪夹紧	抓料
		−	+								气动手爪放松	放料
				+	−						提升气缸活塞杆伸出	手爪下降
				−	+						提升气缸活塞杆缩回	手爪上升

（续）

电磁换向阀的线圈得电情况											执行元件状态	机构任务
YV1	YV2	YV3	YV4	YV5	YV6	YV7	YV8	YV9	YV10	YV11		
						+	−				伸缩气缸活塞杆伸出	手臂伸出
						−	+				伸缩气缸活塞杆缩回	手臂缩回
								+			推料一气缸活塞杆伸出	分拣符合料槽一要求物料
								−			推料一气缸活塞杆缩回	等待分拣
									+		推料二气缸活塞杆伸出	分拣符合料槽二要求物料
									−		推料二气缸活塞杆缩回	等待分拣
										+	推料三气缸活塞杆伸出	分拣不符合要求物料
										−	推料三气缸活塞杆缩回	等待分拣

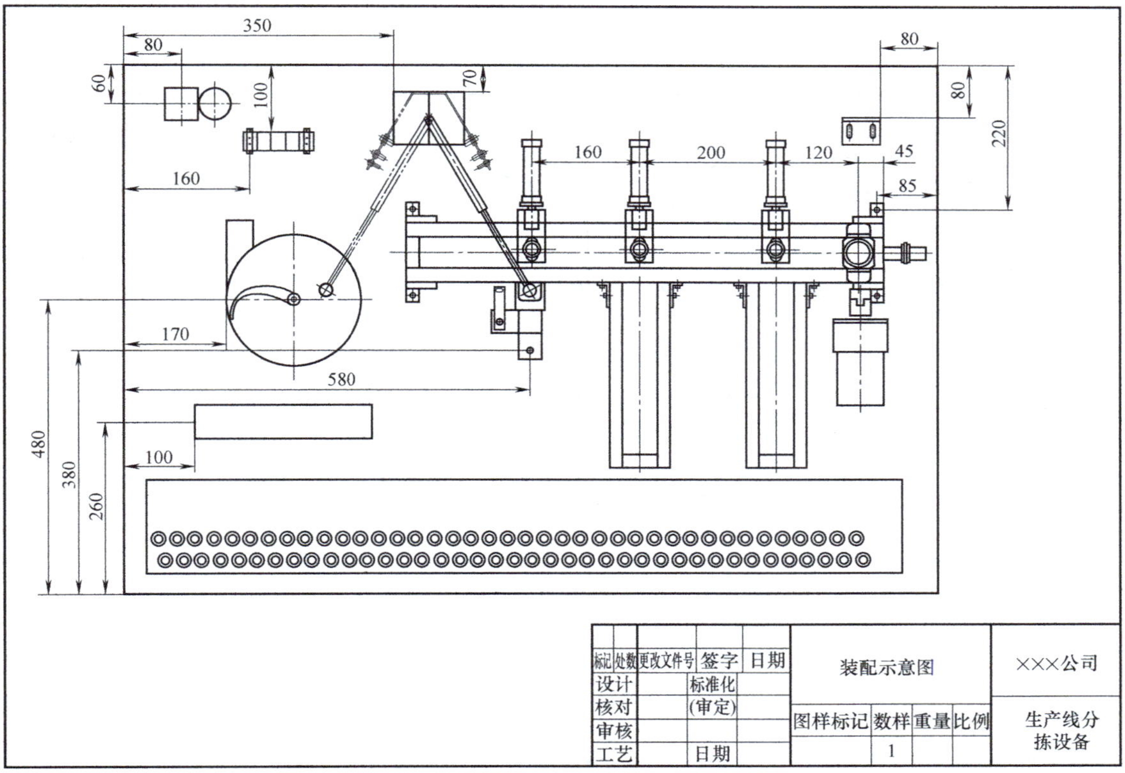

图 7-7　生产线分拣设备装配示意图

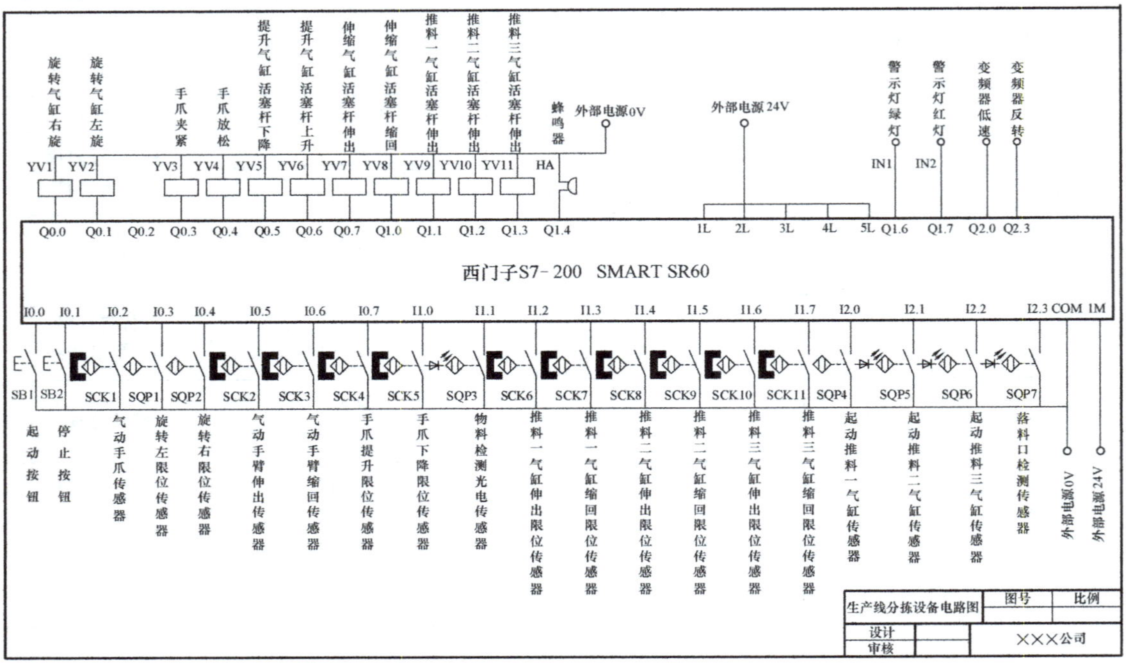

图 7-8 生产线分拣设备控制电路图

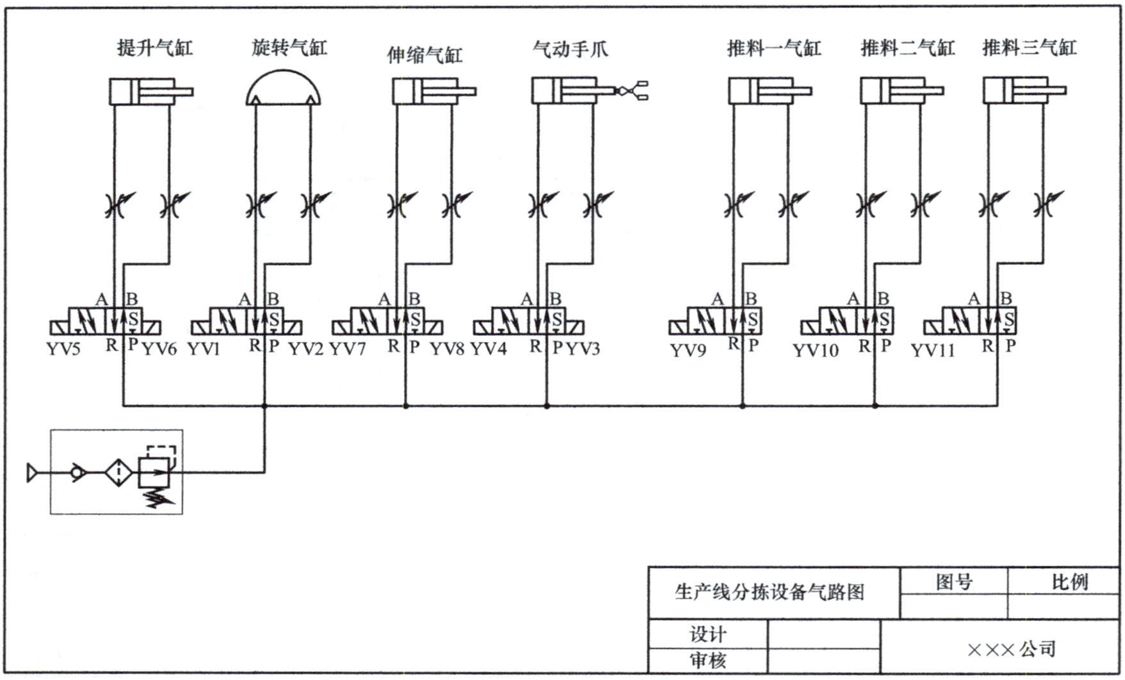

图 7-9 生产线分拣设备气路图

（5）识读梯形图　图 7-10 为生产线分拣设备控制程序。

1）起停控制。按下 SB1 或触摸人机界面上的起动按钮，I0.0 为 ON，M3.0 为 ON，设备所有准备就绪，继电器 M2.0 为 ON，将 M1.0、S0.0、S0.1 状态置位，将所有的寄存器清零。触摸停止按钮，I0.1 为 ON，M3.1 为 ON，M1.1 置位，当机械手控制完成，S3.4 为 ON；分拣控制执行完成，S1.4 为 ON，这时 M1.0、M1.1、S3.4、S1.4 复位，故程序执行完当前工作循环后停止。

2）报警控制。I2.3 为 OFF，S0.0 为 ON 时，定时器 T111 开始计时 10s。时间到，M6.1 置位，Q1.6 为 OFF，警示灯绿灯熄灭；同时 Q1.7、Q1.4 为 ON，警示灯红灯闪烁，蜂鸣器发出报警声。当触摸停止按钮时，M6.1 复位，报警停止。

3）机械手复位控制。设备起动后，M1.0 为 ON，执行机械手的复位子程序：机械手手爪放松、手爪上升、手臂缩回、手臂向右旋转至右侧限位处停止。

4）搬运物料。设备起动后，S0.1 置位，I0.2 为 OFF，I0.4 为 ON，I0.6 为 ON，I0.7 为 ON，M0.0 为 ON，机械手准备就绪，M5.1 为 ON，当送料机构出料口有物料时，I1.1 为 ON，M5.1 为 ON，稳定 0.5s 到，激活 S3.0 状态→I0.5 为 OFF，I0.6 为 ON，Q0.7 置位，手臂伸出→I0.5 为 ON，I0.7 为 ON，Q0.7 复位、Q0.5 置位，手爪下降→I1.0 为 ON，I0.2 为 OFF，Q0.5 复位、Q0.3 置位，手爪夹紧→I0.2 为 ON，Q0.3 复位，T107 计时 0.5s 到，激活 S3.1 状态→I0.2 为 ON，I1.0 为 ON，Q0.6 置位，手爪上升→I0.7 为 ON，I0.5 为 ON，Q0.6 复位、Q1.0 置位，手臂缩回→I0.6 为 ON，I0.4 为 ON，Q1.0 复位、Q0.1 置位，手臂左旋→I0.3 为 ON，Q0.1 复位，T108 计时 0.5s 到，激活 S3.2 状态→I0.5 为 OFF，Q0.7 置位，手臂伸出→I0.5 为 ON，I0.7 为 ON，I0.2 为 ON，Q0.7 复位、Q0.4 置位，手爪放松→I0.5 为 ON，I0.2 为 OFF，Q0.4 复位，I0.2 为 OFF，Q0.4 为 OFF，激活 S3.3 状态→I0.5 为 ON，I0.2 为 OFF，Q1.0 置位，手臂缩回→I0.6 为 ON，I0.3 为 ON，Q1.0 复位、Q0.0 置位，手臂右旋→I0.4 为 ON，Q0.0 复位，T110 计时 0.5s 到，激活 S3.4 状态，1s 后激活 S0.1 状态，开始新的循环。

5）传送物料。触摸屏起动或系统起动后，M1.0 为 ON，S0.0 状态激活。当落料口检测到物料时，I2.3 为 ON，M1.0 为 ON，M1.1 为 OFF，Q2.0、Q2.3 置位，传送带自右向左低速传送物料。

同时 T125 开始计时，若 I2.3 接通时间小于 0.8s（时间设定值要根据实际情况修正），可判别物料为黑色塑料物料，将数据传送到寄存器 VB0 中，VB0 为 1，物料为黑色物料；若 I2.3 接通时间大于 0.8s，VB0 为 2，物料为白色物料；若 I2.0 为 ON，VB0 为 3，物料为金属物料。

6）分拣物料。分拣程序有三个分支，根据物料的性质选择不同分支执行。

① 料槽一物料的判别。物料由落料口传送到料槽一位置时间为 1.7s（时间设定值要根据实际情况修正），料槽一内物料个数由 VW10 计数，若料槽内无物料 VW10 为 0，VB0 为 3，则料槽一金属标志 VW100 为 1；若料槽内无物料 VW10 为 0，VB0 为 1，则料槽一黑色物料标志 VW104 为 1。

② 料槽一物料的组合分拣。

料槽一第一个物料的分拣（组合不分先后），物料由落料口传送到料槽一位置时，T125 为 1.7s，料槽内无物料 VW10 为 0，VB0 为 3 或 VB0 为 1，落料口传送物料为金属物料或黑色物料，满足料槽一的第一个物料分拣要求，激活状态 S1.1，Q2.0、Q2.3 复位，Q1.1 置位，气缸一活塞杆伸出将金属或黑色物料推入料槽一内。活塞杆伸出到位后，I1.2 为 ON，Q1.1 复位，激活状态 S1.4，T102 计时 1s，将 VB0 数据清零，T102 计时到，I1.1=OFF，激活状态 S0.0，开始新的循环。

料槽一第二个物料的分拣，物料由落料口传送到料槽一位置时，T125=1.7s，料槽内有物料 VW10 为 1，若 VW100 为 1 料槽内物料为金属，当 VB0 为 1 时，来料为黑色物料，（若 VW104 为 1 料槽内物料为黑色，当 VB0 为 3 时，来料为金属物料）满足料槽一的第二个物料的分拣要求，激活状态 S1.1，Q2.0、Q2.3 复位，Q1.1 置位，气缸一活塞杆伸出将金属或黑色物料推入料槽一内。活塞杆伸出到位后，I1.2 为 ON，Q1.1 复位，激活状态 S1.4，T102 计时，1s，将 VB0 数据清零，T102 计时到，I1.1 为 OFF，激活状态 S0.0，开始新的循环。

③ 料槽二物料的判别。物料由落料口传送到料槽二位置时间为 4s（时间设定值要根据实际情况修正），料槽二内物料个数由 VW14 计数，若料槽内无物料 VW14 为 0，VB0 为 3，料槽二金属标志 VW108 为 1；若料槽内无物料 VW14 为 0，VB0 为 2，料槽二白色物料标志 VW112 为 1。

④ 料槽二物料的组合分拣。

料槽二第一个物料的分拣（组合不分先后），物料由落料口传送到料槽二位置时，T125 为 4s，料槽内无物料 VW14 为 0，VB0 为 3 或 VB0 为 2，落料口传送物料为金属物料或白色物料，满足料槽二的第一个物料分拣要求，激活状态 S1.2，Q2.0、Q2.3 复位，Q1.2 置位，气缸二活塞杆伸出将金属或白色物料推入料槽二内。活塞杆伸出到位后，I1.4 为 ON，Q1.2 复位，激活状态 S1.4，T102 计时 1s，将 VB0 数据清零，T102 计时到，I1.1 为 OFF，激活状态 S0.0，开始新的循环。

料槽二第二个物料的分拣，物料由落料口传送到料槽二位置时，T125 为 4s，料槽内有物料 VW14=1，若 VW108 为 1 料槽内物料为金属物料，当 VB0=2 时，来料为白色物料，（若 VW112 为 1 料槽内物料为白色物料，当 VB0 为 3 时，来料为金属物料）满足料槽一的第二个物料的分拣要求，激活状态 S1.2，Q2.0、Q2.3 复位，Q1.2 置位，气缸二活塞杆伸出将金属或白色物料推入料槽二内。活塞杆伸出到位后，I1.4=ON，Q1.2 复位，激活状态 S1.4，T102 计时 1s，将 VB0 数据清零，T102 计时到，I1.1 为 OFF，激活状态 S0.0，开始新的循环。

⑤ 不满足料槽一、料槽二条件的物料，均为不符合要求物料，均由传送带向左传送到料台，I2.2 为 ON，0.2s 后激活状态 S1.3，Q2.0、Q2.3 复位，Q1.3 置位，气缸三活塞杆伸出将不合格物料推入料台内。活塞杆伸出到位后，I1.6 为 ON，Q1.3 复位，激活状态 S1.4，T102 计时 1s，将 VB0 数据清零，T102 计时到，I1.1=OFF，激活状态 S0.0，开始新的循环。

⑥ 设备起动后，调用推料计数子程序。推料一气缸伸出，Q1.1 为 ON，VW10 加 1 计数，当 VW10 为 2 时，料槽一的一次组合完成，VW10、VW100、VW104 清零；推料二气缸伸出，Q1.2 为 ON，VW14 加 1 计数，当 VW14 为 2 时，料槽二的一次组合完成，VW14、VW108、VW112 清零。

（6）制订施工计划　生产线分拣设备的组装与调试流程如图 7-11 所示。以此为依据，施工人员填写表 7-3，合理制订施工计划，确保在额定时间内完成规定的施工任务。

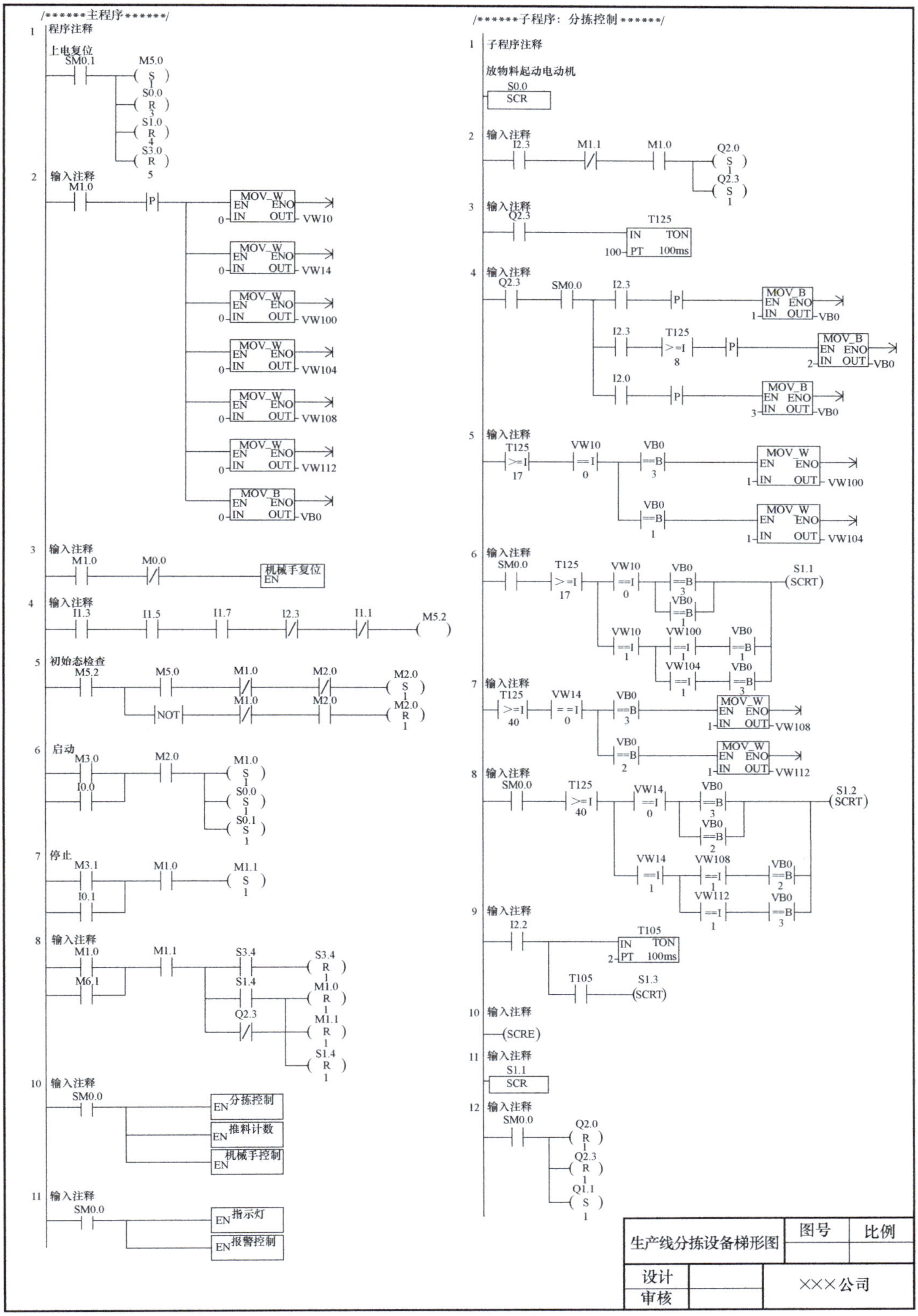

图 7-10 生产线分拣设备梯形图

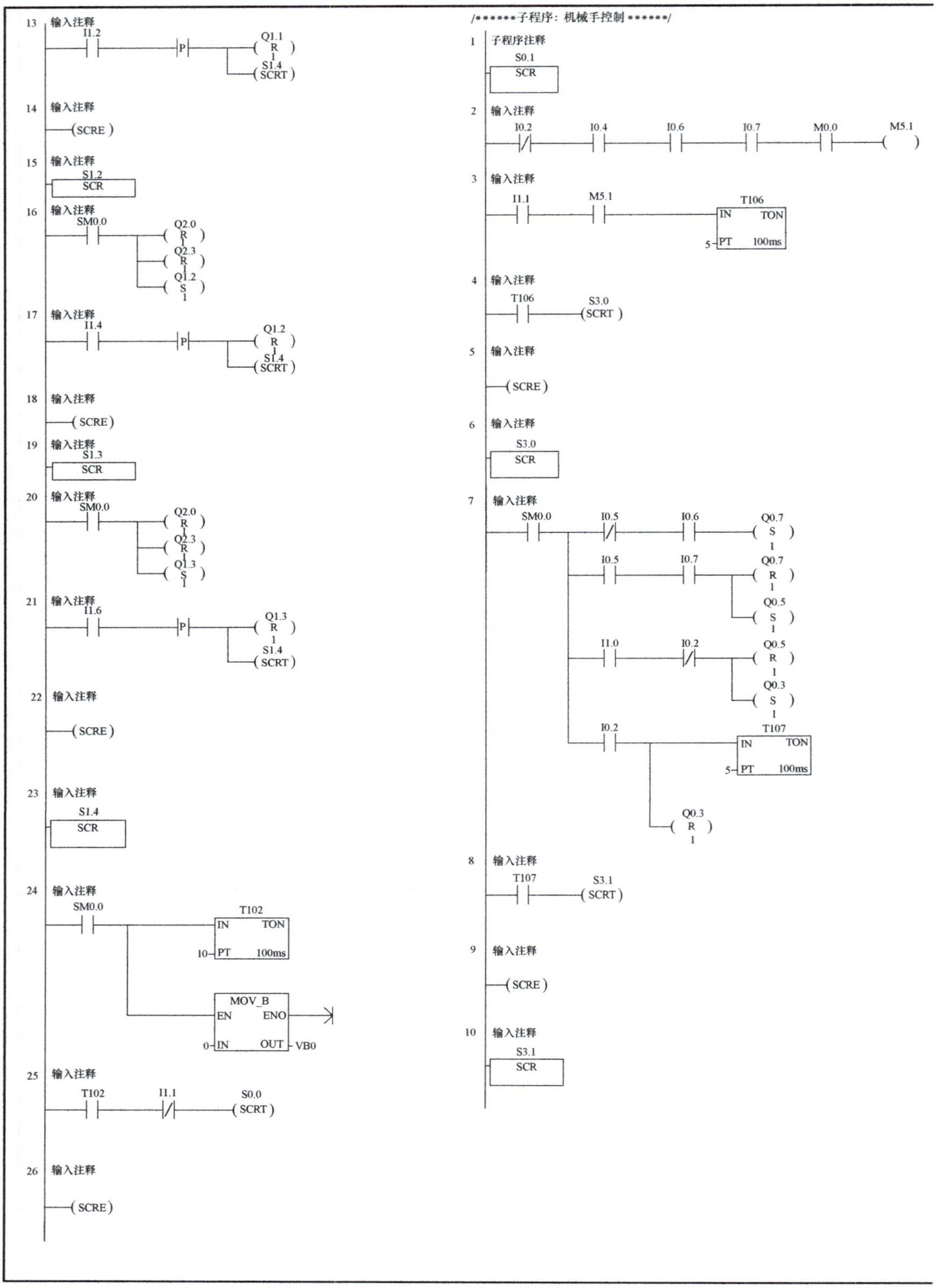
13 输入注释
I1.2 P Q1.1 R 1 S1.4 SCRT
14 输入注释
SCRE
15 输入注释
S1.2 SCR
16 输入注释
SM0.0 Q2.0 R 1 Q2.3 R 1 Q1.2 S 1
17 输入注释
I1.4 P Q1.2 R 1 S1.4 SCRT
18 输入注释
SCRE
19 输入注释
S1.3 SCR
20 输入注释
SM0.0 Q2.0 R 1 Q2.3 R 1 Q1.3 S 1
21 输入注释
I1.6 P Q1.3 R 1 S1.4 SCRT
22 输入注释
SCRE
23 输入注释
S1.4 SCR
24 输入注释
SM0.0 T102 IN TON 10 PT 100ms
MOV_B EN ENO 0 IN OUT VB0
25 输入注释
T102 I1.1 S0.0 SCRT
26 输入注释
SCRE
/******子程序：机械手控制******/
1 子程序注释
S0.1 SCR
2 输入注释
I0.2 I0.4 I0.6 I0.7 M0.0 M5.1
3 输入注释
I1.1 M5.1 T106 IN TON 5 PT 100ms
4 输入注释
T106 S3.0 SCRT
5 输入注释
SCRE
6 输入注释
S3.0 SCR
7 输入注释
SM0.0 I0.5 I0.6 Q0.7 S 1
I0.5 I0.7 Q0.7 R 1 Q0.5 S 1
I1.0 I0.2 Q0.5 R 1 Q0.3 S 1
I0.2 T107 IN TON 5 PT 100ms
Q0.3 R 1
8 输入注释
T107 S3.1 SCRT
9 输入注释
SCRE
10 输入注释
S3.1 SCR

图 7-10　生产线分拣

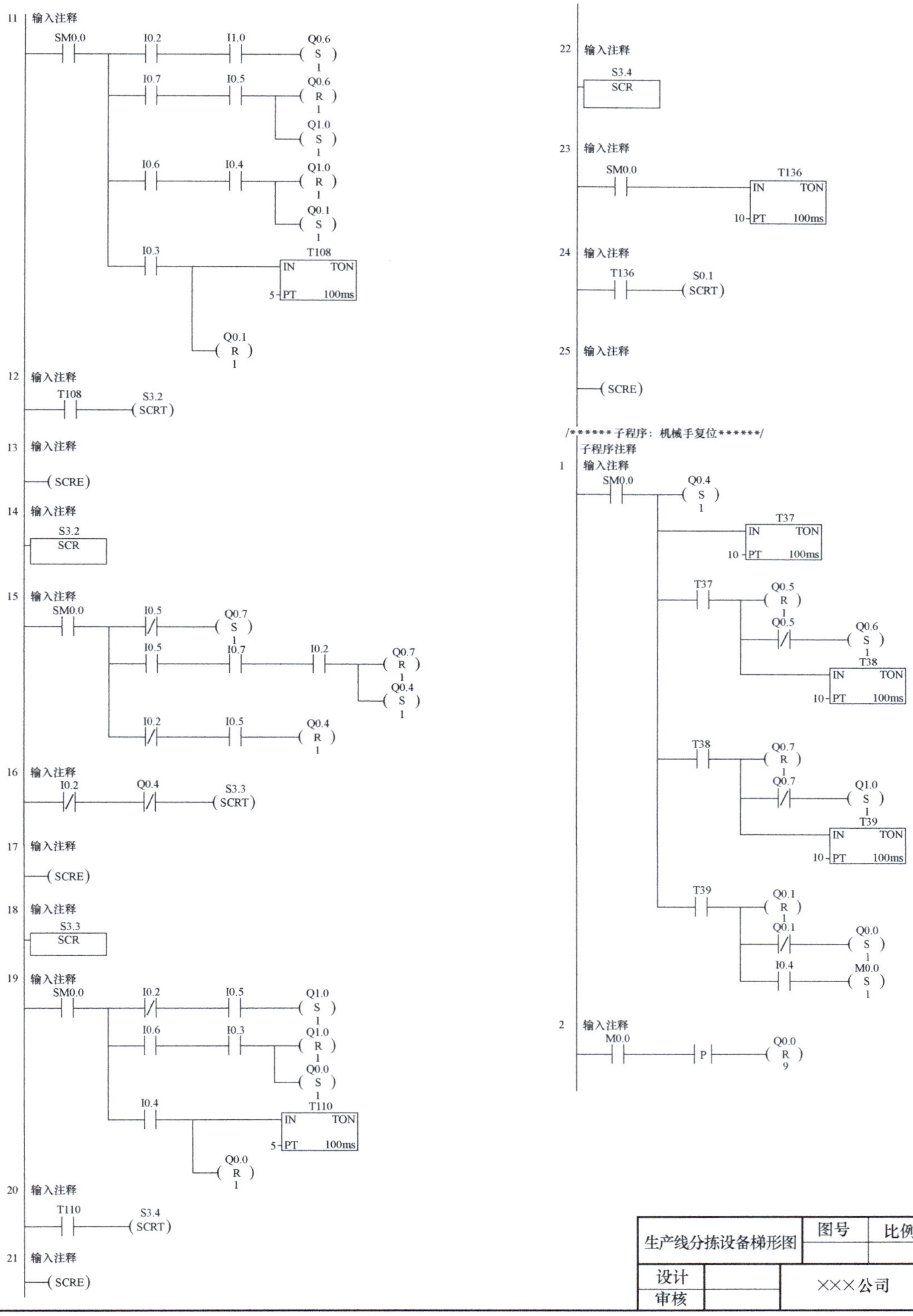

生产线分拣设备梯形图	图号	比例

设计		×××公司
审核		

图 7-10　生产线分拣设备梯形图（续）

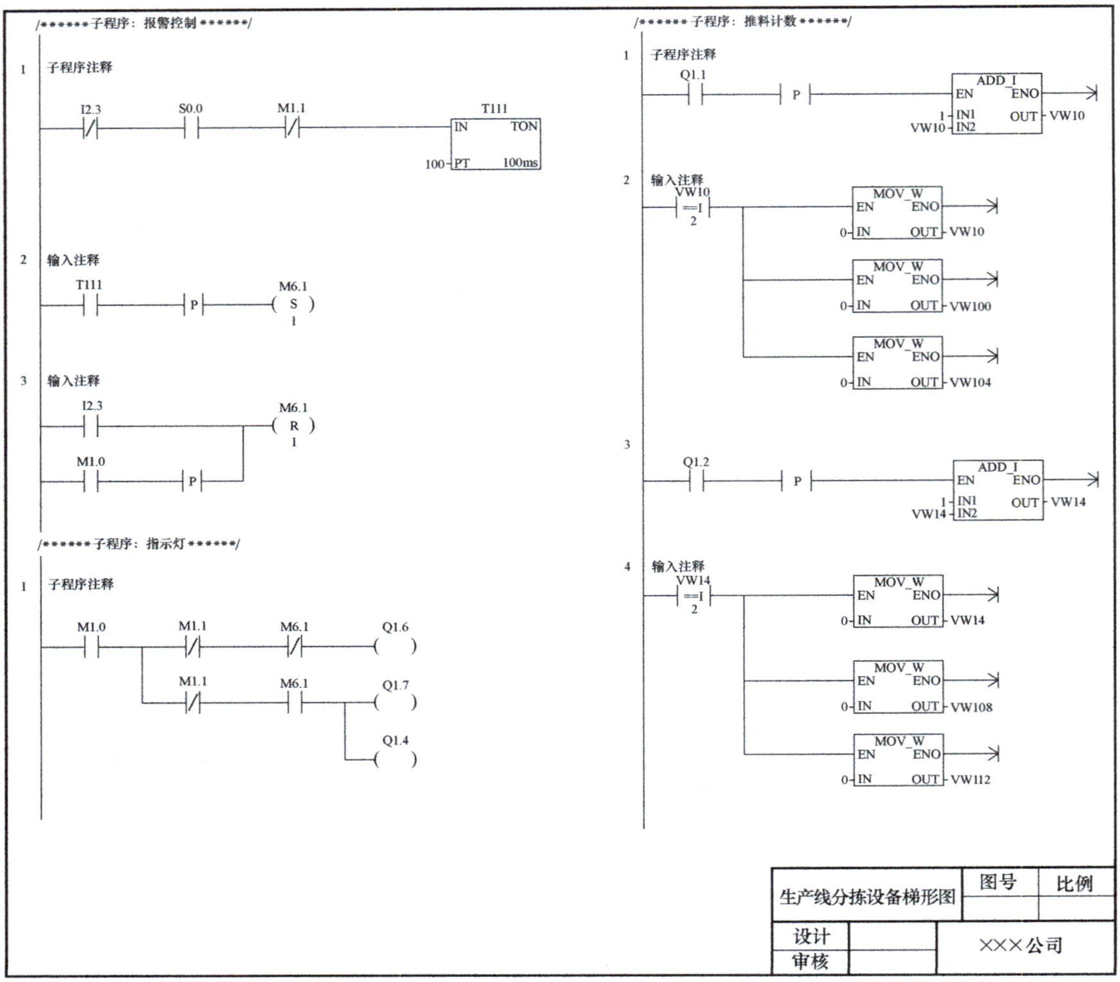

图 7-10 生产线分拣设备梯形图（续）

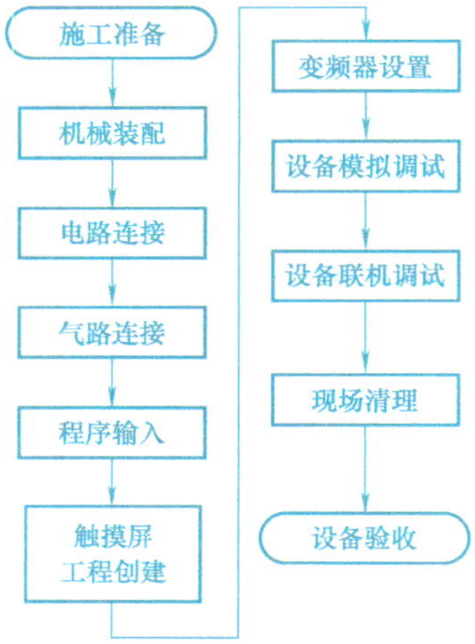

图 7-11 生产线分拣设备的组装与调试流程图

表 7-3　施工计划表

设备名称		施工日期	总工时/h	施工人数		施工负责人
×××生产线分拣设备						
序号	施工任务			施工人员	工序定额	备注
1	阅读设备技术文件					
2	机械装配、调整					
3	电路连接、检查					
4	气路连接、检查					
5	程序输入					
6	触摸屏工程创建					
7	设置变频器参数					
8	设备模拟调试					
9	设备联机调试					
10	现场清理，技术文件整理					
11	设备验收					

2. 施工准备

（1）设备清点　检查设备部件是否齐全，并归类放置。生产线分拣设备清单见表 7-4。

表 7-4　设备清单

序号	名称	型号规格	数量	单位	备注
1	直流减速电动机	24V	1	只	
2	物料料盘		1	个	
3	料盘支架		2	个	
4	物料支架		1	套	
5	警示灯及其支架	两色、闪烁	1	套	
6	伸缩气缸套件	CXSM15-100	1	套	
7	提升气缸套件	CDJ2KB16-75-B	1	套	
8	手爪套件	MHZ2-10D1E	1	套	
9	旋转气缸套件	CDRB2BW20-180S	1	套	
10	机械手固定支架		1	套	
11	缓冲器		2	只	
12	传送带套件	50cm×700cm	1	套	
13	推料气缸套件	CDJ2KB10-60-B	3	套	
14	料槽套件		2	套	
15	电动机及安装套件	380V、25W	1	套	
16	落料口		1	只	
17	光电传感器及其支架	E3Z-LS61	1	套	出料口
18		GO12-MDNA-A	1	套	落料口
19	电感式传感器	NSN4-2M60-E0-AM	3	套	
20	光纤传感器及其支架	E3X-NA11	2	套	
21	磁性传感器	D-59B	1	套	手爪紧松
22		SIWKOD-Z73	2	套	手臂伸缩
23		D-C73	8	套	手爪升降推料限位
24	PLC 模块	YL087、S7-200 SMART SR60	1	块	
25	变频器模块	MM420	1	块	
26	触摸屏及通信线	昆仑通态 TPC7062KS	1	套	
27	按钮模块	YL157	1	块	
28	电源模块	YL046	1	块	
29	螺钉	不锈钢内六角螺钉 M6×12	若干	只	
30		不锈钢内六角螺钉 M4×12	若干	只	
31		不锈钢内六角螺钉 M3×10	若干	只	

（续）

序号	名称	型号规格	数量	单位	备注
32	螺母	椭圆形螺母 M6	若干	只	
33		M4	若干	只	
34		M3	若干	只	
35	垫圈	$\phi 4$	若干	只	

（2）工具清点　设备组装工具见表 7-5，施工人员应清点工具的数量，同时认真检查其性能是否完好。

表 7-5　工具清单

序号	名称	规格、型号	数量	单位
1	工具箱		1	只
2	螺钉旋具	一字、100mm	1	把
3	钟表螺钉旋具		1	套
4	螺钉旋具	十字、150mm	1	把
5	螺钉旋具	十字、100mm	1	把
6	螺钉旋具	一字、150mm	1	把
7	斜口钳	150mm	1	把
8	尖嘴钳	150mm	1	把
9	剥线钳		1	把
10	内六角扳手（组套）	PM-C9	1	套
11	万用表		1	只

三、实施任务

根据制订的施工计划，按顺序对生产线分拣设备实施组装，施工过程中应及时调整施工进度，保证定额。施工时必须严格遵守安全操作规程，加强安全保障措施，确保人身和设备安全。

1. 机械装配

（1）机械装配前的准备　按照要求清理现场、准备图样及工具，并安排装配流程。参考流程如图 7-12 所示。

（2）机械装配步骤　根据确定的设备组装顺序组装生产线分拣设备。

1）画线定位。

2）组装传送装置。参考图 7-13，组装传送带。

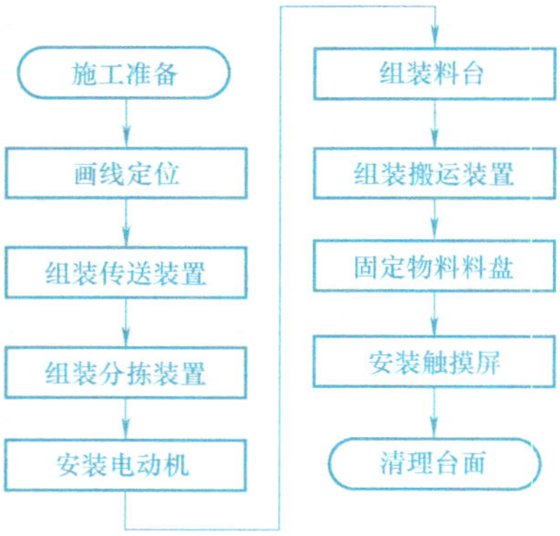

图 7-12　机械装配流程图

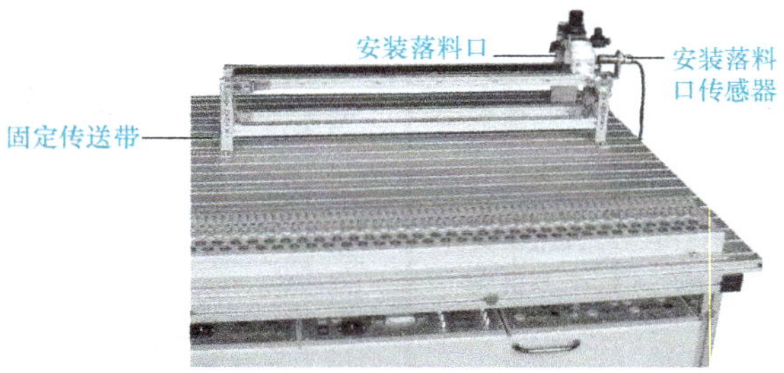

图 7-13　组装传送带

① 安装传送带脚支架。

② 在传送带的右侧（电动机侧）固定落料口，并保证物料落放准确、平稳。

③ 安装落料口传感器。

④ 将传送带固定在定位处。

3）组装分拣装置。参考图 7-14，组装分拣装置。

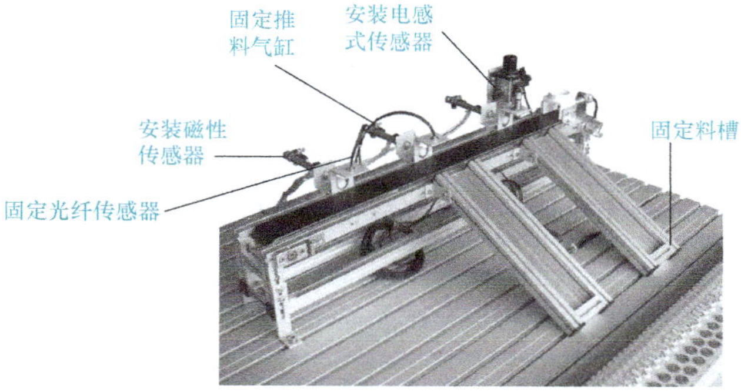

图 7-14　组装分拣装置

① 组装起动推料传感器。

② 组装推料气缸。

③ 固定、调整料槽及其对应的推料气缸，使二者在同一中心线上。

4）安装电动机。调整电动机的高度、垂直度，直至电动机与传送带同轴，如图 7-15 所示。

5）组装料台。如图 7-16 所示，在物料支架上装好出料口，装上传感器后，将支架固定在定位处，并调整出料口的高度等尺寸。

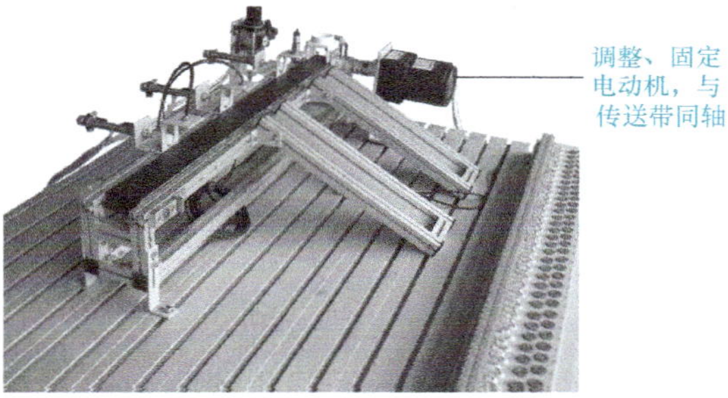

图 7-15　安装电动机

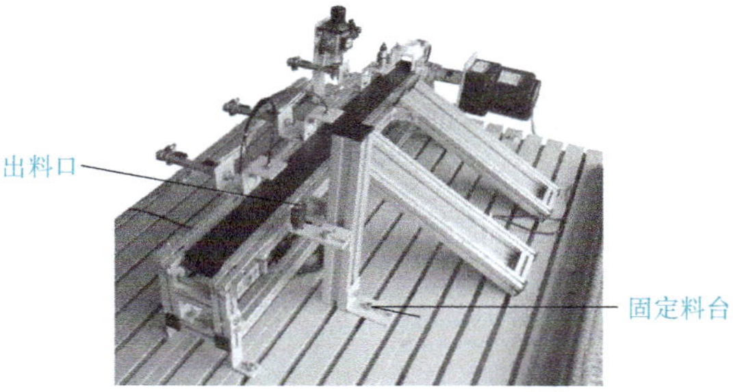

图 7-16　组装料台

6）组装搬运装置。参考图 7-17，组装固定机械手。

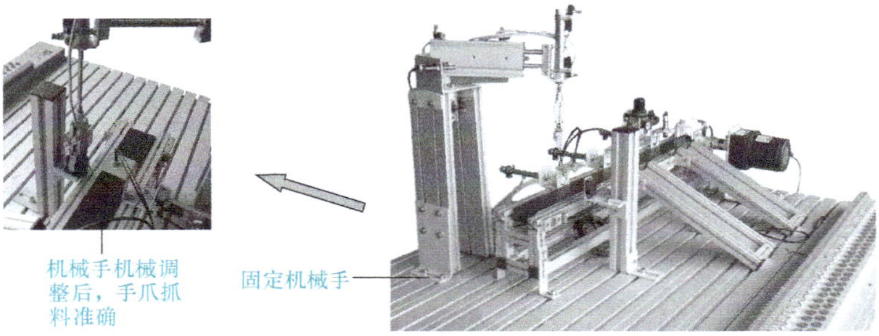

图 7-17　固定、调整机械手

① 安装旋转气缸。

② 组装机械手支架。

③ 组装机械手手臂。

④ 组装提升臂。

⑤ 安装手爪。

⑥ 固定磁性传感器。

⑦ 固定左右限位装置。

⑧ 固定机械手，调整机械手摆幅、高度等尺寸，使机械手能准确地将料台内的物料取出。

7）固定物料料盘。如图 7-18 所示，装好物料料盘，并将其固定在定位处。调整后，机械手能准确无误地将物料释放至料盘内。

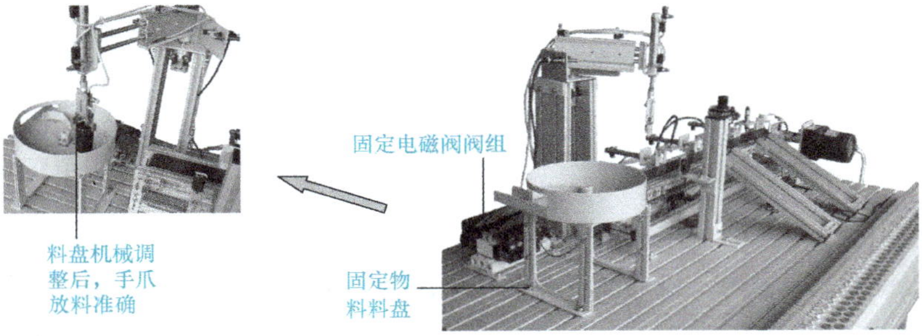

图 7-18 固定物料料盘

8）固定触摸屏。如图 7-19 所示，将触摸屏固定在定位处。

9）固定警示灯。如图 7-19 所示，将警示灯固定在定位处。

10）清理台面，保持台面无杂物或多余部件。

2. 电路连接

（1）电路连接前的准备　按照要求检查电源状态、准备图样、工具及线号管，并安排电路连接流程。参考流程如图 7-20 所示。

图 7-19 固定触摸屏及警示灯

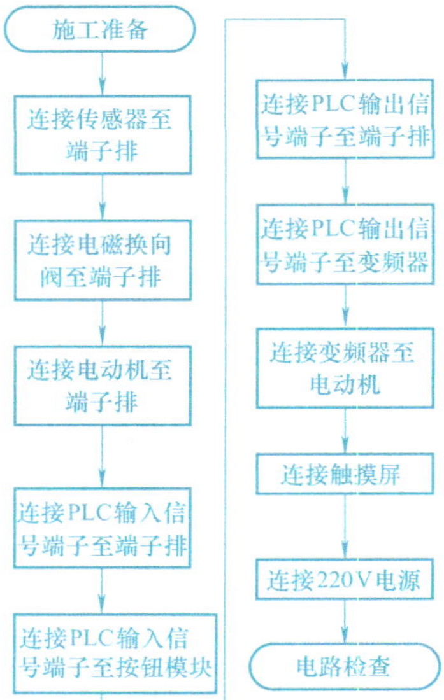

图 7-20 电路连接流程图

（2）电路连接步骤　电路连接应符合工艺、安全规范要求，所有导线应置于线槽内。导线与端子排连接时，应套线号管并及时编号，避免错编漏编。插入端子排的连接线必须接触良好且紧固。接线端子排的功能分配如图 1-17 所示。

1）连接传感器至端子排。

2）连接电磁换向阀至端子排。

3）连接电动机至端子排。

4）连接 PLC 的输入信号端子至端子排。

5）连接 PLC 的输入信号端子至按钮模块。

6）连接 PLC 的输出信号端子至端子排（负载电源暂不连接，待 PLC 模拟调试成功后连接）。

7）连接 PLC 的输出信号端子至变频器。

8）连接变频器至电动机。

9）连接触摸屏的电源输入端子至电源模块中的 24V 直流电源。

10）将电源模块中的单相交流电源引至 PLC 模块。

11）将电源模块中的三相电源和接地中性线引至变频器的主电路输入端子 L1、L2、L3、PE。

12）电路检查。

13）清理台面，工具入箱。

3. 气动回路连接

（1）气路连接前的准备　按照要求检查空气压缩机状态、准备图样及工具，并安排气路连接步骤。

（2）气路连接步骤　根据气路图连接气路。连接时，应避免锐角或直角弯曲，尽量平行布置，力求走向合理且气管最短，如图 7-21 所示。

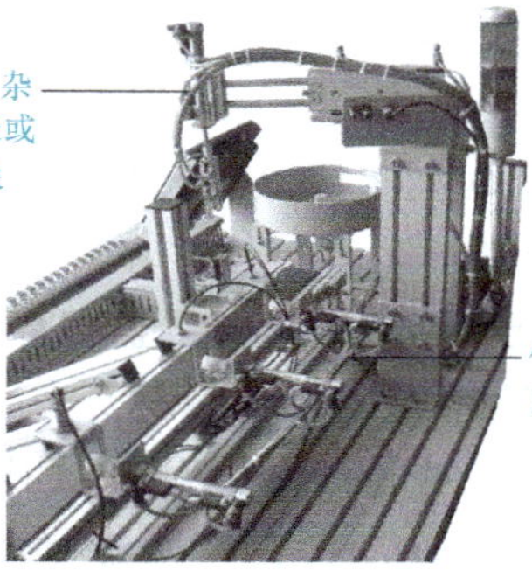

图 7-21　气路连接

1）连接气源。

2）连接执行元件。

3）整理、固定气管。

4）清理台面杂物，工具入箱。

4. 程序输入

启动西门子 PLC 编程软件，输入梯形图，如图 7-10 所示。

1）启动西门子 PLC 编程软件。

2）创建新文件，选择 PLC 类型。

3）输入程序。

4）编译梯形图。

5）保存文件。

5. 触摸屏工程创建

根据设备控制功能创建触摸屏人机界面，其方法参考触摸屏技术文件。

（1）建立工程　工程建立方法与项目六相同。

1）启动 MCGS 组态软件。

2）建立新工程。

（2）组态设备窗口　组态设备窗口方法与项目六相同。

1）进入设备窗口。

2）进入“设备组态：设备窗口”。

3）打开设备构件“设备工具箱”。

4）选择设备构件。

（3）组态用户窗口

1）进入用户窗口。

2）创建新的用户窗口。单击用户窗口中的【新建窗口】按钮，创建三个新的用户窗口“窗口 0”“窗口 1”“窗口 2”。

3）设置用户窗口属性

①“窗口 0”命名为“人机界面首页”。

②“窗口 1”命名为“命令界面”。

③“窗口 2”命名为“监视界面”。

4）创建图形对象。

第一步：创建“人机界面首页”的图形对象。其方法与项目六相同。

① 创建“×××生产线分拣设备”文字标签图形对象。进入动画组态窗口，创建“×××生产线分拣设备”文字标签图形，并定义其属性。

② 创建切换按钮“进入命令界面”图形对象。创建切换按钮“进入命令界面”图形，并定义其属性。

③ 创建切换按钮“进入监视界面”图形对象。创建切换按钮“进入监视界面”图形，并定义其属性。

第二步：创建“命令界面”的图形对象。其方法与项目六相同。

① 创建“起动按钮”图形对象。进入动画组态窗口，创建起动按钮图形，并定义其属性。

② 创建“停止按钮”图形对象。创建停止按钮图形，并定义其属性。

③ 编辑图形对象。

④ 创建切换按钮“返回首页”图形对象。打开“对象元件库管理”对话框，创建切换按钮“返回首页”图形，并定义其属性。

⑤ 创建文字标签“返回首页”图形对象。

第三步：创建“监视界面”的图形对象。

① 创建“运行指示灯”图形对象。进入动画组态窗口。双击用户窗口“监视界面”图标，进入“动画组态监视界面”窗口，创建“指示灯”图形。单击组态软件工具条中的图标，弹出动画组态“工具箱”。

如图 7-22 所示，选择工具箱中的设备构件“插入元件”，弹出图 7-23 所示的“对象元件库管理”对话框，单击对象元件列表中的文件夹“指示灯”，选择“指示灯 6”，单击【确定】即可。

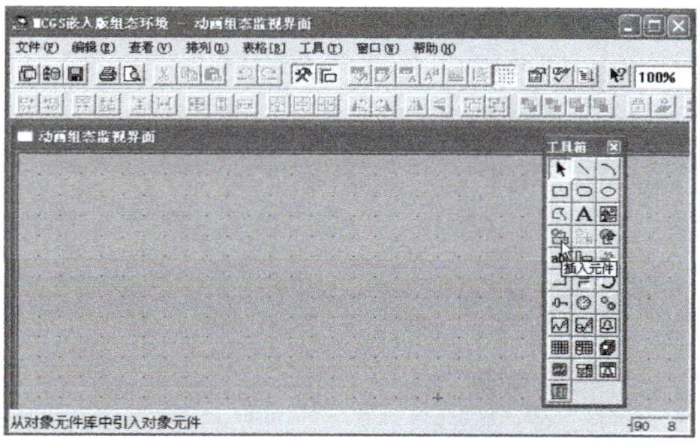

图 7-22　动画组态窗口

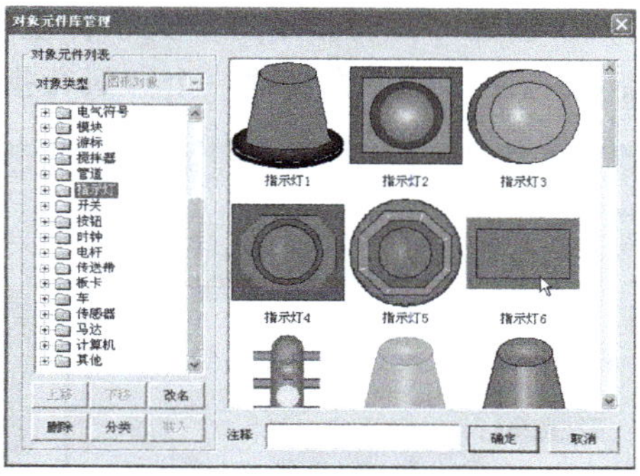

图 7-23　“对象元件库管理”对话框

定义“指示灯”图形属性。双击“指示灯”图形，弹出图 7-24 所示的“单元属性设置”对话框，选择“动画连接”页，单击连接表达式中的 > ，弹出图 7-25 所示的“标签动画组态属性设置”对话框。

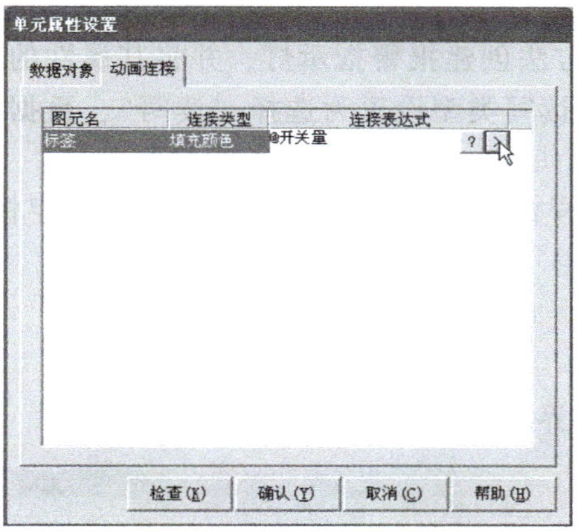

图 7-24　“单元属性设置”对话框

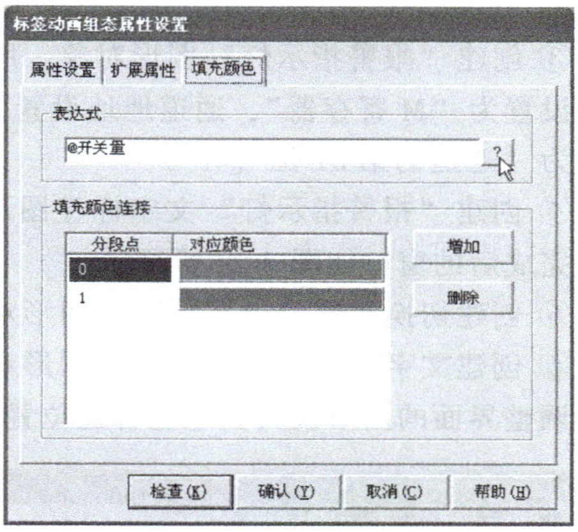

图 7-25　“标签动画组态属性设置”对话框

如图 7-25 所示，选择“填充颜色”页，单击表达式中的 ? ，弹出图 7-26 所示的“变量选择”对话框，选择“根据采集信息生成”，将通道类型设置为“M 寄存器”，通道地址设置为“1”，读写类型设置为“读写”，数据类型设置为“通道的第 00 位”，单击【确认】按钮后的变量表达式的内容显示为图 7-27 所示的“设备 0_读写 M001_0”。

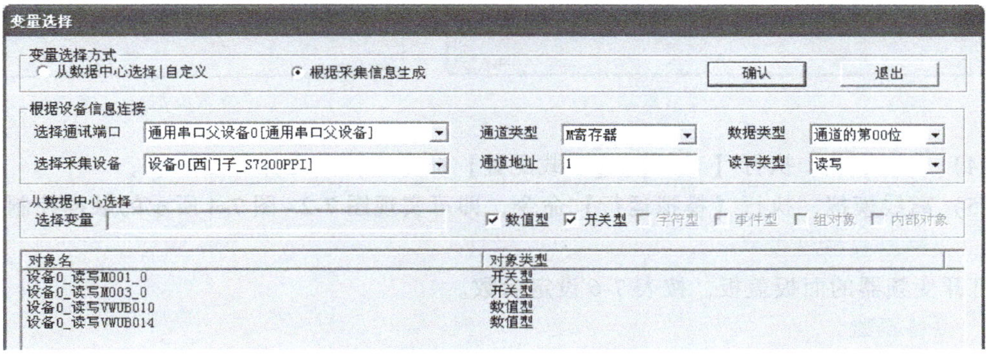

图 7-26　“变量选择”对话框

② 创建“运行指示灯”文字标签图形。如图 7-28 所示，将指示灯调整至合适的大小后，在指示灯的下方创建一个“运行指示灯”文字标签。

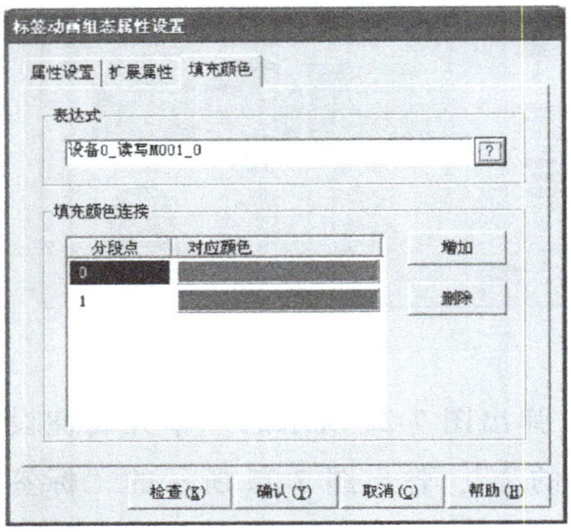

图 7-27 设置完成后的变量表达式

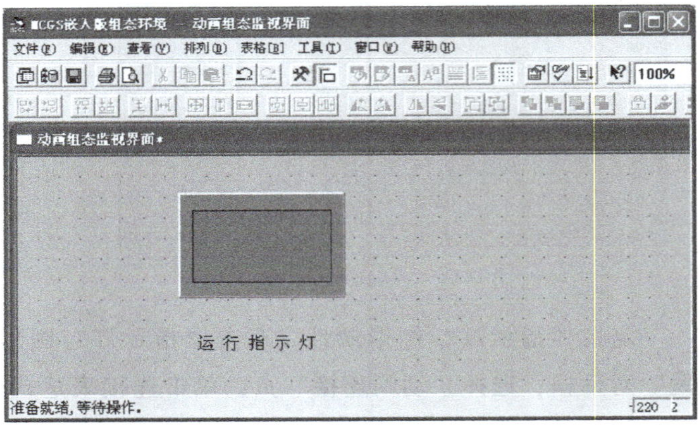

图 7-28 “运行指示灯”文字标签

③ 创建“报警指示灯”图形对象。用同样的方法创建报警指示灯，并将其属性的通道类型设置为“M 寄存器”，通道地址设置为“6”，读写类型设置为选择“读写”，数据类型设置为“通道的第 01 位”。

④ 创建“报警指示灯”文字标签图形。用同样的方法创建“报警指示灯”文字标签，创建完成后的窗口如图 7-29 所示。

⑤ 创建切换按钮“返回首页”图形对象。

⑥ 创建文字标签“返回首页”图形对象。

调整界面的图形及其文字至合适位置后，监视界面便创建完成，如图 7-30 所示。

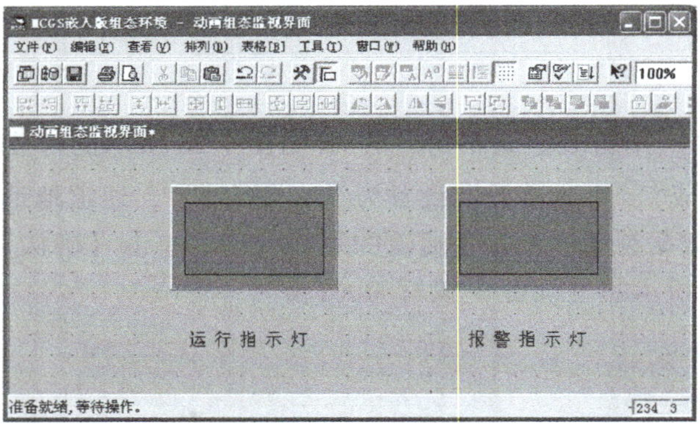

图 7-29 创建完成后的报警指示灯

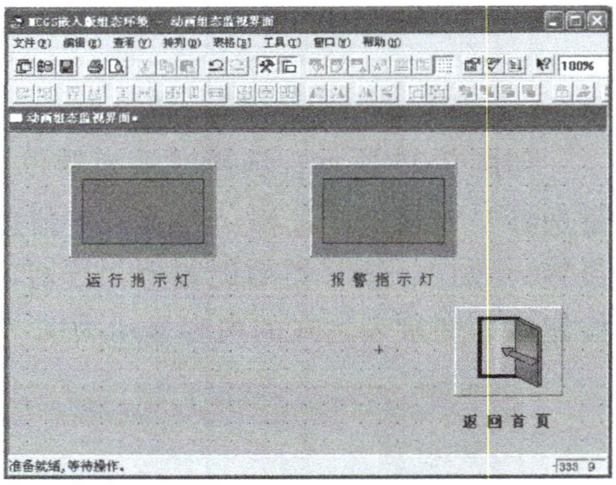

图 7-30 创建完成后的监视界面图形

（4）工程下载 执行【工具】—【下载配置】命令，将工程保存后下载。

（5）离线模拟 执行【模拟运行】命令，即可实现图 7-2～图 7-4 所示的触摸控制功能。

6. 变频器参数设置

打开变频器的面板盖板，按表 7-6 设定参数。

7. 设备调试

（1）设备调试前的准备 按照要求清理设备，检查机械装配、电路连接、气路连接等情况，确认其安全性、正确性。在此基础上确定调试流程，本设备的调试流程如图 7-31 所示。

表 7-6　变频器参数设定表

序号	参数号	名称	设定值	备注
1	P0010	工厂的默认设定值	30	
2	P0970	参数复位	1	
3	P0003	扩展级	2	
4	P0004	全部参数	0	
5	P0010	快速调试	1	
6	P0100	频率默认为 50Hz,功率/kW	0	
7	P0304	电动机额定电压/V	根据实际设定	
8	P0305	电动机额定电流/A	根据实际设定	
9	P0307	电动机额定功率/kW	根据实际设定	
10	P0310	电动机额定频率/Hz	根据实际设定	
11	P0311	电动机额定速度/(r/min)	根据实际设定	
12	P0700	由端子排输入	2	
13	P1000	固定频率设定值的选择	3	
14	P1080	最低频率/Hz	0	
15	P1082	最高频率/Hz	50	
16	P1120	斜坡上升时间/s	0.7	
17	P1121	斜坡下降时间/s	0.5	
18	P3900	结束快速调试	1	
19	P0003	扩展级	2	
20	P0701	数字输入 1 的功能	12	
21	P0702	数字输入 2 的功能	17	
22	P0703	数字输入 3 的功能	17	
23	P0704	数字输入 4 的功能	1	
24	P1003	固定频率 3	25	
25	P1040	MOP 的设定值	5	

(2) 模拟调试

1) PLC 静态调试。

① 连接计算机与 PLC。

② 确认 PLC 的输出负载回路电源处于断开状态，并检查空气压缩机的阀门是否关闭。

③ 合上断路器，给设备供电。

④ 写入程序。

⑤ 运行 PLC，按表 7-7 和表 7-8 用 PLC 模块上的钮子开关模拟 PLC 输入信号，观察 PLC 的输出指示灯状态。

⑥ 将 PLC 的 RUN/STOP 开关置于“STOP”位置。

⑦ 复位 PLC 模块上的钮子开关。

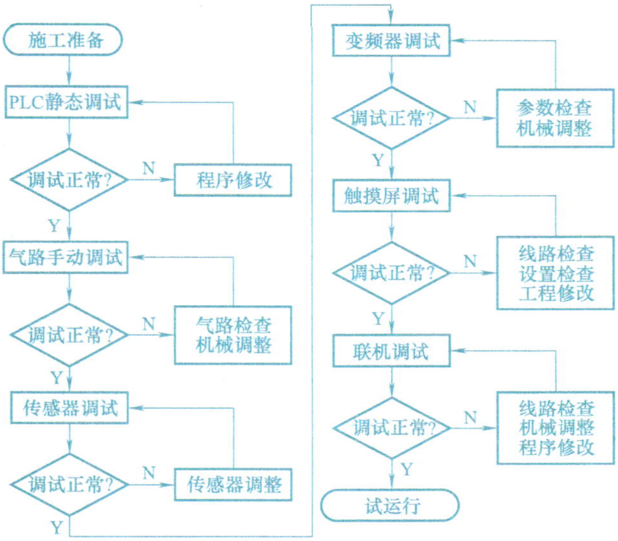

图 7-31　设备调试流程图

表 7-7 传送及分拣机构静态调试情况记载表

步骤	操作任务	观察任务		备注
		正确结果	观察结果	
1	按下起动按钮 SB1	Q1.6 指示灯点亮		警示灯绿灯点亮
2	动作 I2.3 钮子开关	Q2.0、Q2.3 指示灯点亮		落料口有物料，传送带运行
3	动作 I2.0 钮子开关	Q1.1 指示灯点亮		金属物料至 A 点，推入料槽一内
4	动作 I1.2、I1.3 钮子开关	Q1.1 指示灯熄灭		推料一气缸活塞杆缩回
5	复位 I1.3 钮子开关	Q2.0、Q2.3 指示灯熄灭		传送带停止
6	动作 I2.3 钮子开关，0.6s 内复位	Q2.0、Q2.3 指示灯点亮		落料口有物料，传送带运行（黑色塑料物料）
7	1.1s 后	Q1.1 指示灯熄灭		推料一气缸活塞杆缩回
8	动作 I1.2、I1.3 钮子开关	Q1.1 指示灯熄灭		推料一气缸活塞杆缩回
9	复位 I1.3 钮子开关	Q2.0、Q2.3 指示灯熄灭		传送带停止
10	动作 I2.3 钮子开关	Q2.0、Q2.3 指示灯点亮		落料口有物料，传送带运行
11	动作 I2.0、I2.1 钮子开关	Q1.2 指示灯点亮		金属物料至 B 点，推入料槽二内
12	动作 I1.4、I1.5 钮子开关	Q1.2 指示灯熄灭		推料二气缸活塞杆缩回
13	复位 I1.5 钮子开关	Q2.0、Q2.3 指示灯熄灭		传送带停止
14	动作 I2.3 钮子开关	Q2.0、Q2.3 指示灯点亮		落料口有物料，传送带运行
15	动作 I2.1 钮子开关	Q1.3 指示灯点亮		白色物料至 B 点，推入料槽二内
16	动作 I1.4、I1.5 钮子开关	Q1.2 指示灯熄灭		推料二气缸活塞杆缩回
17	复位 I1.5 钮子开关	Q2.0、Q2.3 指示灯熄灭		传送带停止
18	动作 I2.3 钮子开关	Q2.0、Q2.3 指示灯点亮		落料口有物料，传送带运行
19	动作 I2.1、I2.2 钮子开关	Q1.3 指示灯亮		白色物料至 C 点，推进料台内
20	动作 I1.6、I1.7、I1.1 钮子开关	Q1.3 指示灯熄灭		推料三气缸活塞杆缩回
21	复位 I1.5 钮子开关	Q2.0、Q2.3 指示灯熄灭		传送带停止

表 7-8 搬运机构静态调试情况记载表

步骤	操作任务	观察任务		备注
		正确结果	观察结果	
1	动作 I0.2、I0.0 钮子开关	Q0.4 指示灯点亮		手爪放松
2	复位 I0.2 钮子开关	Q0.4 指示灯熄灭		放松到位
		Q0.6 指示灯点亮		手爪上升
3	动作 I0.7 钮子开关	Q0.6 指示灯熄灭		上升到位
		Q1.0 指示灯点亮		手臂缩回
4	动作 I0.6 钮子开关	Q1.0 指示灯熄灭		缩回到位
		Q0.0 指示灯点亮		手臂右旋
5	动作 I0.4 钮子开关	Q0.0 指示灯熄灭		右旋到位
6	动作 I1.1 钮子开关	Q0.7 指示灯点亮		有物料手臂伸出
7	动作 I0.5 钮子开关，复位 I0.6 钮子开关	Q0.7 指示灯熄灭		伸出到位
		Q0.5 指示灯点亮		手爪下降
8	动作 I1.0 钮子开关，复位 I0.7 钮子开关	Q0.5 指示灯熄灭		下降到位
		Q0.3 指示灯点亮		手爪夹紧
9	动作 I0.2 钮子开关，0.5s 后	Q0.6 指示灯点亮		手爪上升
10	动作 I0.7 钮子开关，复位 I1.0 钮子开关	Q0.6 指示灯熄灭		上升到位
		Q1.0 指示灯点亮		手臂缩回
11	动作 I0.6 钮子开关，复位 I0.5 钮子开关	Q1.0 指示灯熄灭		缩回到位
		Q0.1 指示灯点亮		手臂左旋
12	动作 I0.3 钮子开关，复位 I0.4 钮子开关	Q0.1 指示灯熄灭		左旋到位
13	0.5s 后	Q0.7 指示灯点亮		手臂伸出

（续）

步骤	操作任务	观察任务		备注
		正确结果	观察结果	
14	动作 I0.5 钮子开关，复位 I0.6 钮子开关	Q0.7 指示灯熄灭		伸出到位
		Q0.4 指示灯点亮		手爪放松
15	复位 I0.2 钮子开关	Q0.4 指示灯熄灭		放松到位
		Q1.0 指示灯点亮		手臂缩回
16	动作 I0.6 钮子开关，复位 I0.5 钮子开关	Q1.0 指示灯熄灭		缩回到位
		Q0.0 指示灯点亮		手臂右旋
17	动作 I0.4 钮子开关，复位 I0.3 钮子开关	Q0.0 指示灯熄灭		右旋到位
18	一次物料搬运结束，等待加料			
19	重新加料，动作 I0.1 钮子开关，机构完成当前工作循环后停止工作			

2）气动回路手动调试。

① 接通空气压缩机电源，起动空压机压缩空气，等待气源充足。

② 将气源压力调整到 0.4～0.5MPa 后，开启气动二联件上的阀门给系统供气。为确保调试安全，施工人员需观察气路系统有无泄漏现象，若有，应立即解决。

③ 在正常工作压力下，对气动回路进行手动调试，直至机构动作完全正常为止。

④ 调整节流阀至合适开度，使各气缸的运动速度趋于合理。

3）传感器调试。调整传感器的位置，观察 PLC 的输入指示灯状态。

① 料台放置物料，调整、固定物料检测光电传感器。

② 手动控制机械手，调整、固定各限位传感器。

③ 在落料口中先后放置三类物料，调整、固定传送带落料口检测光电传感器。

④ 在 A 点位置放置金属物料，调整、固定电感式传感器。

⑤ 分别在 B 点和 C 点位置放置白色塑料物料、黑色塑料物料，调整固定光纤传感器。

⑥ 手动控制推料气缸，调整、固定磁性传感器。

4）变频器调试。闭合变频器模块上的 DIN4、DIN1 钮子开关，传送带自右向左传送。若电动机反转，须关闭电源，改变输出电源 U、V、W 相序后重新调试。

5）触摸屏调试。拉下设备断路器，关闭设备总电源。

① 用通信线连接触摸屏与 PLC。

② 用下载线连接计算机与触摸屏。

③ 接通设备总电源。

④ 设置下载选项，选择下载设备为 USB。

⑤ 下载触摸屏程序。

⑥ 调试触摸屏程序。运行 PLC，进入命令界面，触摸起动按钮，PLC 输出指示灯显示设备开始工作；进入监视界面，观察运行指示灯、报警指示灯状态是否正确；触摸命令界面上的停止按钮，设备停止工作。

（3）联机调试　模拟调试正常后，接通 PLC 输出负载的电源回路，便可联机调试。调试时，要求施工人员认真观察设备的运行情况，若出现问题，应立即解决或切断电源，避免扩大故障范围。调试观察的主要部位如图 7-32 所示。

表 7-9 为联机调试的正确结果，若调试中有与之不符的情况，施工人员首先应根据现场

情况，判断是否需要切断电源，在分析、判断故障形成的原因（机械、电路、气路或程序问题）的基础上，进行调整、检修、重新调试，直至设备完全实现功能。

表 7-9 联机调试结果一览表

步骤	操作过程	设备实现的功能	备注
1	按下 SB1 或触摸起动按钮	机械手复位	
		警示灯绿灯点亮	运行
2	10s 后无物料	报警	
3	落料口有物料	电动机运转	传送
4	人工加料	料槽一内:金黑组合 料槽二内:金白组合	组合分拣
		不符合的物料推入料台,由机械手搬运至料盘内	搬运
5	重新加料,按下 SB2 或触摸停止按钮,设备完成当前工作循环后停止工作		

(4) 试运行　施工人员操作生产线分拣设备，运行、观察一段时间，确保设备合格、稳定、可靠。

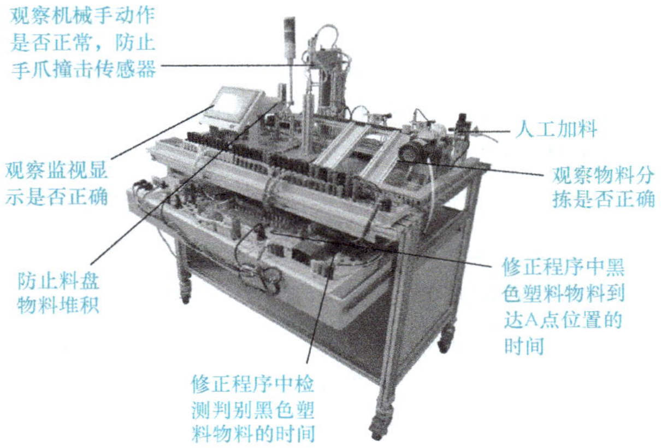

图 7-32　调试观察主要部位

8. 现场清理

设备调试完毕，施工人员应清点工量具、归类整理资料，并清扫现场卫生。

1）清点工量具。对照工量具清单清点，并按要求装入工具箱。

2）资料整理。整理归类技术说明书、电气元件明细表、施工计划表、设备电路图、梯形图、气路图、安装图等资料。

3）清扫设备周围卫生，保持环境整洁。

4）填写设备安装登记表，记载设备调试过程中出现的问题及解决的办法。

9. 设备验收

设备质量验收见表 7-10。

表 7-10　设备质量验收表

验收项目及要求		配分	配分标准	扣分	得分	备注
设备组装	1. 设备部件安装可靠，各部件位置衔接准确 2. 电路安装正确，接线规范 3. 气路连接正确，规范美观	35	1. 部件安装位置错误，每处扣 2 分 2. 部件衔接不到位、零件松动，每处扣 2 分 3. 电路连接错误，每处扣 2 分 4. 导线反圈、压皮、松动，每处扣 2 分 5. 错、漏编号，每处扣 1 分 6. 导线未入线槽、布线凌乱，每处扣 2 分 7. 气路连接错误，每处扣 2 分 8. 气路漏气、掉管，每处扣 2 分 9. 气管过长、过短、乱接，每处扣 2 分			

（续）

验收项目及要求		配分	配分标准	扣分	得分	备注
设备功能	1. 设备起停正常 2. 机械手复位正常 3. 机械手搬运物料正常 4. 传送带运转正常 5. 料槽一物料分拣正常 6. 料槽二物料分拣正常 7. 料台物料分拣 8. 变频器参数设置正确 9. 触摸屏人机界面触摸正常	60	1. 设备未按要求起动或停止，每处扣 5 分 2. 机械手未按要求复位，扣 5 分 3. 机械手未按要求搬运物料，每处扣 5 分 4. 传送带未按要求运转，扣 5 分 5. 料槽一物料未按要求分拣，扣 5 分 6. 料槽二物料未按要求分拣，扣 5 分 7. 料台物料未按要求分拣，扣 5 分 8. 变频器参数未按要求设置，扣 5 分 9. 人机界面未按要求创建，扣 5 分			
设备附件	资料齐全，归类有序	5	1. 设备组装图缺少，每处扣 2 分 2. 电路图、气路图、梯形图缺少，每处扣 2 分 3. 技术说明书、工具明细表、元件明细表缺少，每处扣 2 分			
安全生产	1. 自觉遵守安全文明生产规程 2. 保持现场干净整洁，工具摆放有序		1. 漏接接地线每处扣 5 分 2. 每违反一项规定，扣 3 分 3. 发生安全事故，0 分处理 4. 现场凌乱、乱放工具、丢杂物、完成任务后不清理现场，扣 5 分			
时间	8h		提前正确完成，每 5min 加 5 分 超过额定时间，每 5min 扣 2 分			
开始时间		结束时间		实际时间		

四、设备改造

生产线分拣设备的改造要求及任务如下：

（1） 功能要求

1） 起停控制。按下 SB1 或触摸人机界面上的起动按钮，设备开始工作，机械手复位：机械手手爪放松、手爪上伸、手臂缩回、手臂右旋至限位处，同时警示灯绿灯点亮。按下 SB2 或触摸停止按钮，系统完成当前工作循环后停止。

2） 传送功能。当落料口有物料时，变频器起动，以 25Hz 频率驱动三相异步电动机反向运行，传送带自右向左输送物料。当物料分拣完毕或机械手取走物料时，传送带停止运转。

3） 搬运功能。若料台内有不符合要求的物料，机械手臂伸出→手爪下降→手爪夹紧物料→0.5s 后手爪上升→手臂缩回→手臂左旋→0.5s 后手臂伸出→手爪放松、释放物料→手臂缩回→右旋至右侧限位处停止。

4） 组合分拣功能。

① 组合功能。料槽一内推入的物料为金属物料与黑色塑料物料的组合（第一个物料必须是金属物料）；料槽二内推入的物料为白色塑料物料与黑色塑料物料的组合（第一个物料必须是白色物料）。

② A 点位置分拣功能。A 点位置符合要求的物料由推料一气缸推入料槽一内，不符合要求的物料继续以 25Hz 频率驱动传送带向左传送。

③ B 点位置分拣功能。B 点位置符合要求的物料由推料二气缸推入料槽二内，不符合要求的物料继续以 25Hz 频率驱动传送带向左传送。

④ C 点位置推料功能。当所有不符合的物料到达 C 点位置时，由推料三气缸推入料台内。

5）触摸屏功能。

① 在触摸屏人机界面的首页上方显示“×××生产线分拣设备”，设置“进入命令界面”“进入指示监视界面”和“进入数值监视界面”等界面切换按钮。

② 在触摸屏命令界面上设置起动按钮、停止按钮。

③ 指示监视界面上设有运行指示灯和报警指示灯。正常运行时，运行指示灯点亮；报警时，报警指示灯点亮。

④ 数值监视界面上显示不符合物料的个数。当计数显示等于 50 时，数值复位为 0 后重新计数。

（2）技术要求

1）设备的起停控制要求。

① 按下 SB1 或触摸人机界面上的起动按钮，设备开始工作。

② 按下 SB2 或触摸人机界面上的停止按钮，设备完成当前工作循环后停止。

③ 按下急停按钮，设备立即停止工作。

2）电气线路的设计符合工艺要求、安全规范。

3）气动回路的设计符合控制要求、正确规范。

（3）工作任务

1）按设备要求画出电路图。

2）按设备要求画出气路图。

3）按设备要求编写 PLC 控制程序。

4）改装生产线分拣设备实现功能。

5）绘制设备装配示意图。

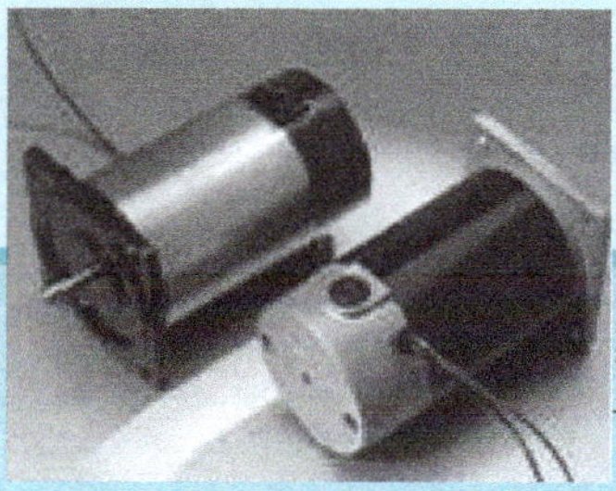

项目八 多功能加工及分拣设备的组装与调试

一、施工任务

1. 根据设备装配示意图组装多功能加工及分拣设备。
2. 按照设备电路图连接多功能加工及分拣设备的电气回路。
3. 按照设备气路图连接多功能加工及分拣设备的气动回路。
4. 根据要求创建触摸屏人机界面。
5. 输入设备控制程序，正确设置变频器参数，调试多功能加工及分拣设备实现功能。

扫码看视频

二、施工前准备

施工人员在施工前应仔细阅读多功能加工及分拣设备随机技术文件，了解设备的组成及运行情况，看懂组装示意图、电路图、气路图及梯形图等图样，再根据施工任务制订施工计划、施工方案等。

1. 识读设备图样及技术文件

（1）装置简介　多功能加工及分拣设备的主要功能是输送、加工物料，并根据物料的性质进行分拣、搬运或组合存放。设备工作流程如图 8-1 所示。

1）起停控制。按下 SB1 或触摸人机界面上的起动按钮，机械手复位：手爪放松、手爪上升、手臂缩回、手臂右旋至右限位处停止；设备开始工作，警示灯绿灯点亮，变频器以 35Hz 的频率驱动电动机运行，电动机正转，传送带自右向左高速传动。按下 SB2 或触摸人机界面上的停止按钮，警示灯红灯点亮，当前物料处理完毕，且各气缸回到原位后，设备停止工作。

2）物料加工功能。设备起动后，入料指示灯 HL 点亮，表示可向落料口人工加料。加料后，HL 熄灭，表示禁止加料，此时变频器的运行频率变为 25Hz，传送带便由高速转为中速运行。当物料至 C 点位置时，传送带停止，加工物料。2s 后加工结束，设备进入物料分拣程序。

3）分拣功能。设备具有两种分拣功能，且方式选择只能在设备停止时进行。

分拣方式一：当转换开关 SA1 置于“方式一”位置时，设备实现简单分拣功能，工作过程如下：

① 若加工的是金属物料，则在 C 点位置加工完成后，变频器以 25Hz 的频率驱动传送带将它输送到 A 点位置后停止，推料一气缸活塞杆伸出，将其推入料槽一内。

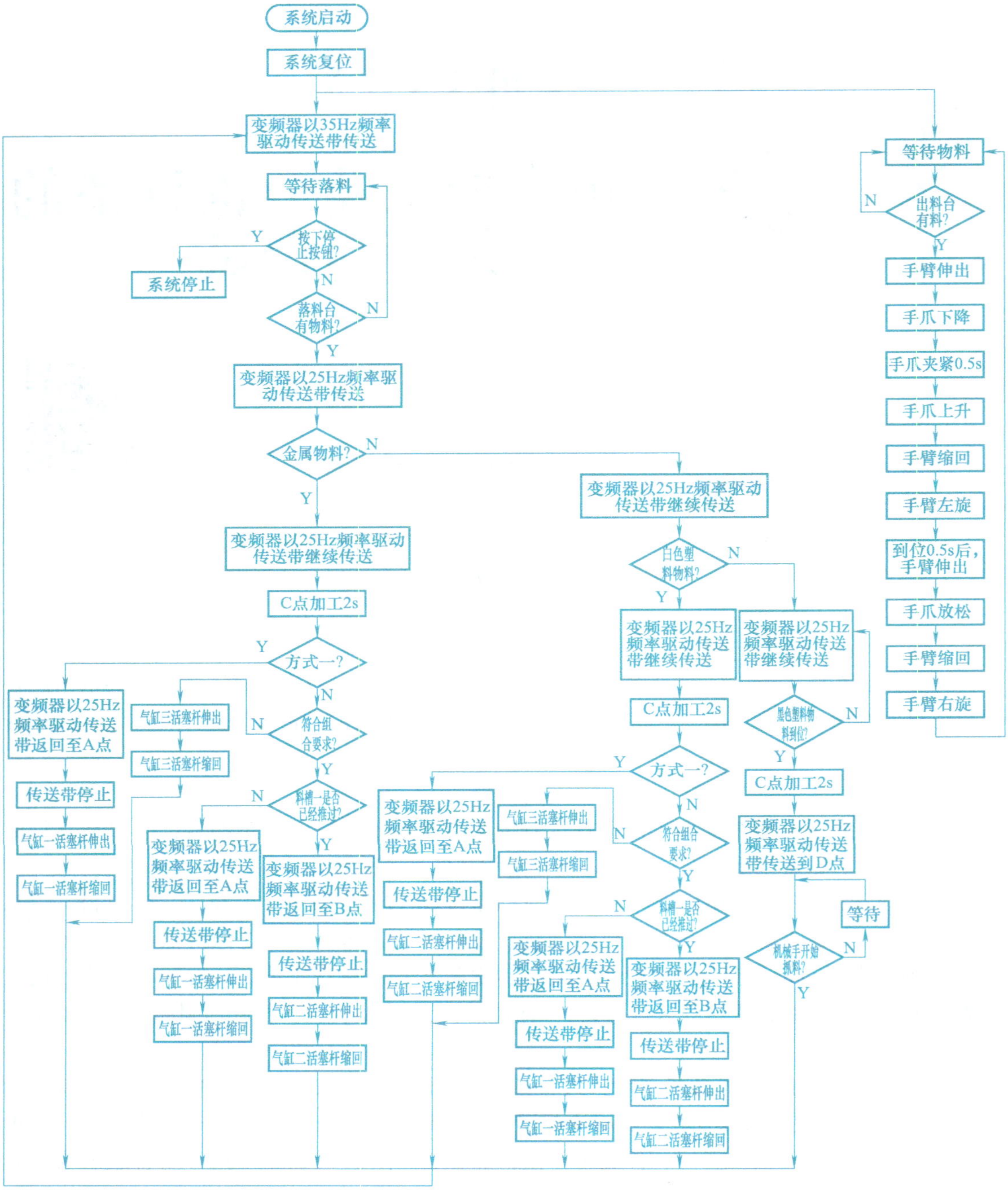

图 8-1　多功能加工及分拣设备工作流程图

② 若加工的是白色塑料物料，则在 C 点位置加工完成后，传送带以同样的速度将它输送到 B 点位置后停止，推料二气缸活塞杆伸出，将其推入料槽二内。

③ 若加工的是黑色塑料物料，则在 C 点位置加工完成后，变频器以 25Hz 的频率驱动传送带将它输送到 D 点料台后，传送带停止，机械手开始搬运。手臂伸出→手臂下降→手爪

夹紧，抓取物料→0.5s 后手臂上升→手臂缩回→手臂左旋→0.5s 后手臂伸出→手爪放松，物料掉入物料盘内→手臂缩回→手臂右旋至限位处停止。当物料被机械手取走后，变频器运行频率恢复至 35Hz，传送带自右向左高速传动，HL 点亮，等待加料。

分拣方式二：当转换开关 SA1 置于“方式二”位置时，设备实现组合分拣功能，其中黑色塑料物料被视为不合格物料，白色塑料物料和金属物料被视为合格物料。

① 合格物料的分拣。对于符合要求的合格物料在 C 点位置完成加工后，变频器以 25Hz 的频率驱动传送带将它向右输送，再根据料槽一和料槽二的物料情况进行分拣。所谓符合要求，是指料槽一和料槽二内推入的物料均为金属物料与白色塑料物料的组合（第一个物料必须是金属物料），且两槽逐一完成。

② 合格物料逐槽分拣组合，自动交替进行。当料槽一完成了一次物料的分拣组合后，便进行槽内物料的包装，在此期间进行料槽二的分拣组合；同样当料槽二完成了一次物料的分拣组合后，便进行槽内物料的包装，在此期间设备又重复料槽一的分拣组合工作，如此自动交替进行。每个物料分拣完毕，变频器的运行频率都会恢复至 35Hz，传送带自右向左高速传动，HL 点亮，等待加料。

③ 对于不符合要求的合格物料，则在 C 点位置完成加工后，直接由推料三气缸活塞杆推入料槽三内。

④ 不合格物料的处理。对于黑色塑料物料，在 C 点位置完成加工后，由变频器以 25Hz 的频率驱动传送带输送到料台后，传送带停止，机械手将它搬运至料盘中。同样当物料被机械手取走后，变频器运行频率恢复至 35Hz，传送带自右向左高速传动，HL 点亮，等待加料。

4）人机界面。

① 人机界面首页设有“×××多功能加工及分拣设备”的字样，同时设有界面切换按钮“进入命令界面”和“进入监视界面”，如图 8-2 所示。

② 命令界面上设有“起动按钮”与“停止按钮”，如图 8-3 所示。

③ 监视界面的上方设有“系统状态”的字样，下方显示系统当前状态：系统运行中、系统已停止、方式一和方式二等，如图 8-4 所示。

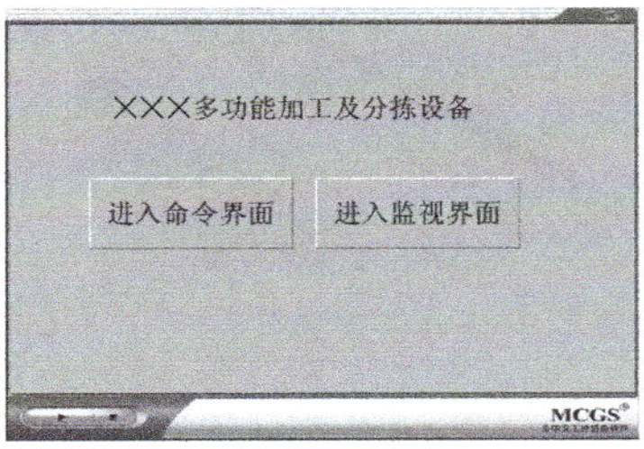

图 8-2　人机界面首页

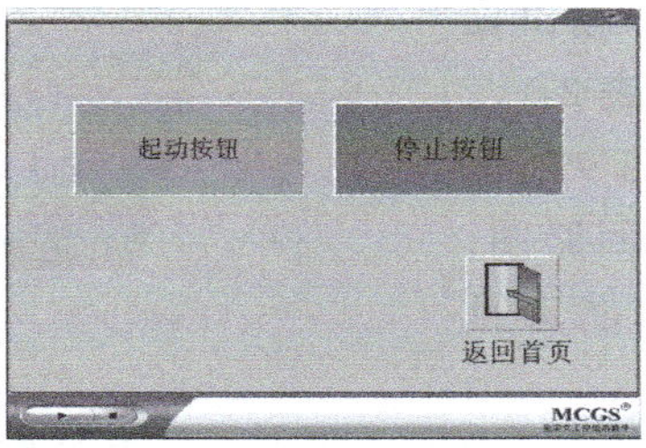

图 8-3　命令界面

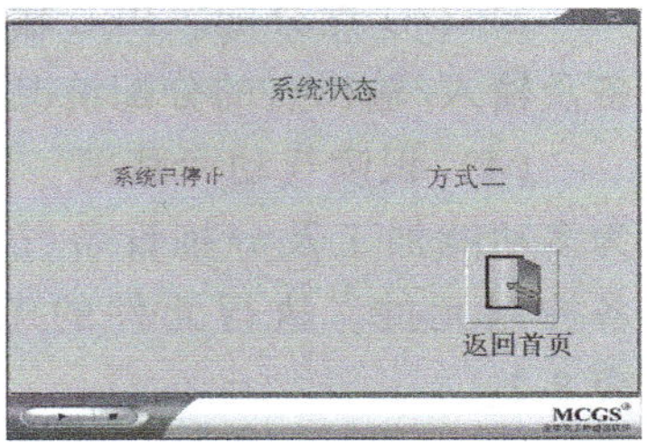

图 8-4　监视界面

（2）识读装配示意图　如图 8-5 所示，机械手将物料从料台中搬运至料盘内，这就要求料台、机械手及料盘机械衔接准确，安装尺寸误差要小。

1）结构组成。设备自右向左由落料口、传送带、三槽分拣装置、出料台、机械手和物料料盘等组成，A 点位置设有电感式传感器（金属）、B 点位置设有光纤传感器（白色）、C 点位置设有光纤传感器（黑色），其实物图如图 8-6 所示。

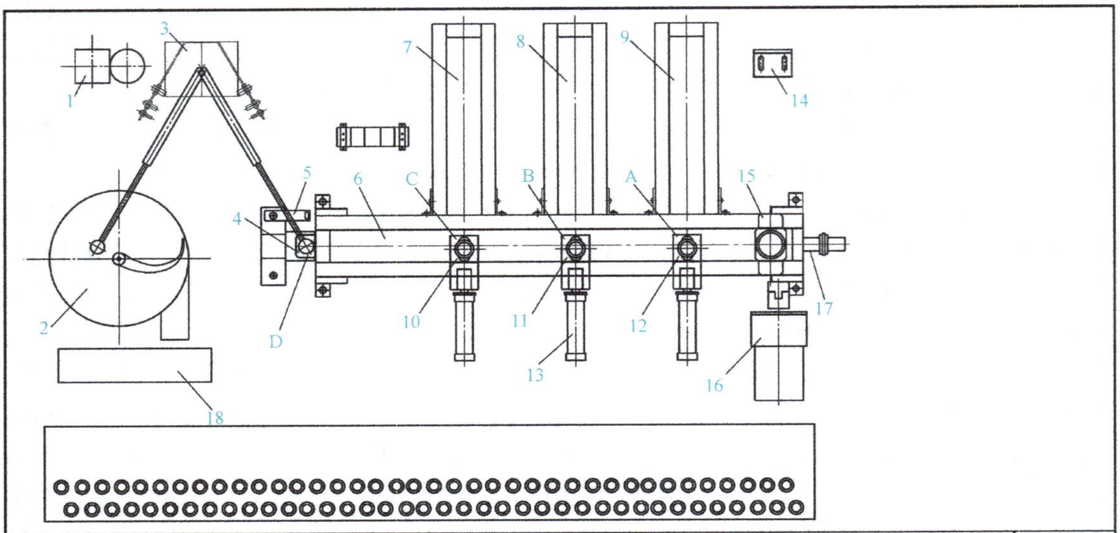

序号	名称	数量	序号	名称	数量
18	触摸屏	1	10	光纤传感器(黑)	1
17	落料口检测光电传感器	1	9	料槽一	1
16	三相异步电动机	1	8	料槽二	1
15	落料口	1	7	料槽三	1
14	气动二联件	1	6	传送带	1
13	推料气缸	3	5	出料口光电传感器	1
12	电感式传感器	1	4	出料口	1
11	光纤传感器(白)	1	3	机械手	1

序号	名称	数量
2	物料料盘	1
1	警示灯	1

标记	处数	更改文件号	签字	日期	设备布局图	×××公司
设计			标准化			
核对			(审定)			多功能加工及分拣设备
审核					图样标记 / 数样 / 重量 / 比例	
工艺			日期		1	

图 8-5　多功能加工及分拣设备布局图

2）尺寸分析。多功能加工及分拣设备各部件的定位尺寸如图 8-7 所示。

（3）识读电路图　图 8-8 所示为多功能加工及分拣设备控制电路图。

1）PLC 机型。PLC 的机型为西门子 SIMATIC S7-200 SMART SR60。

2）I/O 点分配。PLC 输入/输出设备及输入/输出点的分配情况见表 8-1。

（4）识读气动回路图　图 8-9 所示为多功能加工及分拣设备气动回路图，各控制元件、执行元件的工作状态见表 8-2。

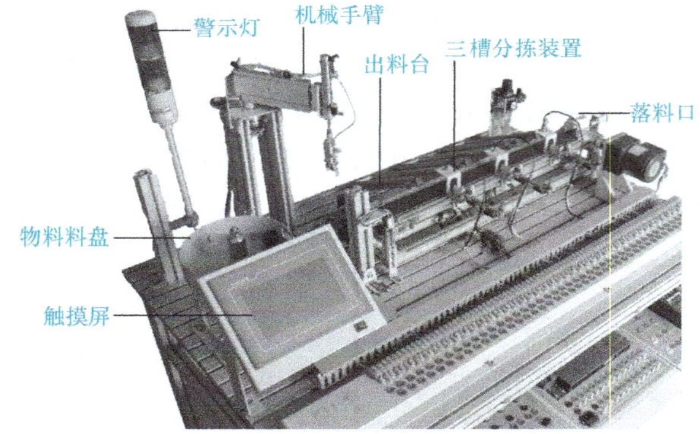

图 8-6　多功能加工及分拣设备

（5）识读梯形图　图 8-10 为多功能加工及分拣设备控制程序梯形图。

1）起停控制。PLC 上电瞬间，M5.0、M4.0 置位，所有的顺序控制继电器 S 复位，设备上电检查良好，设备在初始状态，M5.2 置位，将 M2.0 置位，按下 SB1 或触摸人机界面上的起动按钮，I0.0 为 ON，M3.0 为 ON，设备所有准备就绪，M2.0 为 ON，将 M1.0、S0.0、S0.1 置位，所有的寄存器清零。触摸停止按钮，I0.1 为 ON，M3.1 为 ON，将 M1.1 置位，当机械手回到初始状态，S0.1 为 ON，传送带回到等料位置，S0.0 为 ON，这时 M1.0、M1.1、S0.0、S0.1、Q2.0、Q2.1、Q2.2、Q2.3 复位，故程序执行完当前工作循环后停止。

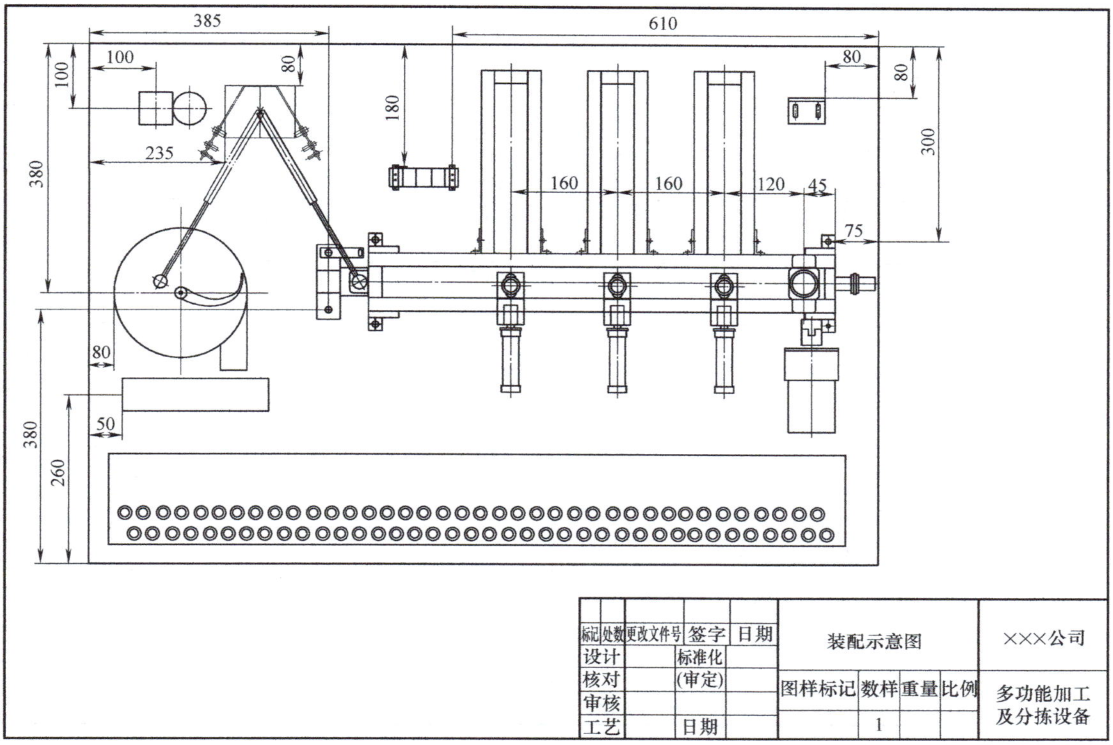

图 8-7　多功能加工及分拣设备装配示意图

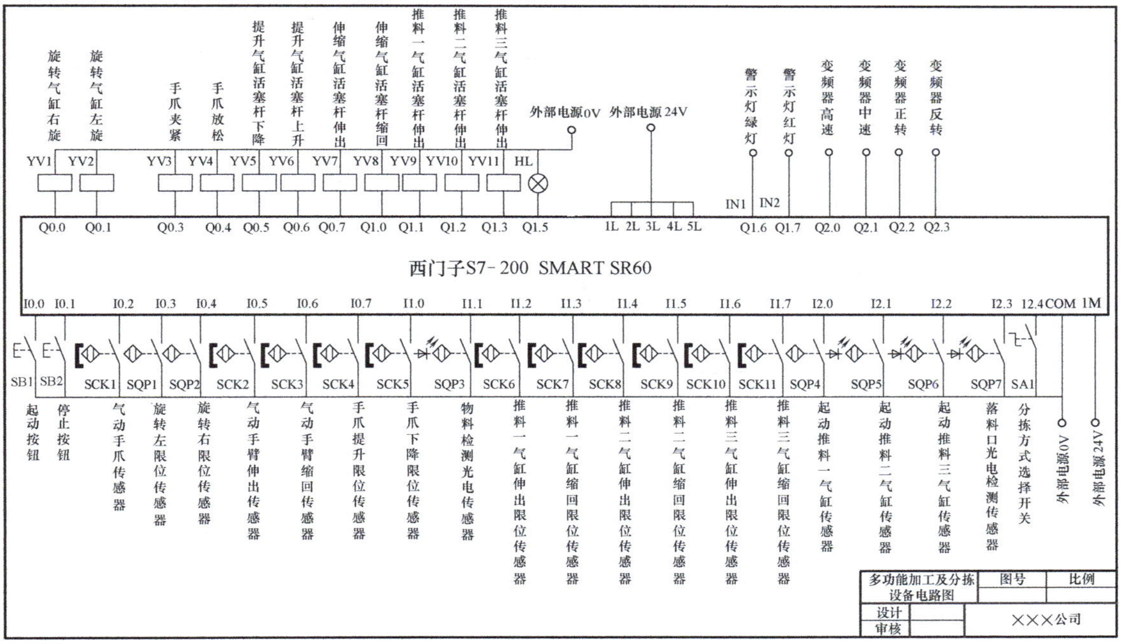

图 8-8　多功能加工及分拣设备控制气路图

表 8-1 PLC 输入/输出设备及输入/输出点分配表

输入			输出		
元件代号	功能	输入点	元件代号	功能	输出点
SB1	起动按钮	I0.0	YV1	旋转气缸右旋	Q0.0
SB2	停止按钮	I0.1	YV2	旋转气缸左旋	Q0.1
SCK1	气动手爪传感器	I0.2	YV3	手爪夹紧	Q0.3
SQP1	旋转左限位传感器	I0.3	YV4	手爪放松	Q0.4
SQP2	旋转右限位传感器	I0.4	YV5	提升气缸活塞杆下降	Q0.5
SCK2	气动手臂伸出传感器	I0.5	YV6	提升气缸活塞杆上升	Q0.6
SCK3	气动手臂缩回传感器	I0.6	YV7	伸缩气缸活塞杆伸出	Q0.7
SCK4	手爪提升限位传感器	I0.7	YV8	伸缩气缸活塞杆缩回	Q1.0
SCK5	手爪下降限位传感器	I1.0	YV9	推料一气缸活塞杆伸出	Q1.1
SQP3	物料检测光电传感器	I1.1	YV10	推料二气缸活塞杆伸出	Q1.2
SCK6	推料一气缸伸出限位传感器	I1.2	YV11	推料三气缸活塞杆伸出	Q1.3
SCK7	推料一气缸缩回限位传感器	I1.3	HL	入料指示灯	Q1.5
SCK8	推料二气缸伸出限位传感器	I1.4	IN1	警示灯绿灯	Q1.6
SCK9	推料二气缸缩回限位传感器	I1.5	IN2	警示灯红灯	Q1.7
SCK10	推料三气缸伸出限位传感器	I1.6	DIN1	变频器高速	Q2.0
SCK11	推料三气缸缩回限位传感器	I1.7	DIN2	变频器中速	Q2.1
SQP4	起动推料一气缸传感器	I2.0	DIN3	变频器正转	Q2.2
SQP5	起动推料二气缸传感器	I2.1	DIN4	变频器反转	Q2.3
SQP6	起动推料三气缸传感器	I2.2			
SQP7	落料口光电检测传感器	I2.3			
SA1	分拣方式转换开关	I2.4			

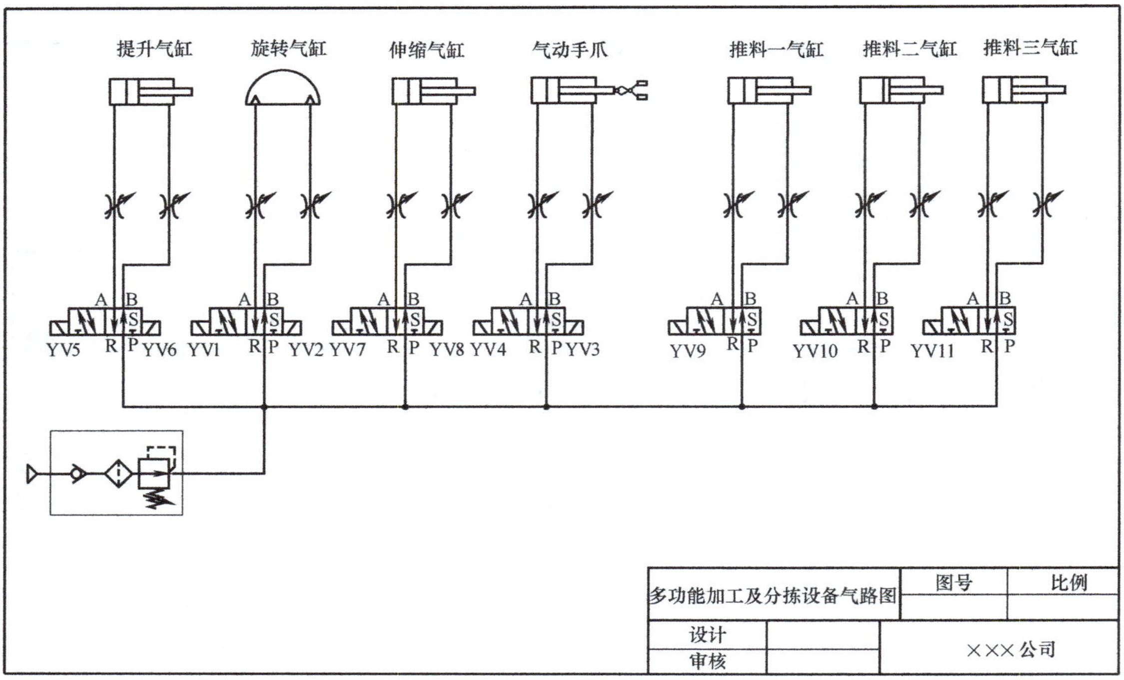

图 8-9 多功能加工及分拣设备气路图

表 8-2 控制元件、执行元件工作状态一览表

电磁换向阀的线圈得电情况											执行元件状态	机构任务
YV1	YV2	YV3	YV4	YV5	YV6	YV7	YV8	YV9	YV10	YV11		
+	−										旋转气缸正转	手臂右旋
−	+										旋转气缸反转	手臂左旋
		+	−								气动手爪夹紧	抓料
		−	+								气动手爪放松	放料
				+	−						提升气缸活塞杆伸出	手爪下降
				−	+						提升气缸活塞杆缩回	手爪上升
						+	−				手臂伸缩气缸活塞杆伸出	手臂伸出
						−	+				手臂伸缩气缸活塞杆缩回	手臂缩回
								+			推料一气缸活塞杆伸出	分拣符合料槽一要求的物料
								−			推料一气缸活塞杆缩回	等待分拣
									+		推料二气缸活塞杆伸出	分拣符合料槽二要求的物料
									−		推料二气缸活塞杆缩回	等待分拣
										+	推料三气缸活塞杆伸出	分拣不符合要求的物料
										−	推料三气缸活塞杆缩回	等待分拣

2）指示灯控制。按下停止按钮 I0.1，M1.1 置位，Q1.7 为 ON，警示灯红灯点亮，表示设备停止。按下起动按钮 I0.0，M1.0 置位，S0.0、S0.1 置位，M1.1 复位，警示灯红灯熄灭；Q1.6 为 ON，警示灯绿灯点亮，表示设备运行。S0.0 为 ON，Q1.5 为 ON，指示灯 HL 点亮，表示传送带上无料，可以加料。

3）机械手复位控制。设备起动后，M1.0 为 ON，执行机械手的复位子程序：机械手手爪放松→手爪上升→手臂缩回→手臂向右旋转至右侧限位处停止。

4）搬运物料。若 S0.1 为 ON，且料台有黑色物料，I1.1 为 ON，M5.1 为 ON，计时 0.5s，0.5s 时间到，激活 S3.0 状态→I0.5 为 OFF，I0.6 为 ON，Q0.7 置位，手臂伸出→I0.5 为 ON，I0.7 为 ON，Q0.7 复位、Q0.5 置位，手爪下降→I1.0 为 ON，I0.2 为 OFF，Q0.5 复位、Q0.3 置位，手爪夹紧→I0.2 为 ON，Q0.3 复位，T107 计时 0.5s，0.5s 时间到，激活 S3.1 状态 →I0.2 为 ON，I1.0 为 ON，Q0.6 置位，手爪上升→I0.7 为 ON，I0.5 为 ON，Q0.6 复位、Q1.0 置位，手臂缩回→I0.6 为 ON，I0.4 为 ON，Q1.0 复位、Q0.1 置位，手臂左旋→ I0.3 为 ON，Q0.1 复位，T108 计时 0.5s，0.5s 时间到，激活 S3.2 状态→I0.5 为 OFF，Q0.7 置位，手臂伸出→I0.5 为 ON，I0.7 为 ON，I0.2 为 ON，Q0.7 复位、Q0.4 置位，手爪放松→I0.5 为 ON，I0.2 为 OFF，Q0.4 复位，I0.2 为 OFF，Q0.4 为 OFF，激活 S3.3 状态→I0.5 为 ON，I0.2 为 OFF，Q1.0 置位，手臂缩回→I0.6 为 ON，I0.3 为 ON，Q1.0 复位、Q0.0 置位，手臂右旋→I0.4 为 ON，Q0.0 复位，T110 计时 0.5s，0.5s 时间到，激活 S3.4 状态，1s 后激活 S0.1 状态，开始新的循环。

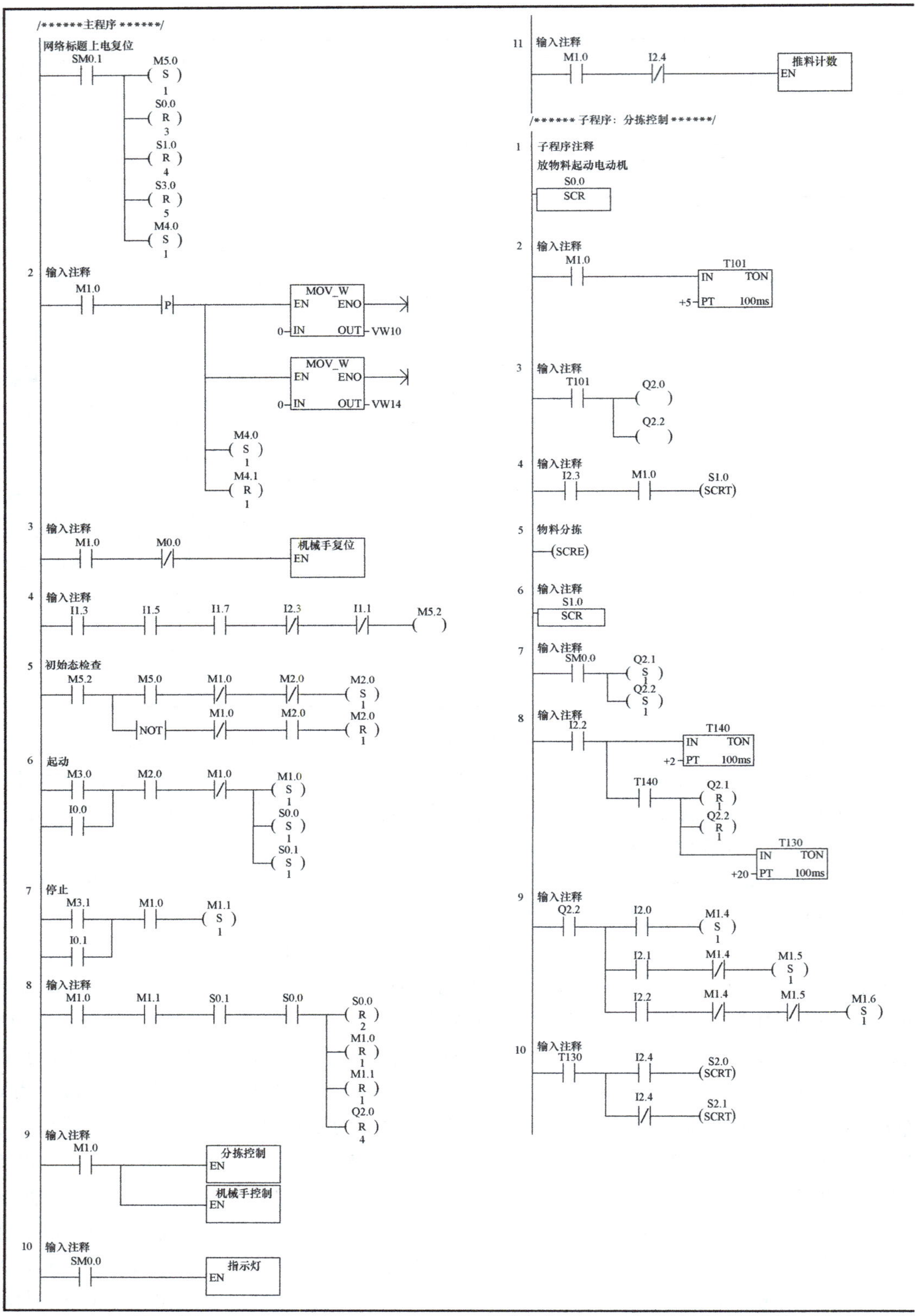
/******主程序******/
网络标题上电复位
SM0.1
M5.0
S0.0
S1.0
S3.0
M4.0
输入注释
M1.0
MOV_W
EN ENO
IN OUT
VW10
VW14
M4.1
M0.0
机械手复位
I1.3
I1.5
I1.7
I2.3
I1.1
M5.2
初始态检查
M2.0
NOT
起动
M3.0
I0.0
S0.1
停止
M3.1
I0.1
M1.1
Q2.0
分拣控制
机械手控制
SM0.0
指示灯
I2.4
推料计数
/****** 子程序：分拣控制******/
子程序注释
放物料起动电动机
SCR
T101
IN TON
PT 100ms
Q2.2
M1.0
S1.0
SCRT
物料分拣
SCRE
Q2.1
I2.2
T140
T130
I2.0
M1.4
I2.1
M1.5
M1.6
S2.0
S2.1

图 8-10 多功能加工

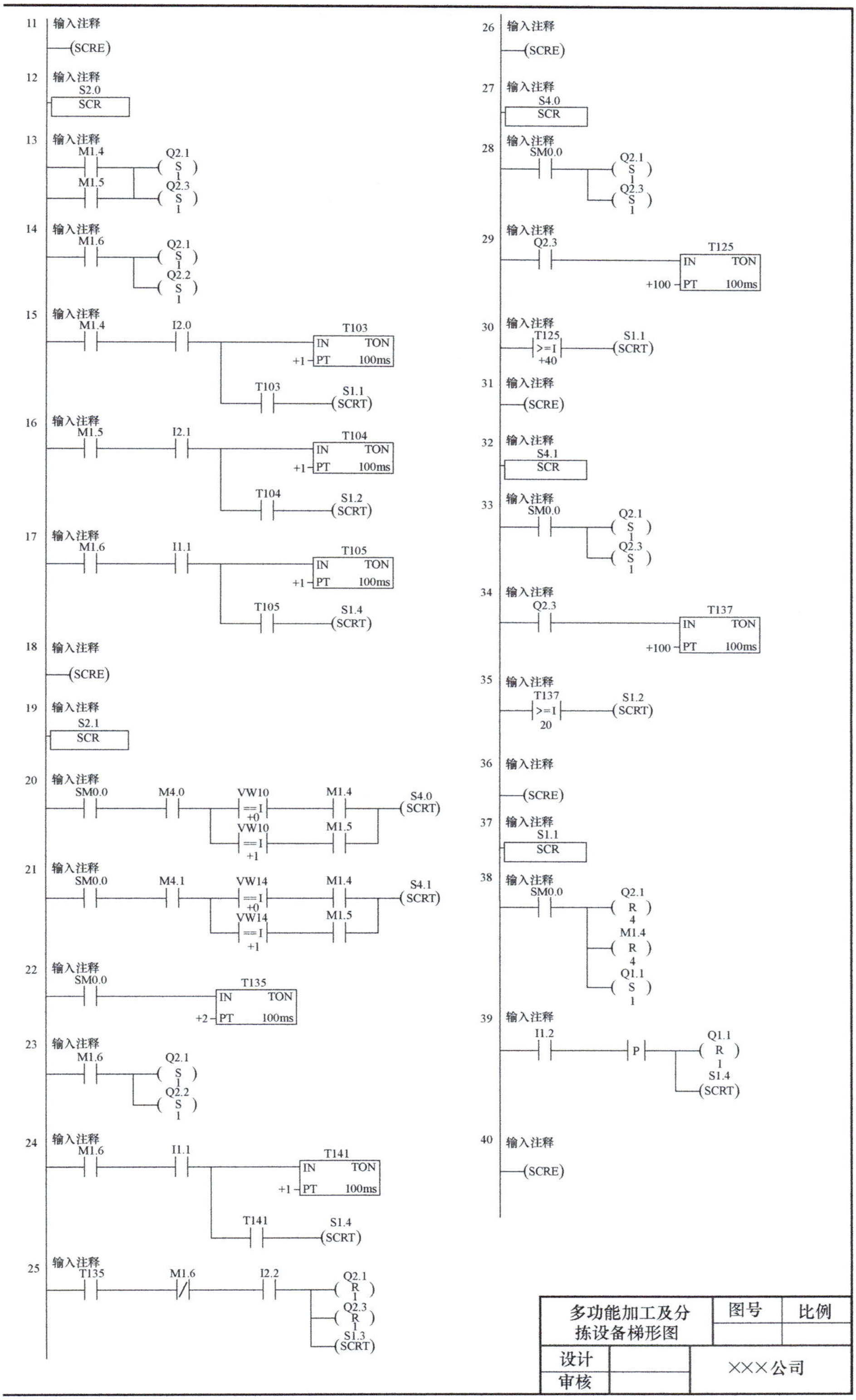
11 输入注释
(SCRE)
12 输入注释
S2.0
SCR
13 输入注释
M1.4
M1.5
Q2.1
S
1
Q2.3
S
1
14 输入注释
M1.6
Q2.1
S
1
Q2.2
S
1
15 输入注释
M1.4
I2.0
T103
IN TON
+1 PT 100ms
T103
S1.1
(SCRT)
16 输入注释
M1.5
I2.1
T104
IN TON
+1 PT 100ms
T104
S1.2
(SCRT)
17 输入注释
M1.6
I1.1
T105
IN TON
+1 PT 100ms
T105
S1.4
(SCRT)
18 输入注释
(SCRE)
19 输入注释
S2.1
SCR
20 输入注释
SM0.0
M4.0
VW10
==I
+0
VW10
==I
+1
M1.4
M1.5
S4.0
(SCRT)
21 输入注释
SM0.0
M4.1
VW14
==I
+0
VW14
==I
+1
M1.4
M1.5
S4.1
(SCRT)
22 输入注释
SM0.0
T135
IN TON
+2 PT 100ms
23 输入注释
M1.6
Q2.1
S
1
Q2.2
S
1
24 输入注释
M1.6
I1.1
T141
IN TON
+1 PT 100ms
T141
S1.4
(SCRT)
25 输入注释
T135
M1.6
I2.2
Q2.1
R
1
Q2.3
R
1
S1.3
(SCRT)
26 输入注释
(SCRE)
27 输入注释
S4.0
SCR
28 输入注释
SM0.0
Q2.1
S
1
Q2.3
S
1
29 输入注释
Q2.3
T125
IN TON
+100 PT 100ms
30 输入注释
T125
>=I
+40
S1.1
(SCRT)
31 输入注释
(SCRE)
32 输入注释
S4.1
SCR
33 输入注释
SM0.0
Q2.1
S
1
Q2.3
S
1
34 输入注释
Q2.3
T137
IN TON
+100 PT 100ms
35 输入注释
T137
>=I
20
S1.2
(SCRT)
36 输入注释
(SCRE)
37 输入注释
S1.1
SCR
38 输入注释
SM0.0
Q2.1
R
4
M1.4
R
4
Q1.1
S
1
39 输入注释
I1.2
P
Q1.1
R
1
S1.4
(SCRT)
40 输入注释
(SCRE)
多功能加工及分拣设备梯形图
图号
比例
设计
审核
×××公司

及分拣设备梯形图

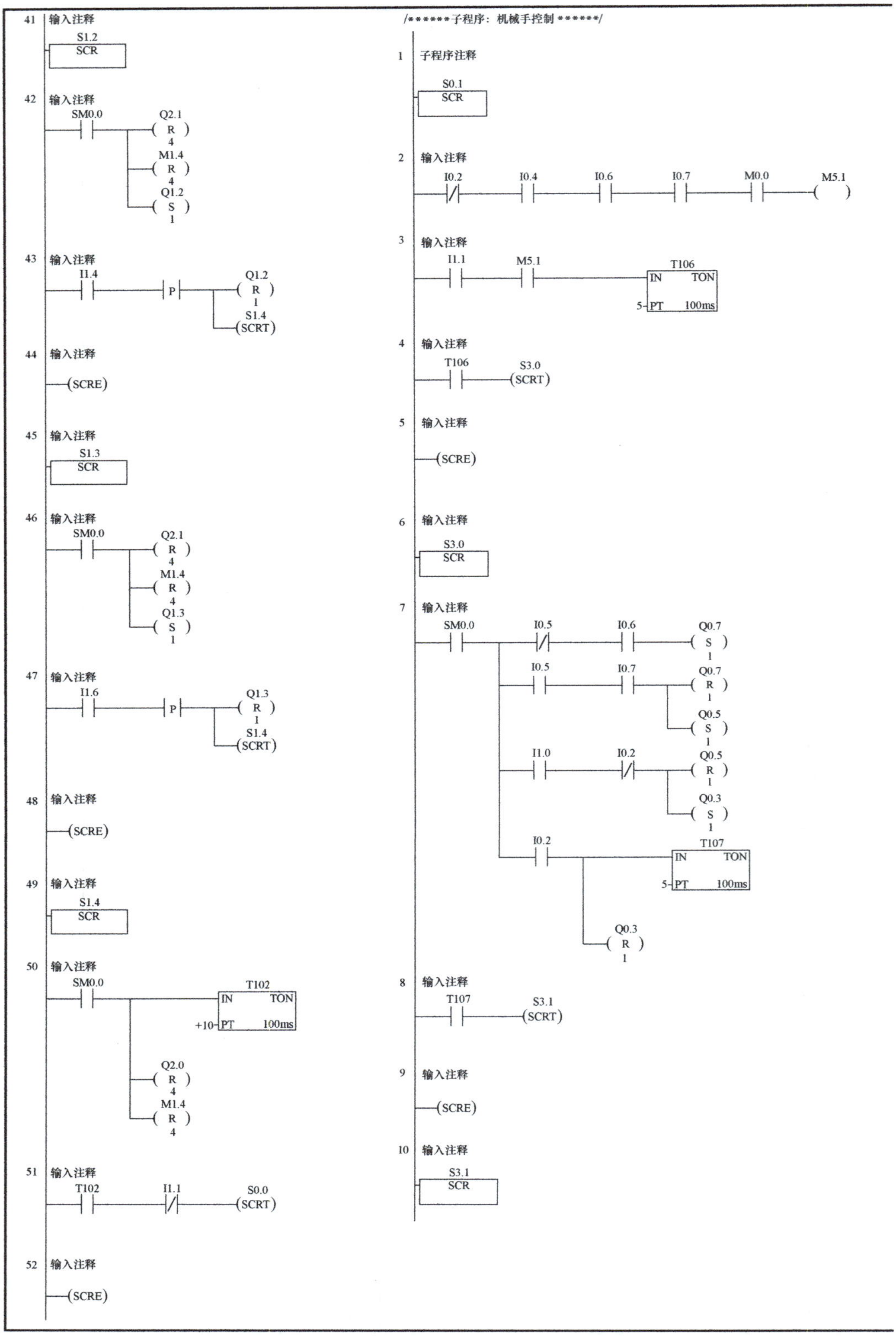
41 输入注释
S1.2
SCR
42 输入注释
SM0.0
Q2.1
R
4
M1.4
R
4
Q1.2
S
1
43 输入注释
I1.4
P
Q1.2
R
1
S1.4
SCRT
44 输入注释
SCRE
45 输入注释
S1.3
SCR
46 输入注释
SM0.0
Q2.1
R
4
M1.4
R
4
Q1.3
S
1
47 输入注释
I1.6
P
Q1.3
R
1
S1.4
SCRT
48 输入注释
SCRE
49 输入注释
S1.4
SCR
50 输入注释
SM0.0
T102
IN TON
+10 PT 100ms
Q2.0
R
4
M1.4
R
4
51 输入注释
T102
I1.1
S0.0
SCRT
52 输入注释
SCRE
/******子程序：机械手控制******/
1 子程序注释
S0.1
SCR
2 输入注释
I0.2
I0.4
I0.6
I0.7
M0.0
M5.1
3 输入注释
I1.1
M5.1
T106
IN TON
5 PT 100ms
4 输入注释
T106
S3.0
SCRT
5 输入注释
SCRE
6 输入注释
S3.0
SCR
7 输入注释
SM0.0
I0.5
I0.6
Q0.7
S
1
I0.5
I0.7
Q0.7
R
1
Q0.5
S
1
I1.0
I0.2
Q0.5
R
1
Q0.3
S
1
I0.2
T107
IN TON
5 PT 100ms
Q0.3
R
1
8 输入注释
T107
S3.1
SCRT
9 输入注释
SCRE
10 输入注释
S3.1
SCR

图 8-10 多功能加工

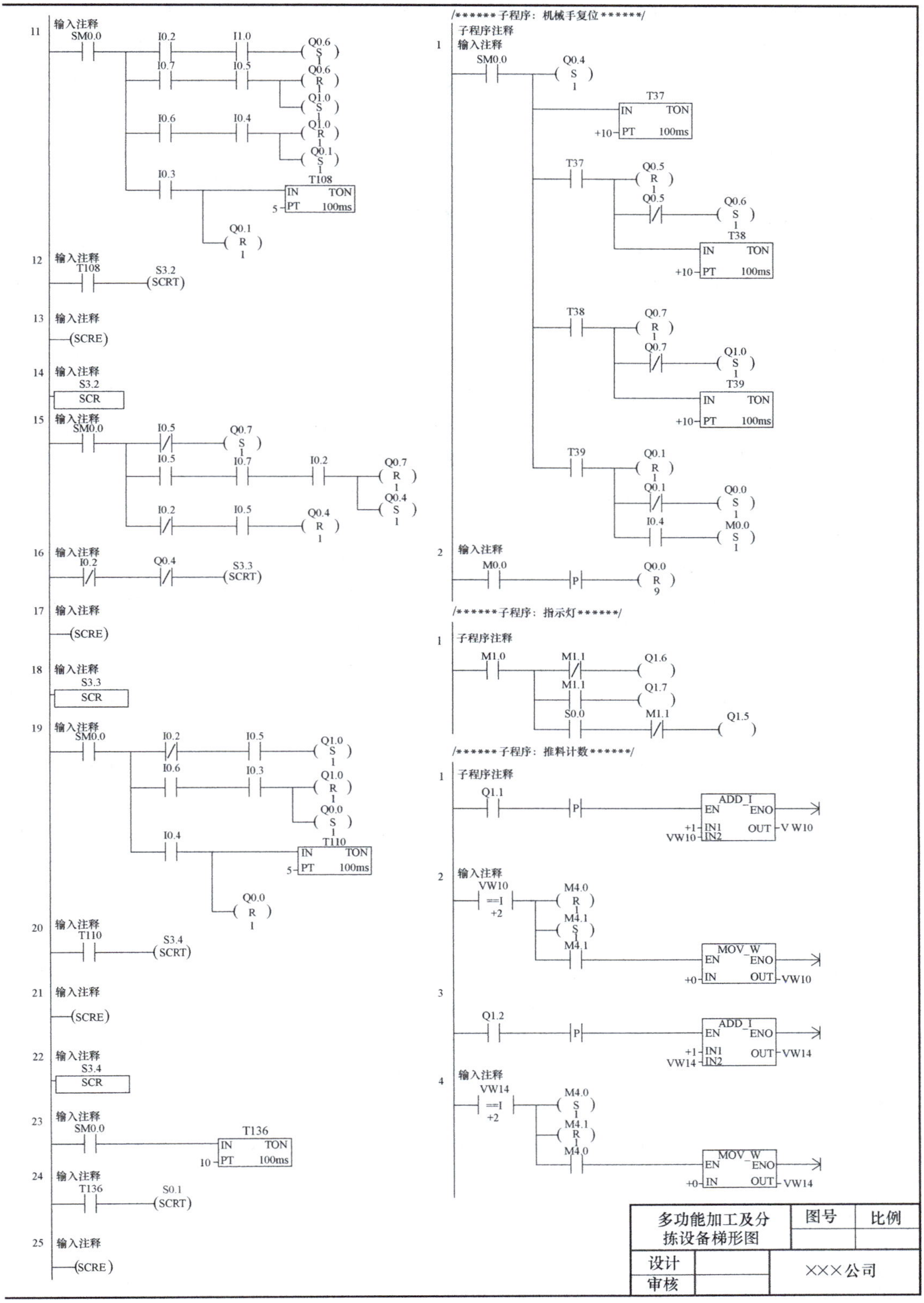
11 输入注释
SM0.0 I0.2 I1.0 Q0.6 S 1
I0.7 I0.5 Q0.6 R 1
Q1.0 S 1
I0.6 I0.4 Q1.0 R 1
Q0.1 S 1
I0.3 T108 IN TON 5 PT 100ms
Q0.1 R 1
12 输入注释
T108 S3.2 SCRT
13 输入注释
SCRE
14 输入注释
S3.2 SCR
15 输入注释
SM0.0 I0.5 Q0.7 S 1
I0.5 I0.7 I0.2 Q0.7 R 1
Q0.4 S 1
I0.2 I0.5 Q0.4 R 1
16 输入注释
I0.2 Q0.4 S3.3 SCRT
17 输入注释
SCRE
18 输入注释
S3.3 SCR
19 输入注释
SM0.0 I0.2 I0.5 Q1.0 S 1
I0.6 I0.3 Q1.0 R 1
Q0.0 S 1
I0.4 T110 IN TON 5 PT 100ms
Q0.0 R 1
20 输入注释
T110 S3.4 SCRT
21 输入注释
SCRE
22 输入注释
S3.4 SCR
23 输入注释
SM0.0 T136 IN TON 10 PT 100ms
24 输入注释
T136 S0.1 SCRT
25 输入注释
SCRE
/****** 子程序：机械手复位 ******/
1 子程序注释
输入注释
SM0.0 Q0.4 S 1
T37 IN TON +10 PT 100ms
T37 Q0.5 R 1
Q0.5 Q0.6 S 1
T38 IN TON +10 PT 100ms
T38 Q0.7 R 1
Q0.7 Q1.0 S 1
T39 IN TON +10 PT 100ms
T39 Q0.1 R 1
Q0.1 Q0.0 S 1
I0.4 M0.0 S 1
2 输入注释
M0.0 P Q0.0 R 9
/****** 子程序：指示灯 ******/
1 子程序注释
M1.0 M1.1 Q1.6
M1.1 Q1.7
S0.0 M1.1 Q1.5
/****** 子程序：推料计数 ******/
1 子程序注释
Q1.1 P ADD_I EN ENO +1 IN1 OUT VW10 VW10 IN2
2 输入注释
VW10 ==I +2 M4.0 R 1
M4.1 S 1
M4.1 MOV_W EN ENO +0 IN OUT VW10
3
Q1.2 P ADD_I EN ENO +1 IN1 OUT VW14 VW14 IN2
4 输入注释
VW14 ==I +2 M4.0 S 1
M4.1 R 1
M4.0 MOV_W EN ENO +0 IN OUT VW14
多功能加工及分拣设备梯形图
图号
比例
设计
审核
×××公司

及分拣设备梯形图（续）

5）输送物料。系统起动后，S0.0 状态激活，稳定 0.5s 后，Q2.0、Q2.2 为 ON，传送带自右向左高速运行。有料时，I2.3 为 ON，S1.0 状态激活，Q2.1、Q2.2 置位，传送带中速向左输送物料，物料至 C 点位置，I2.2 为 ON，0.2s 后 Q2.1、Q2.2 复位，传送带停止，开始加工；计时 2s 时间到。

物料的判别：物料从右向左输送时，若 I2.0 为 ON，M1.4 置位，表示来料为金属物料；若 I2.1 为 ON，M1.4 为 OFF，M1.5 置位，表示来料为白色物料；若 I2.2 为 ON，M1.4 为 OFF，M1.5 为 OFF，M1.6 置位，表示来料为黑色物料。

6）方式一：简单分拣（I2.4 为 ON）。I2.4 为 ON，激活状态 S2.0。若为金属或白色物料，M1.4、M1.5 为 ON，Q2.1、Q2.3 置位，传送带中速自左向右传送物料；若为黑色物料，M1.6 为 ON，Q2.1、Q2.2 置位，传送带中速自右向左传送物料。

① 金属物料。M1.4 为 ON，I2.0 为 ON，至 A 点位置，计时 0.1s，0.1s 时间到，S1.1 状态激活，Q2.1、Q2.2、Q2.3、M1.4 复位，Q1.1 置位，推料一气缸活塞杆伸出将它推入料槽一内，传送带停止工作；当气缸一活塞杆伸出到位后，I1.2 为 ON，Q1.1 复位，推料一气缸活塞杆缩回；当气缸活塞杆缩回到位后，S1.4 状态激活，Q2.0、Q2.1、Q2.2、Q2.3 复位，M1.4、M1.5、M1.6、M1.7 复位，计时 1s，1s 时间到后 I1.1 为 OFF，S0.0 状态激活，进入下一个循环。

② 白色塑料物料。M1.5 为 ON，I2.1 为 ON，至 B 点位置，计时 0.1s，0.1s 时间到，S1.2 状态激活，Q2.1、Q2.2、Q2.3、M1.5 复位，Q1.2 置位，推料二气缸活塞杆伸出将它推入料槽二内，传送带停止工作；当气缸二活塞杆伸出到位后，I1.4 为 ON，Q1.2 复位，推料二气缸活塞杆缩回；当气缸活塞杆缩回到位后，S1.4 状态激活，Q2.0、Q2.1、Q2.2、Q2.3 复位，M1.4、M1.5、M1.6、M1.7 复位，计时 1s，1s 时间到后 I1.1 为 OFF，S0.0 状态激活，进入下一个循环。

③ 黑色塑料物料。对于两种工作方式，黑色塑料物料均为不合格物料，M1.6 为 ON，I1.1 为 ON，到达料台位置，此时若机械手在原位，机械手开始搬运；0.1s 后 S1.4 状态激活，Q2.0、Q2.1、Q2.2、Q2.3 复位，M1.4、M1.5、M1.6、M1.7 复位，计时 1s，1s 时间到后 I1.1 为 OFF，S0.0 状态激活，进入下一个循环。

7）方式二：组合分拣（I2.4 为 OFF）。物料加工过程与方式一相同。I2.4 为 OFF，激活状态 S2.1。

① 料槽一物料组合分拣。所有推料标志寄存器均清零。料槽一优先标志 M4.0 为 ON，料槽一内物料个数由 VW10 计数，若料槽一无物料即 VW10 为 0，来料为金属物料 M1.4 为 ON；或者料槽一内有物料（要求第一个物料为金属物料）即 VW10 为 1，来料为白色物料 M1.5 为 ON；则激活状态 S4.0，Q2.1、Q2.3 置位，T125 开始计时；T125 为 4s 时，S1.1 状态激活，Q2.1、Q2.2、Q2.3、M1.4 复位，Q1.1 置位，推料一气缸活塞杆伸出将它推入料槽一内，传送带停止工作；当气缸一活塞杆伸出到位后，I1.2 为 ON，Q1.1 复位，推料一气缸活塞杆缩回；当气缸活塞杆缩回到位后，S1.4 状态激活，Q2.0、Q2.1、Q2.2、Q2.3 复位，M1.4、M1.5、M1.6、M1.7 复位，计时 1s，1s 时间到后 I1.1 为 OFF，S0.0 状态激活，进入下一个循环。

② 料槽二物料的组合分拣。料槽二优先标志 M4.1 为 ON，料槽二内物料个数由 VW14 计数，若料槽二无物料即 VW14 为 0，来料为金属物料 M1.4 为 ON；或者料槽二内

有物料（要求第一个物料为金属物料）即 VW14 为 1，来料为白色物料 M1.5 为 ON；则激活状态 S4.1，Q2.1、Q2.3 置位，T137 开始计时，T125 为 2s 时，S1.2 状态激活，Q2.1、Q2.2、Q2.3、M1.4 复位，Q1.2 置位，推料二气缸活塞杆伸出将它推入料槽二内，传送带停止工作；当气缸二活塞杆伸出到位后，I1.4 为 ON，Q1.2 复位，推料二气缸活塞杆缩回；当气缸活塞杆缩回到位后，S1.4 状态激活，Q2.0、Q2.1、Q2.2、Q2.3 复位，M1.4、M1.5、M1.6、M1.7 复位，计时 1s，1s 时间到后 I1.1 为 OFF，S0.0 状态激活，进入下一个循环。

若为不符合要求的物料，在 C 位置点加工 2s，T135 计时 0.2s 后，M1.6 为 OFF 不是黑色物料，I2.2 为 ON，Q2.1、Q2.3 复位，激活状态 S1.3，Q2.0、Q2.1、Q2.2、Q2.3 复位，M1.4、M1.5、M1.6、M1.7 复位，Q1.3 置位，推料三气缸活塞杆伸出将它推入料槽三内，传送带停止工作；当气缸三活塞杆伸出到位后，I1.6 为 ON，Q1.3 复位，推料三气缸活塞杆缩回；当气缸活塞杆缩回到位后，S1.4 状态激活，Q2.1、Q2.2、Q2.3、Q2.4 复位，M1.4、M1.5、M1.6、M1.7 复位，计时 1s，1s 时间到后 I1.1 为 OFF，S0.0 状态激活，进入下一个循环。

③ 设备起动后，调用推料计数子程序。推料一气缸活塞杆伸出，Q1.1 为 ON，VW10 加 1 计数；当 VW10 为 2 时，料槽一的一次组合完成，M4.0 复位、M4.1 置位，M4.1 为 ON，VW10 清零；推料二气缸活塞杆伸出，Q1.2 为 ON，VW14 加 1 计数，当 VW14 为 2 时，料槽二的一次组合完成，M4.1 复位、M4.0 置位，M4.0 为 ON，VW14 清零。

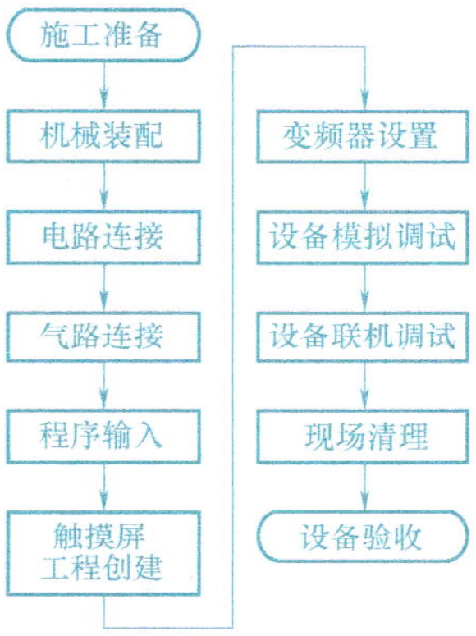

图 8-11　多功能加工及分拣设备的组装与调试流程图

（6）制订施工计划　多功能加工及分拣设备的组装与调试流程如图 8-11 所示。以此为依据，施工人员填写表 8-3，合理制订施工计划，确保在额定时间内完成规定的施工任务。

表 8-3　施工计划表

<table>
<tr><th colspan="2">设备名称</th><th>施工日期</th><th>总工时/h</th><th>施工人数</th><th colspan="2">施工负责人</th></tr>
<tr><td colspan="2">×××多功能加工及分拣设备</td><td></td><td></td><td></td><td colspan="2"></td></tr>
<tr><td>序号</td><td colspan="3">施工任务</td><td>施工人员</td><td>工序定额</td><td>备注</td></tr>
<tr><td>1</td><td colspan="3">阅读设备技术文件</td><td></td><td></td><td></td></tr>
<tr><td>2</td><td colspan="3">机械装配、调整</td><td></td><td></td><td></td></tr>
<tr><td>3</td><td colspan="3">电路连接、检查</td><td></td><td></td><td></td></tr>
<tr><td>4</td><td colspan="3">气路连接、检查</td><td></td><td></td><td></td></tr>
<tr><td>5</td><td colspan="3">程序输入</td><td></td><td></td><td></td></tr>
<tr><td>6</td><td colspan="3">触摸屏工程创建</td><td></td><td></td><td></td></tr>
<tr><td>7</td><td colspan="3">设置变频器参数</td><td></td><td></td><td></td></tr>
<tr><td>8</td><td colspan="3">设备模拟调试</td><td></td><td></td><td></td></tr>
<tr><td>9</td><td colspan="3">设备联机调试</td><td></td><td></td><td></td></tr>
<tr><td>10</td><td colspan="3">现场清理，技术文件整理</td><td></td><td></td><td></td></tr>
<tr><td>11</td><td colspan="3">设备验收</td><td></td><td></td><td></td></tr>
</table>

2. 施工准备

（1）设备清点　检查设备部件是否齐全，并归类放置。多功能加工及分拣设备清单见表 8-4。

表 8-4 设备清单

序号	名称	型号规格	数量	单位	备注
1	直流减速电动机	24V	1	只	
2	物料料盘		1	个	
3	料盘支架		2	个	
4	物料支架		1	套	
5	警示灯及其支架	两色、闪烁	1	套	
6	伸缩气缸套件	CXSM15-100	1	套	
7	提升气缸套件	CDJ2KB16-75-B	1	套	
8	手爪套件	MHZ2-10D1E	1	套	
9	旋转气缸套件	CDRB2BW20-180S	1	套	
10	机械手固定支架		1	套	
11	缓冲器		2	只	
12	传送带套件	50cm×700cm	1	套	
13	推料气缸套件	CDJ2KB10-60-B	3	套	
14	料槽套件		3	套	
15	电动机及安装套件	380V、25W	1	套	
16	落料口		1	只	
17	光电传感器及其支架	E3Z-LS61	1	套	出料口
18		GO12-MDNA-A	1	套	落料口
19	电感式传感器	NSN4-2M60-E0-AM	3	套	
20	光纤传感器及其支架	E3X-NA11	2	套	
21	磁性传感器	D-59B	1	套	手爪紧松
22		SIWKOD-Z73	2	套	手臂伸缩
23		D-C73	8	套	手爪升降、推料、限位
24	PLC 模块	YL087、S7-200 SMART SR60	1	块	
25	变频器模块	MM420	1	块	
26	触摸屏及通信线	昆仑通态 TPC7062KS	1	套	
27	按钮模块	YL157	1	块	
28	电源模块	YL046	1	块	
29	螺钉	不锈钢内六角螺钉 M6×12	若干	只	
30		不锈钢内六角螺钉 M4×12	若干	只	
31		不锈钢内六角螺钉 M3×10	若干	只	
32	螺母	椭圆形螺母 M6	若干	只	
33		M4	若干	只	
34		M3	若干	只	
35	垫圈	$\phi 4$	若干	只	

（2）工具清点　设备组装工具见表 8-5。施工人员应清点工具的数量，同时认真检查其性能是否完好。

表 8-5 工具清单

序号	名称	规格、型号	数量	单位
1	工具箱		1	只
2	螺钉旋具	一字、100mm	1	把
3	钟表螺钉旋具		1	套
4	螺钉旋具	十字、150mm	1	把
5	螺钉旋具	十字、100mm	1	把
6	螺钉旋具	一字、150mm	1	把
7	斜口钳	150mm	1	把
8	尖嘴钳	150mm	1	把
9	剥线钳		1	把
10	内六角扳手(组套)	PM-C9	1	套
11	万用表		1	只

三、实施任务

根据制订的施工计划，按顺序组装多功能加工及分拣设备，施工中应及时调整进度，保证定额。施工时必须严格遵守安全操作规程，加强安全保障措施，确保人身和设备安全。

1. 机械装配

（1）机械装配前的准备　按照要求清理现场，准备图样及工具，并安排装配流程。参考流程如图 8-12 所示。

（2）机械装配步骤　依据确定的组装顺序，对照设备装配示意图组装多功能加工及分拣设备。

1）画线定位。

2）组装传送装置。参考图 8-13，组装传送装置。

① 安装传送带脚支架。

② 在传送带的右侧（电动机侧）固定落料口，并保证物料落放准确、平稳。

③ 安装落料口传感器。

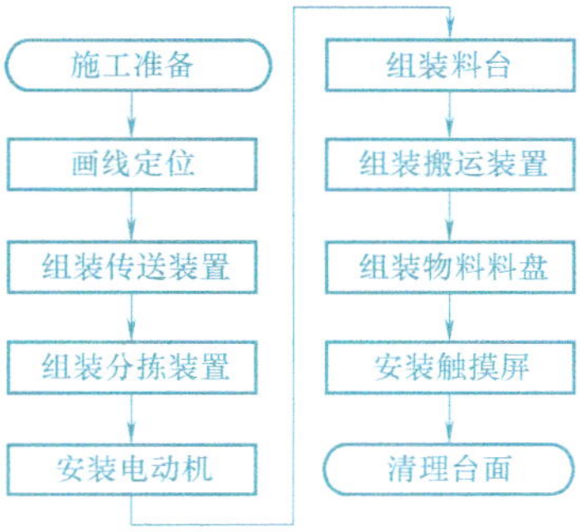

图 8-12　机械装配流程图

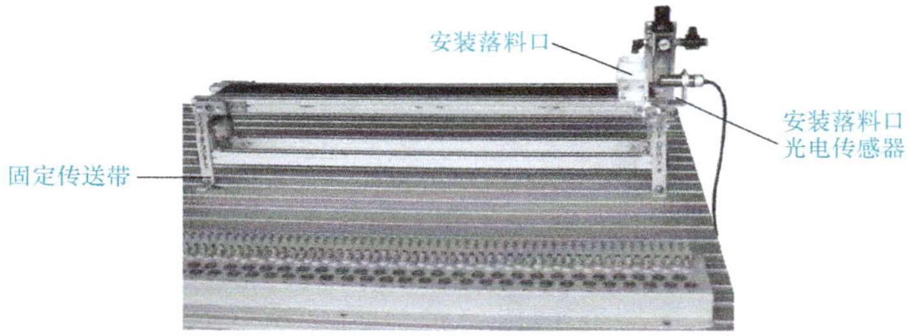

图 8-13　组装传送带

④ 将传送带固定在定位处。

3）组装分拣装置。参考图 8-14，组装分拣装置。

① 组装起动推料传感器。

② 组装推料气缸。

③ 固定、调整料槽及其推料气缸为同一中心线。

4）安装电动机。调整电动机的高度、垂直度，直至电动机与传送带同轴，如图 8-15 所示。

图 8-14　组装分拣装置

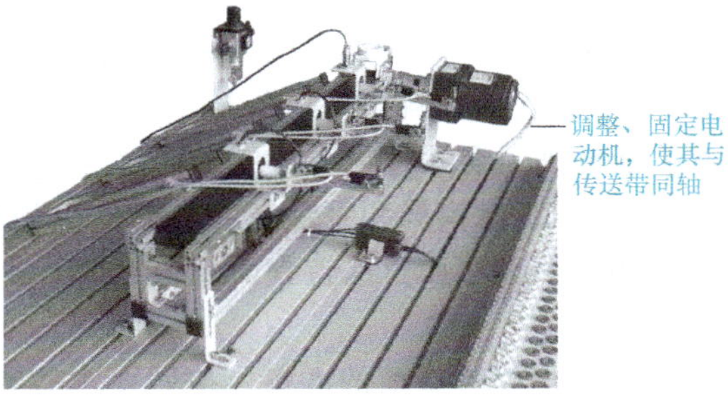

图 8-15　安装电动机

5）组装料台。如图 8-16 所示，将出料口装在支架上，装好物料检测光电传感器后，将支架固定在定位处，并调整其高度等尺寸。

图 8-16 组装料台

6）将电磁阀阀组固定在定位处，如图 8-17 所示。

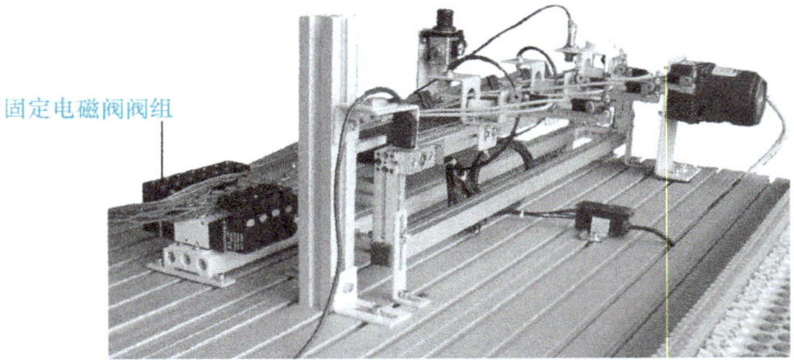

图 8-17 固定电磁阀阀组

7）组装搬运装置。参考图 8-18，组装固定机械手。

① 安装旋转气缸。

② 组装机械手支架。

③ 组装机械手手臂。

④ 组装提升臂。

⑤ 安装手爪。

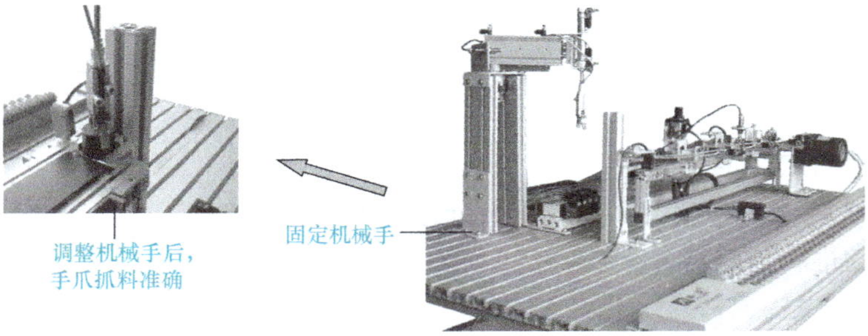

图 8-18 固定、调整机械手

⑥ 固定磁性传感器。

⑦ 固定左右限位装置。

⑧ 固定机械手，调整机械手摆幅、高度等尺寸，使机械手能准确地将料台内的物料取出。

8）固定物料料盘。如图 8-19 所示，装好物料料盘，并将其固定在定位处。调整后，机械手能准确无误地将物料释放至料盘内。

9）固定触摸屏和警示灯。如图 8-20 所示，将触摸屏和警示灯固定在定位处。

10）清理台面，保持台面无杂物且无多余部件。

2. 电路连接

（1）电路连接前的准备 按照要求检查电源状态，准备图样、工具及线号管，并安排电路连接流程。参考流程如图 8-21 所示。

图 8-19　安装物料料盘

图 8-20　固定触摸屏和警示灯

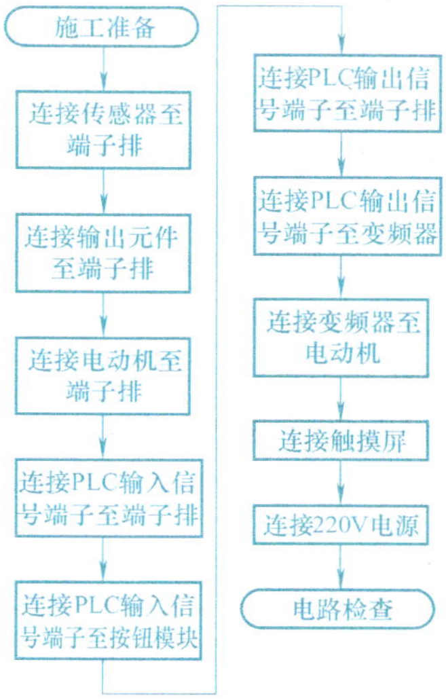

图 8-21　电路连接流程图

（2）电路连接步骤　电路连接应符合工艺、安全规范要求，所有导线应置于线槽内。导线与端子排连接时，应套线号管并及时编号，避免错编漏编。插入端子排的连接线必须接触良好且紧固。接线端子排的布置图如图 8-22 所示。

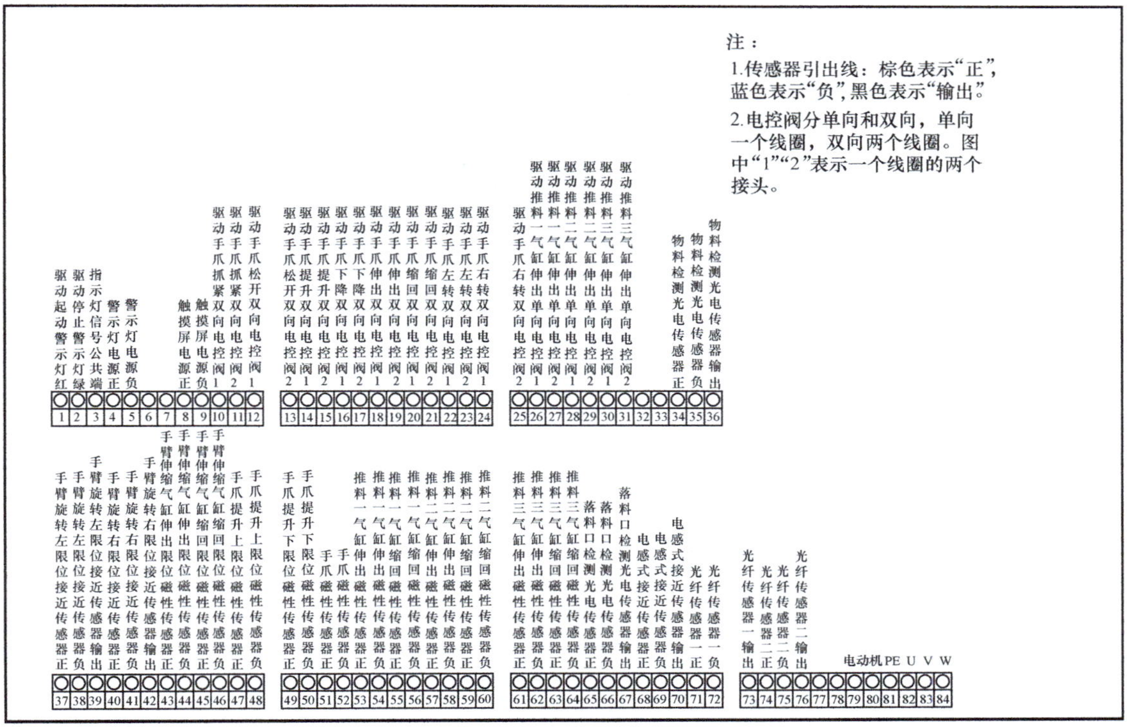

图 8-22　端子接线布置图

1）连接传感器至端子排。

2）连接输出元件至端子排。

3）连接电动机至端子排。

4）连接 PLC 的输入信号端子至端子排。

5）连接 PLC 的输入信号端子至按钮模块。

6）连接 PLC 的输出信号端子至端子排（负载电源暂不连接，待 PLC 模拟调试成功后进行）。

7）连接 PLC 的输出信号端子至变频器。

8）连接变频器至电动机。

9）连接触摸屏的电源输入端子至电源模块中的 24V 直流电源。

10）将电源模块中的单相交流电源引至 PLC 模块。

11）将电源模块中的三相电源和接地线引至变频器的主电路输入端子 L1、L2、L3、PE。

12）电路检查。对照电路图检查是否掉线、错线，是否漏编、错编，接线是否牢固等。

13）清理台面，工具入箱。

3. 气动回路连接

(1) 气路连接前的准备　按照要求检查空气压缩机状态，准备图样及工具，并安排气路连接步骤。

(2) 气路连接步骤　根据气路图连接气路，应避免直角或锐角弯曲，尽量平行布置，力求走向合理且气管最短，如图 8-23 所示。

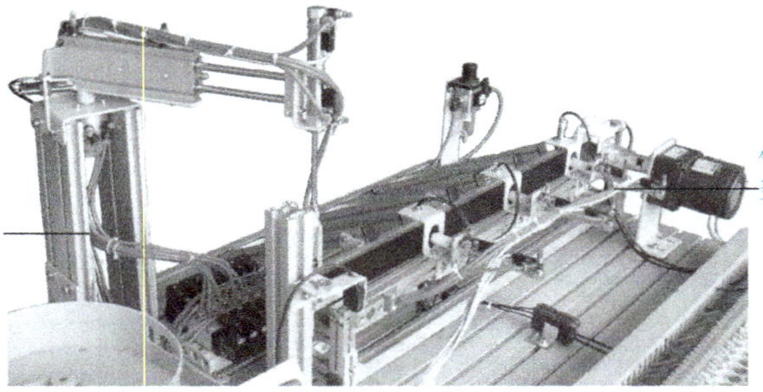

图 8-23　气路连接

1）连接气源。

2）连接执行元件。

3）整理、固定气管。

4）清理杂物，工具入箱。

4. 程序输入

启动西门子 PLC 编程软件，输入图 8-10 所示的梯形图。

1）启动西门子 PLC 编程软件。

2）创建新文件，选择 PLC 类型。

3）输入程序。

4）编译梯形图。

5）保存文件。

5. 触摸屏工程创建

根据设备控制功能创建触摸屏人机界面，其方法参考触摸屏技术文件。

（1）建立工程　工程建立方法与项目六相同。

1）启动 MCGS 组态软件。

2）新建工程。

（2）组态设备窗口　组态设备窗口方法与项目六相同。

1）进入设备窗口。

2）进入“设备组态：设备窗口”。

3）打开设备构建“设备工具箱”。

4）选择设备构件。

（3）组态用户窗口

1）进入用户窗口。

2）创建新的用户窗口。单击用户窗口中的【新建窗口】按钮，创建三个新的用户窗口“窗口 0”“窗口 1”“窗口 2”。

3）设置用户窗口属性。将“窗口 0”命名为“人机界面首页”，将“窗口 1”命名为“命令界面”，将“窗口 2”命名为“监视界面”。

4）创建图形对象。

第一步：创建“人机界面首页”的图形对象，其方法与项目六相同。

① 创建“×××多功能加工及分拣设备”图形对象。进入动画组态窗口，创建“×××多功能加工及分拣设备”标签图形，并定义其属性。

② 创建切换按钮“进入命令界面”图形对象。创建切换按钮“进入命令界面”图形，并定义其属性。

③ 创建切换按钮“进入监视界面”图形对象。创建切换按钮“进入监视界面”图形，并定义其属性。

第二步：创建“命令界面”的图形对象，其方法与项目六相同。

① 创建“起动按钮”图形对象。进入动画组态窗口，创建“起动按钮”图形，并定义其属性。

② 创建“停止按钮”图形对象。进入动画组态窗口，创建“停止按钮”图形，并定义其属性。

③ 编辑图形对象。

④ 创建切换按钮“返回首页”图形对象。打开“对象元件库管理”对话框，创建切换按钮“返回首页”图形，并定义其属性。

⑤ 创建文字标签“返回首页”图形对象。

第三步：创建“监视界面”的图形对象。

① 创建实时数据 a。首先新增实时数据。如图 8-24 所示，工作台选择“实时数据库”窗口，单击【新增对象】按钮，数据栏出现数值型“Data1”数据。然后定义实时数据属性。如图 8-24 所示，双击“Data1”便弹出如图 8-25 所示的“数据对象属性设置”对话框。

选择“基本属性”页，在“对象名称”栏中输入“a”，将“对象类型”设置为“字符”，单击【确认】按钮即可。

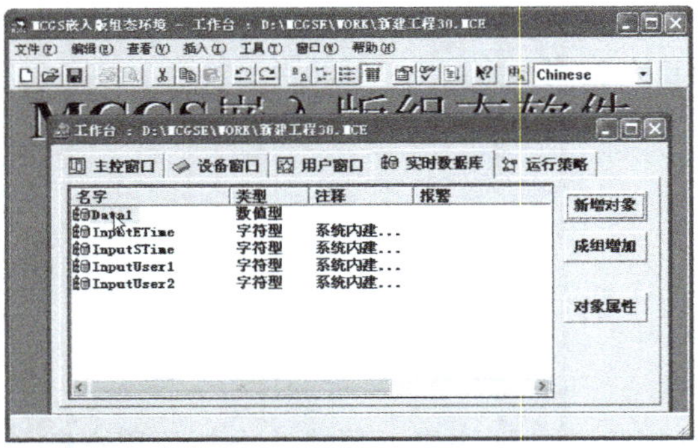

图 8-24 “实时数据库”窗口

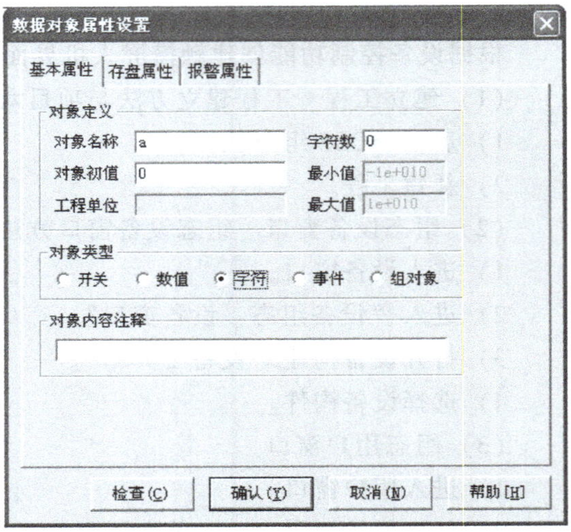

图 8-25 “数据对象属性设置”对话框

② 创建实时数据 b。用同样方法在“实时数据库”窗口中再新增一个对象，将其“对象名称”设置为“b”，将“对象类型”设置为“字符”，完成后的“实时数据库”窗口如图 8-26 所示。

③ 创建“系统状态”文字标签图形对象。进入“动画组态监视界面”窗口，如图 8-27 所示，选择“用户窗口”页，双击“监视界面”图标，进入“动画组态监视界面”窗口。创建“系统状态”文字标签图形，方法同前。定义“系统状态”文字标签图形属性，选择“属性设置”页，将“边线颜色”设置为“没有边线”；选择“扩展属性”页，在文本内容输入栏输入文字“系统状态”，设置完成后如图 8-28 所示。

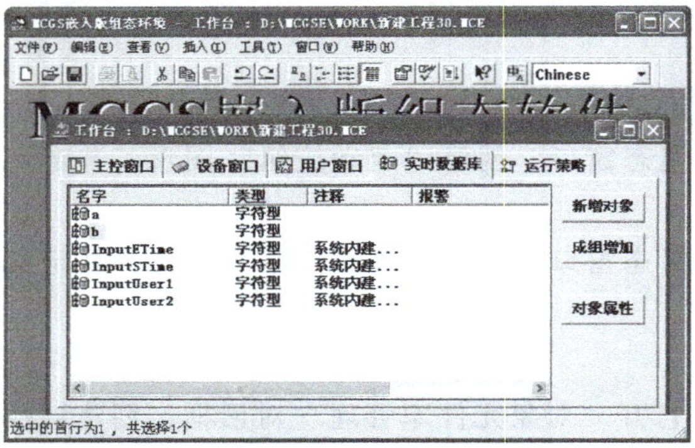

图 8-26 新增完成后的“实时数据库”窗口

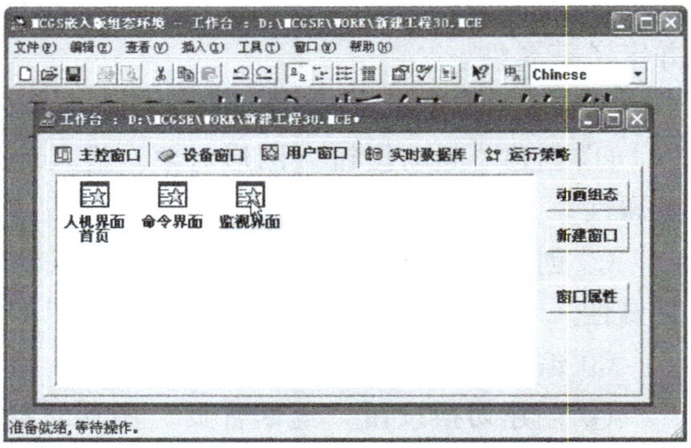

图 8-27 用户窗口

④ 创建数值显示标签图形对象 a。首先创建数值显示标签图形，采用同样的方法在动画组态窗口内创建一个标签“a”。然后定义数值显示标签图形属性，如图 8-29 所示，选择“属性设置”页，将“边线颜色”设置为“没有边线”，“输入输出连接”勾选为“显示输出”。定义数值显示标签显示输出属性。

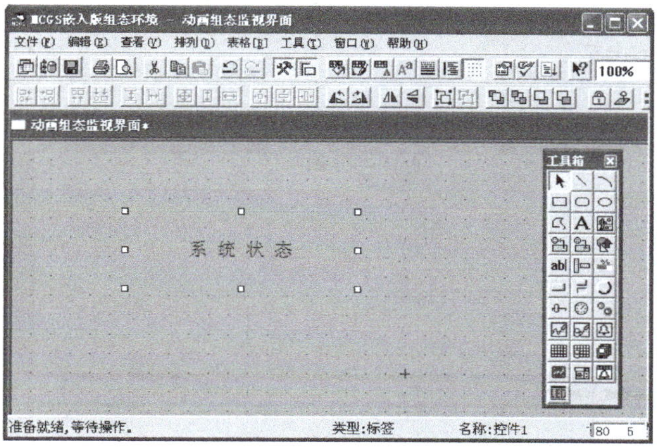

图 8-28 “动画组态监视界面”窗口

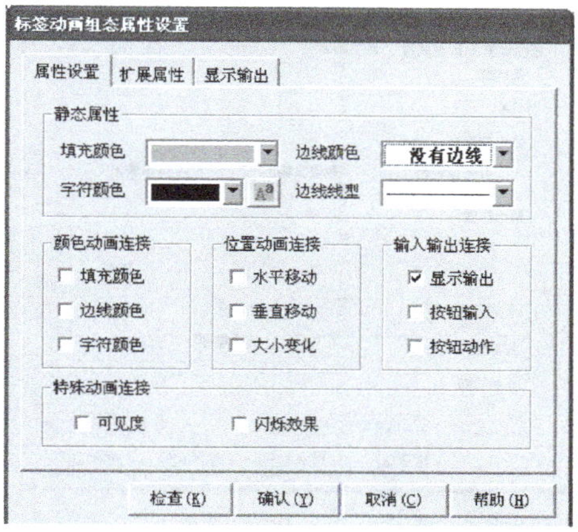

图 8-29 “标签动画组态属性设置”对话框

如图 8-30 所示，选择“显示输出”页，将“输出值类型”设置为“字符串输出”，单击表达式中的 ? ，弹出图 8-31 所示的“变量选择”对话框，勾选“从数据中心选择 | 自定义”选项，单击“对象名”中的字符“a”后，在“选择变量”栏中出现字符“a”；单击【确认】按钮，系统弹出图 8-32 所示的标签显示输出属性；单击【确认】按钮，该标签便制作完成。

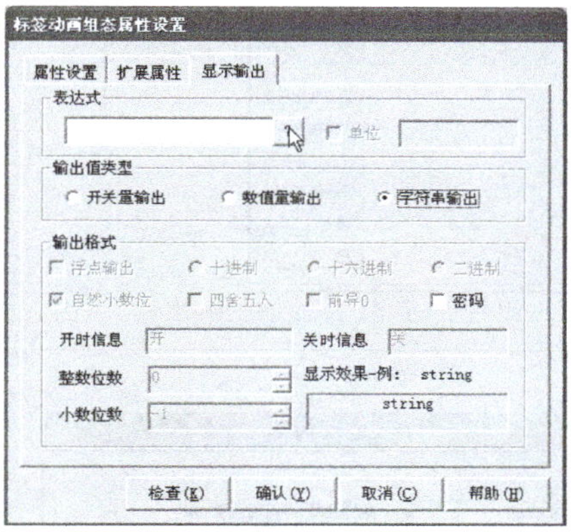

图 8-30 “标签动画组态显示输出设置”对话框

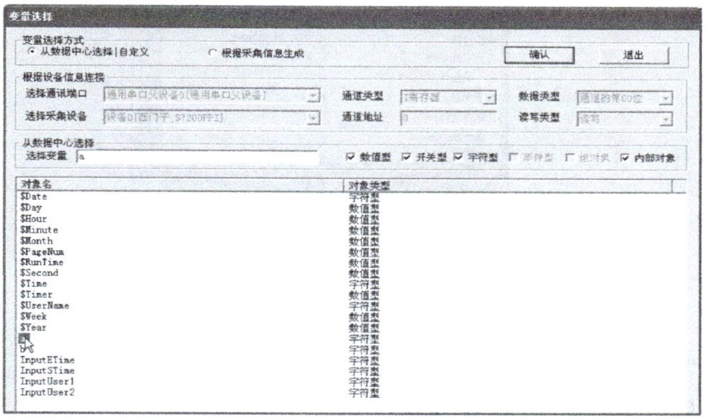

图 8-31 “变量选择”对话框

⑤ 创建数值显示标签图形对象 b。方法与创建数值显示标签图形对象 a 一样，在窗口内创建数值显示标签图形对象 b。

⑥ 编辑设备窗口。在工作台上打开图 8-33 所示的“设备组态：设备窗口”，双击“设备 0--[西门子-S7200PPI]”图标，系统弹出图 8-34 所示的“设备编辑窗口”；删除设备窗口中的 0001～0008 设备通道后，单击【增加设备通道】按钮，系统弹出图 8-35 所示的“添加设备通道”对话框；将“通道类型”设置为“M 寄存器”，将“通道地址”设置为“1”，单击【确认】按钮。完成后的设备编辑窗口如图 8-36 所示。

如图 8-36 所示，双击新增加的设备通道“读写 M001.0”，系统弹出图 8-37 所示的“变量选择”对话框；在“选择变量”中输入文字“运行指示灯”，单击【确认】按钮。

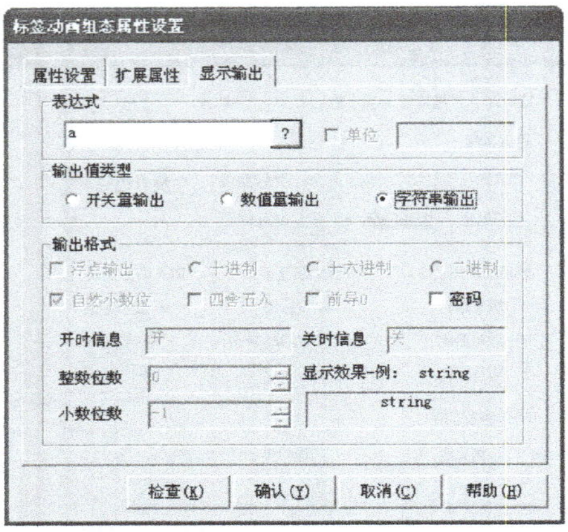

图 8-32 设置完成后的标签显示输出属性

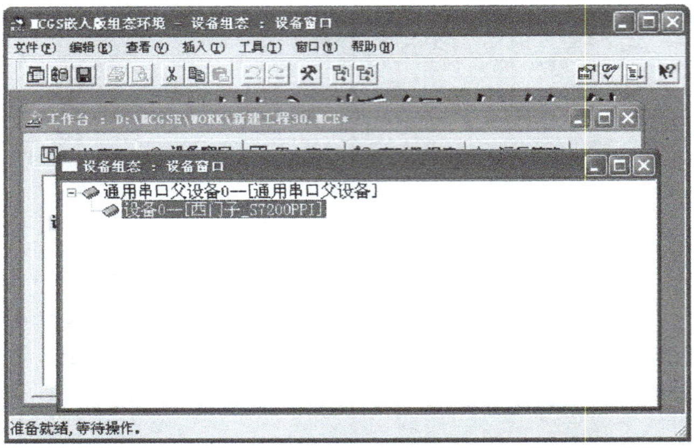

图 8-33 设备组态：设备窗口

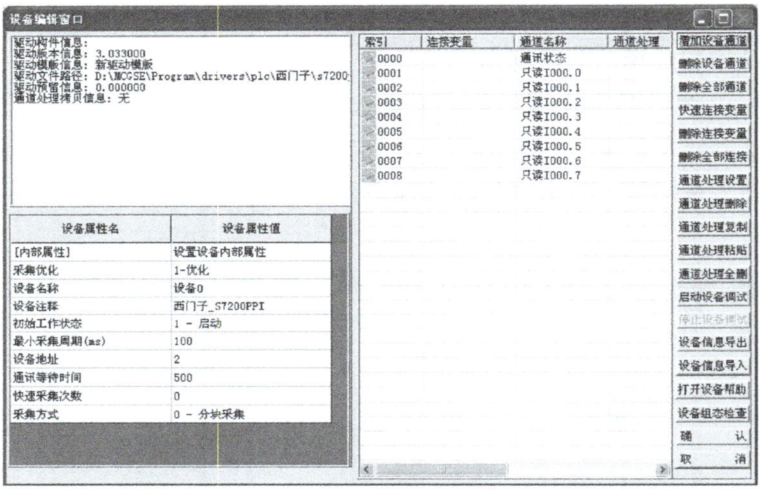

图 8-34 设备编辑窗口

用同样的方法增加设备通道“方式切换”“起动按钮”“停止按钮”“报警灯”，添加完成后的窗口如图 8-38 所示。

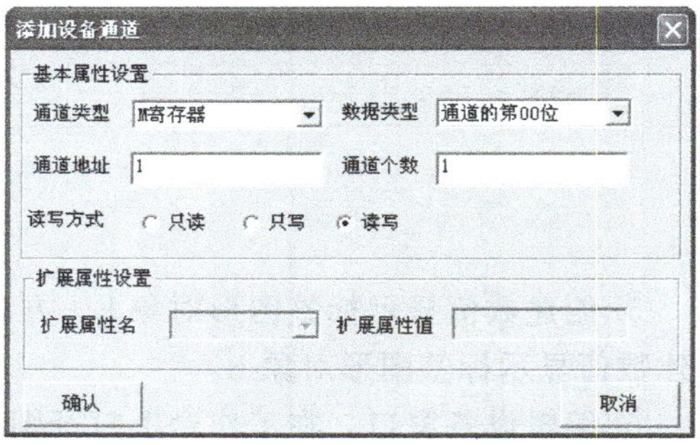

图 8-35 “添加设备通道”对话框

⑦ 编辑脚本程序。如图 8-39 所示，将窗口切换到“运行策略”窗口；双击“循环策略”图标，系统弹出图 8-40 所示的“策略组态：循环策略”窗口。右击“按照设定的时间循环运行”图标，执行下拉菜单中的【新增策略行】命令，系统弹出图 8-41 所示的“按照设定的时间循环运行”对话框。

如图 8-41 所示，右击，打开图 8-42 所示的“策略工具箱”，双击工具箱中的“脚本程序”，变成“脚本程序”；双击“脚本程序”图标，进入“脚本程序编辑”窗口。

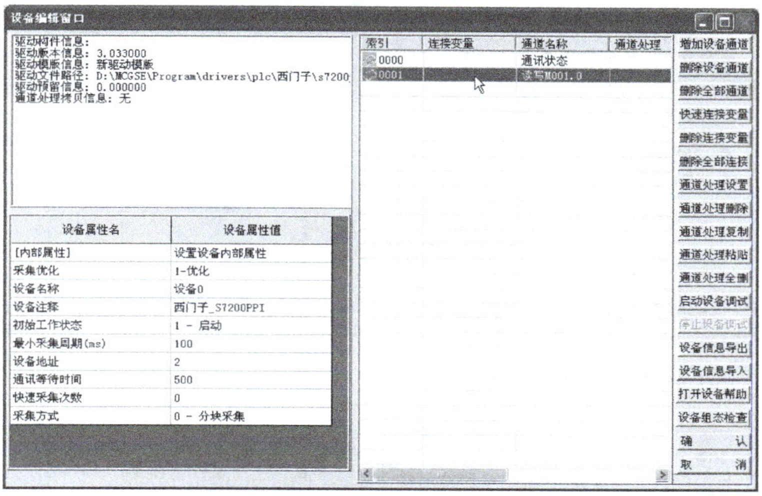

图 8-36　增加设备通道完成后的“设备编辑窗口”

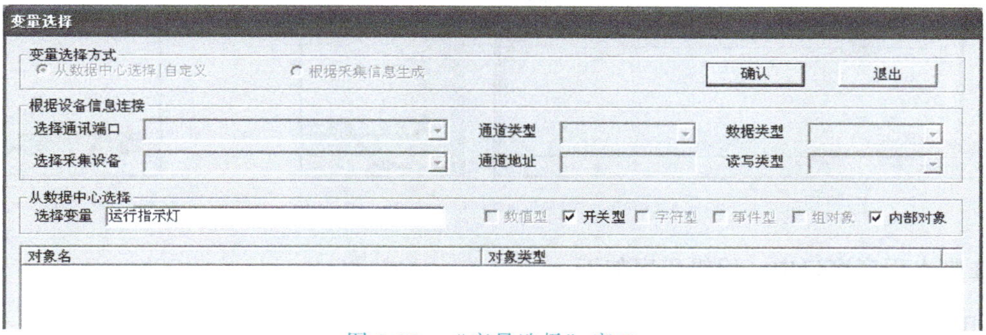

图 8-37　“变量选择”窗口

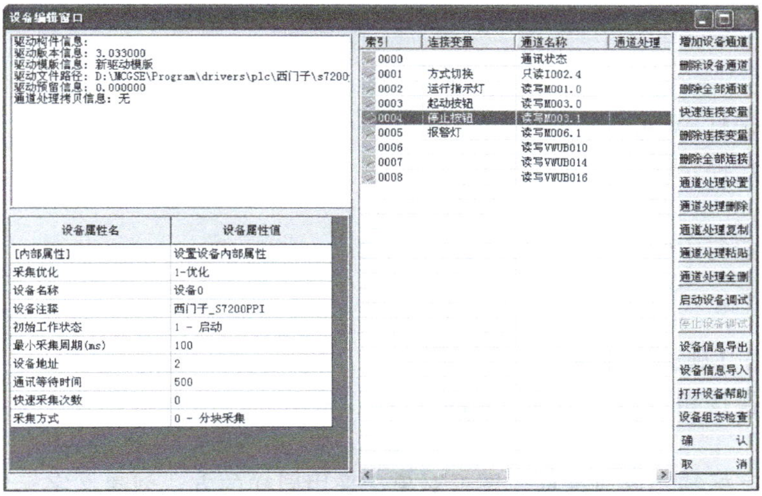

图 8-38　所有通道添加完成后的“设备编辑窗口”

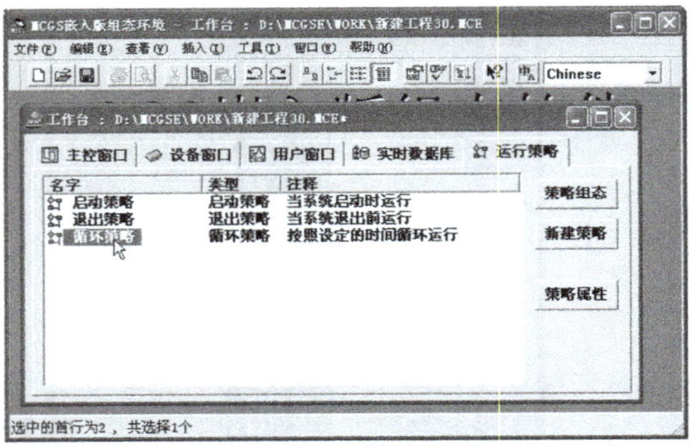

图 8-39 “运行策略”窗口

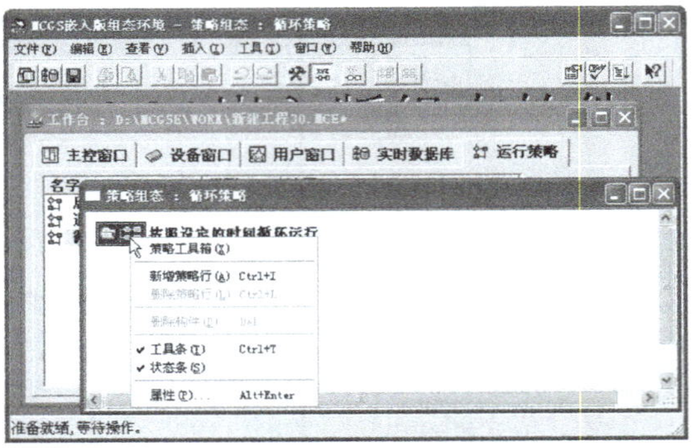

图 8-40 “策略组态：循环策略”窗口

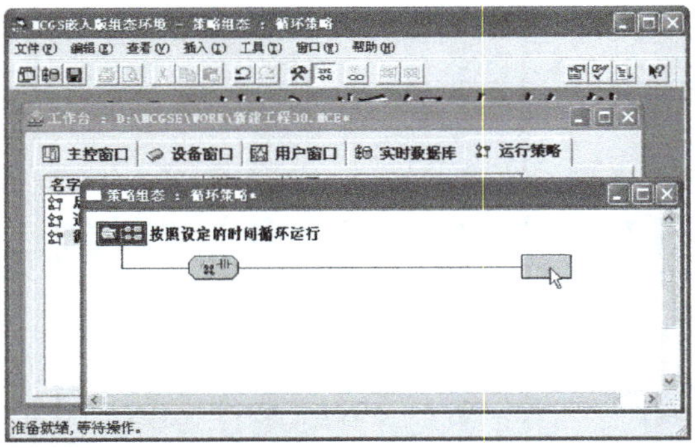

图 8-41 “按照设定的时间循环运行”窗口

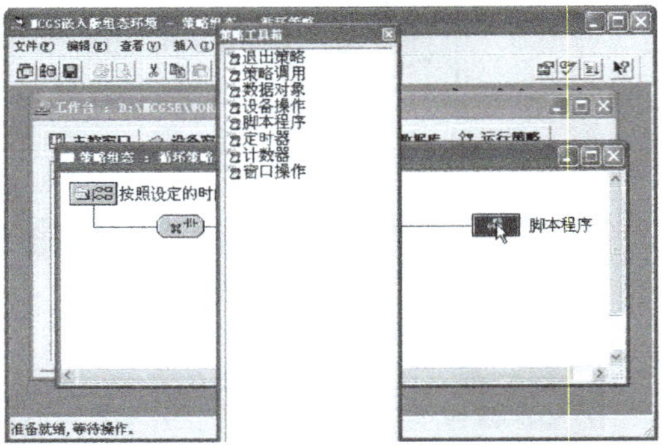

图 8-42 “策略工具箱”窗口

在脚本程序窗口中，编辑程序如下：

```
IF 方式切换=0 then
a="方式二"
ELSE
a="方式一"
endif
if 运行指示灯=0 then
b="系统已停止"
ELSE
b="系统运行中"
ENDIF
```

完成后单击【确认】按钮。

⑧ 创建切换按钮“返回首页”图形对象。采用同样的方法创建“返回首页”图形对象。

⑨ 创建文字标签“返回首页”图形对象。采用同样的方法创建文字标签“返回首页”图形对象，完成后的“动画组态监视界面”窗口如图 8-43 所示。

（4）工程下载　执行【工具】—【下载配置】命令，将工程保存后下载。

（5）离线模拟　执行【模拟运行】命令，即可实现图 8-2～图 8-4 所示的触摸控制功能。

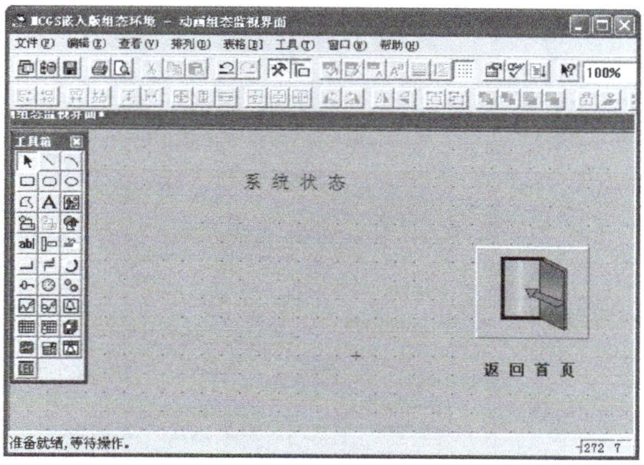

图 8-43　“动画组态监视界面”窗口

6. 变频器参数设置

在变频器面板上，按表 8-6 设定参数。

表 8-6　变频器参数设定表

序号	参数号	名称	设定值	备注
1	P0010	工厂的默认设定值	30	
2	P0970	参数复位	1	
3	P0003	扩展级	2	
4	P0004	全部参数	0	
5	P0010	快速调试	1	
6	P0100	频率默认为 50Hz，功率/kW	0	
7	P0304	电动机额定电压/V	根据实际设定	
8	P0305	电动机额定电流/A	根据实际设定	
9	P0307	电动机额定功率/kW	根据实际设定	
10	P0310	电动机额定频率/Hz	根据实际设定	
11	P0311	电动机额定速度/(r/min)	根据实际设定	
12	P0700	由端子排输入	2	
13	P1000	固定频率设定值的选择	3	
14	P1080	最低频率/Hz	0	
15	P1082	最高频率/Hz	50	
16	P1120	斜坡上升时间/s	0.7	
17	P1121	斜坡下降时间/s	0.5	
18	P3900	结束快速调试	1	
19	P0003	扩展级	2	
20	P0701	数字输入 1 的功能	17	
21	P0702	数字输入 2 的功能	17	
22	P0703	数字输入 3 的功能	1	
23	P0704	数字输入 4 的功能	2	
24	P1002	固定频率 2	35	
25	P1003	固定频率 3	25	
26	P1040	MOP 的设定值	5	

7. 设备调试

（1）设备调试前的准备　按照要求清理设备，检查机械装配、电路连接、气路连接等情况，确保其安全性、正确性。在此基础上确定调试流程，本设备的调试流程如图 8-44 所示。

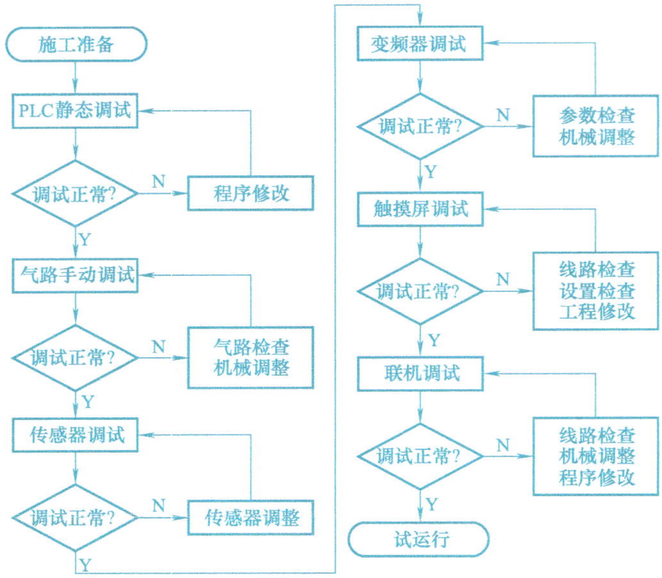

图 8-44 设备调试流程图

（2）模拟调试

1）PLC 静态调试。

① 连接计算机与 PLC。

② 确认 PLC 的输出负载回路电源处于断开状态，并检查空气压缩机出气口的阀门是否关闭。

③ 合上断路器，给设备供电。

④ 写入程序。

⑤ 运行 PLC，按表 8-7～表 8-9 用 PLC 模块上的钮子开关模拟 PLC 输入信号，观察 PLC 的输出指示灯状态。

⑥ 将 PLC 的 RUN/STOP 开关置于“STOP”位置。

⑦ 复位 PLC 模块上的钮子开关。

表 8-7 简单分拣方式静态调试情况记载表

步骤	操作任务	观察任务		备注
		正确结果	观察结果	
1	PLC 上电	Q1.7 指示灯点亮		警示灯红灯点亮，设备停止
2	按下起动按钮 SB1	Q1.7 指示灯熄灭		警示灯红灯熄灭
		Q1.6 指示灯点亮		警示灯绿灯点亮，设备运行
		Q1.5 指示灯点亮		加料指示灯点亮，可以加料
		Q2.0、Q2.3 指示灯点亮		传送带高速向左运行
3	动作 I2.3 钮子开关后复位	Q1.5 指示灯熄灭		加料指示灯熄灭，禁止加料
		Q2.1、Q2.3 指示灯点亮		传送带中速向左传送物料
4	动作 I2.0、I2.2 钮子开关后复位	Q2.1、Q2.3 指示灯熄灭		金属物料至 C 点位置停止，加工 2s
		2s 后 Q2.1、Q2.2 指示灯点亮		物料返回
5	动作 I2.0 钮子开关后复位	Q2.1、Q2.2 指示灯熄灭		物料返回至 A 点位置
		Q1.1 指示灯点亮		推入料槽一内

（续）

步骤	操作任务	观察任务		备注
		正确结果	观察结果	
6	动作 I1.2、I1.3 钮子开关后复位	Q1.1 指示灯熄灭		推料一气缸活塞杆缩回
		Q1.5 指示灯点亮		加料指示灯点亮，可以加料
		Q2.0、Q2.3 指示灯点亮		传送带高速向左运行
7	动作 I2.3 钮子开关后复位	Q1.5 指示灯熄灭		加料指示灯熄灭，禁止加料
		Q2.1、Q2.3 指示灯点亮		传送带中速向左传送物料
8	动作 I2.1、I2.2 钮子开关后复位	Q2.1、Q2.3 指示灯熄灭		白色物料至 C 点位置停止，加工 2s
		2s 后 Q2.1、Q2.2 指示灯点亮		物料返回
9	动作 I2.1 钮子开关后复位	Q2.1、Q2.2 指示灯熄灭		物料返回至 B 点位置
		Q1.2 指示灯点亮		推入料槽二内
10	动作 I1.4、I1.5 钮子开关后复位	Q1.2 指示灯熄灭		推料二气缸活塞杆缩回
		Q1.5 指示灯点亮		加料指示灯点亮，可以加料
		Q2.0、Q2.3 指示灯点亮		传送带高速向左运行
11	动作 I2.3 钮子开关后复位	Q1.5 指示灯熄灭		加料指示灯熄灭，禁止加料
		Q2.1、Q2.3 指示灯点亮		传送带中速向左传送物料
12	动作 I2.2 钮子开关后复位	Q2.1、Q2.3 指示灯熄灭		黑色物料至 C 点位置停止，加工 2s
		2s 后 Q2.1、Q2.3 指示灯点亮		传送带中速向左传送物料
13	模拟动作 I1.1	Q2.1、Q2.3 指示灯熄灭		传送带停止
14	机械手搬走物料	Q1.5 指示灯点亮		加料指示灯点亮，可以加料
		Q2.0、Q2.3 指示灯点亮		传送带高速向左运行

表 8-8　组合分拣方式静态调试情况记载表

步骤	操作任务	观察任务		备注
		正确结果	观察结果	
1	PLC 上电，动作 I2.4	Q1.7 指示灯点亮		警示灯红灯点亮，设备停止
2	按下起动按钮 SB1	Q1.7 指示灯熄灭		警示灯红灯熄灭
		Q1.6 指示灯点亮		警示灯绿灯点亮，设备运行
		Q1.5 指示灯点亮		加料指示灯点亮，可以加料
		Q2.0、Q2.3 指示灯点亮		传送带高速向左运行
3	动作 I2.3 钮子开关后复位	Q1.5 指示灯熄灭		加料指示灯熄灭，禁止加料
		Q2.1、Q2.3 指示灯点亮		传送带中速向左传送物料
4	动作 I2.0、I2.2 钮子开关后复位	Q2.1、Q2.3 指示灯熄灭		金属物料至 C 点位置停止，加工 2s
		2s 后 Q2.1、Q2.2 指示灯点亮		物料返回
5	动作 I2.0 钮子开关后复位	Q2.1、Q2.2 指示灯熄灭		物料返回至 A 点位置
		Q1.1 指示灯点亮		推入料槽一内
6	动作 I1.2、I1.3 钮子开关后复位	Q1.1 指示灯熄灭		推料一气缸活塞杆缩回
		Q1.5 指示灯点亮		加料指示灯点亮，可以加料
		Q2.0、Q2.3 指示灯点亮		传送带高速向左运行
7	动作 I2.3 钮子开关后复位	Q1.5 指示灯熄灭		加料指示灯熄灭，禁止加料
		Q2.1、Q2.3 指示灯点亮		传送带中速向左传送物料
8	动作 I2.1、I2.2 钮子开关后复位	Q2.1、Q2.3 指示灯熄灭		白色物料至 C 点位置停止，加工 2s
		2s 后 Q2.1、Q2.2 指示灯点亮		物料返回
9	动作 I2.0 钮子开关后复位	Q2.1、Q2.2 指示灯熄灭		物料返回至 A 点位置
		Q1.1 指示灯点亮		推入料槽一内
10	动作 I1.2、I1.3 钮子开关后复位	Q1.1 指示灯熄灭		推料一气缸活塞杆缩回
		Q1.5 指示灯点亮		加料指示灯点亮，可以加料
		Q2.0、Q2.3 指示灯点亮		传送带高速向左运行

（续）

步骤	操作任务	观察任务		备注
		正确结果	观察结果	
11	动作 I2.3 钮子开关后复位	Q1.5 指示灯熄灭		加料指示灯熄灭，禁止加料
		Q2.1、Q2.3 指示灯点亮		传送带中速向左传送物料
12	动作 I2.0、I2.2 钮子开关后复位	Q2.1、Q2.3 指示灯熄灭		金属物料至 C 点位置停止，加工 2s
		2s 后 Q2.1、Q2.2 指示灯点亮		物料返回
13	动作 I2.1 钮子开关后复位	Q2.1、Q2.2 指示灯熄灭		物料返回至 B 点位置
		Q1.2 指示灯点亮		推入料槽二内
14	动作 I1.4、I1.5 钮子开关后复位	Q1.2 指示灯熄灭		推料二气缸活塞杆缩回
		Q1.5 指示灯点亮		加料指示灯点亮，可以加料
		Q2.0、Q2.3 指示灯点亮		传送带高速向左运行
15	动作 I2.3 钮子开关后复位	Q1.5 指示灯熄灭		加料指示灯熄灭，禁止加料
		Q2.1、Q2.3 指示灯点亮		传送带中速向左传送物料
16	动作 I2.1、I2.2 钮子开关后复位	Q2.1、Q2.3 指示灯熄灭		白色物料至 C 点位置停止，加工 2s
		2s 后 Q2.1、Q2.2 指示灯点亮		物料返回
17	动作 I2.1 钮子开关后复位	Q2.1、Q2.2 指示灯熄灭		物料返回至 B 点位置
		Q1.2 指示灯点亮		推入料槽二内
18	动作 I1.4、I1.5 钮子开关后复位	Q1.2 指示灯熄灭		推料二气缸活塞杆缩回
		Q1.5 指示灯点亮		加料指示灯点亮，可以加料
		Q2.0、Q2.3 指示灯点亮		传送带高速向左运行
19	调试不合格物料，直至实现功能			

表 8-9 搬运机构静态调试情况记载表

步骤	操作任务	观察任务		备注
		正确结果	观察结果	
1	动作 I0.2、I0.0 钮子开关	Q0.4 指示灯点亮		手爪放松
2	复位 I0.2 钮子开关	Q0.4 指示灯熄灭		放松到位
		Q0.6 指示灯点亮		手爪上升
3	动作 I0.7 钮子开关	Q0.6 指示灯熄灭		上升到位
		Q1.0 指示灯点亮		手臂缩回
4	动作 I0.6 钮子开关	Q1.0 指示灯熄灭		缩回到位
		Q0.0 指示灯点亮		手臂右旋
5	动作 I0.4 钮子开关	Q0.0 指示灯熄灭		右旋到位
6	动作 I1.1 钮子开关	Q0.7 指示灯点亮		手臂伸出
7	动作 I0.5 钮子开关，复位 I0.6 钮子开关	Q0.7 指示灯熄灭		伸出到位
		Q0.5 指示灯点亮		手爪下降
8	动作 I1.0 钮子开关，复位 I0.7 钮子开关	Q0.5 指示灯熄灭		下降到位
		Q0.3 指示灯点亮		手爪夹紧
9	动作 I0.2 钮子开关，0.5s 后	Q0.6 指示灯点亮		手爪上升
10	动作 I0.7 钮子开关，复位 I1.0 钮子开关	Q0.6 指示灯熄灭		上升到位
		Q1.0 指示灯点亮		手臂缩回
11	动作 I0.6 钮子开关，复位 I0.5 钮子开关	Q1.0 指示灯熄灭		缩回到位
		Q0.1 指示灯点亮		手臂左旋
12	动作 I0.3 钮子开关，复位 I0.4 钮子开关	Q0.1 指示灯熄灭		左旋到位
13	0.5s 后	Q0.7 指示灯点亮		手臂伸出
14	动作 I0.5 钮子开关，复位 I0.6 钮子开关	Q0.7 指示灯熄灭		伸出到位
		Q0.4 指示灯点亮		手爪放松
15	复位 I0.2 钮子开关	Q0.4 指示灯熄灭		放松到位
		Q1.0 指示灯点亮		手臂缩回

（续）

步骤	操作任务	观察任务		备注
		正确结果	观察结果	
16	动作 I0.6 钮子开关，复位 I0.5 钮子开关	Q1.0 指示灯熄灭		缩回到位
		Q0.0 指示灯点亮		手臂右旋
17	动作 I0.4 钮子开关，复位 I0.3 钮子开关	Q0.0 指示灯熄灭		右旋到位

2）气动回路手动调试。

① 接通空气压缩机电源，起动空压机压缩空气，等待气源充足。

② 调整气源压力至 0.4~0.5MPa，开启气动二联件上的阀门给系统供气。为确保调试安全，施工人员须观察气路系统有无泄漏现象，若有，应立即解决。

③ 手动调试气动回路动作，直至机构动作完全正常为止。

④ 调整节流阀至合适开度，使各气缸的运动速度趋于合理。

3）传感器调试。调整传感器的位置，观察 PLC 的输入指示灯状态。

① 料台放置物料，调整、固定物料检测光电传感器。

② 手动控制机械手，调整、固定各限位传感器。

③ 在落料口中先后放置三类物料，调整、固定落料口检测光电传感器。

④ 在 A 点位置放置金属物料，调整、固定电感式传感器。

⑤ 分别在 B 点和 C 点位置放置白色塑料物料、黑色塑料物料，调整、固定光纤传感器。

⑥ 手动控制推料气缸，调整、固定磁性传感器。

4）变频器调试。若电动机反转，须关闭电源，改变输出电源 U、V、W 相序后重新调试。

① 闭合变频器模块上的钮子开关 DIN1、DIN3，变频器以 35Hz 的频率驱动电动机运转，传送带自右向左高速运行。

② 闭合变频器模块上的钮子开关 DIN2、DIN3，变频器以 25Hz 的频率驱动电动机运转，传送带自右向左中速运行。

③ 闭合变频器模块上的钮子开关 DIN2、DIN4，变频器以 25Hz 的频率驱动电动机运转，传送带自左向右中速运行。

5）触摸屏调试。拉下设备断路器，关闭设备总电源。

① 用通信线连接触摸屏与 PLC。

② 用下载线连接计算机与触摸屏。

③ 接通设备总电源。

④ 设置下载选项，选择下载设备为 USB。

⑤ 下载触摸屏程序。

⑥ 调试触摸屏程序。运行 PLC，进入命令界面，触摸起动按钮，PLC 输出指示灯显示设备开始工作；进入监视界面，观察监视信息是否正确；触摸命令界面上的停止按钮，设备停止工作。

（3）联机调试　模拟调试正常后，接通 PLC 输出负载的电源回路，便可联机调试。调试时，要求施工人员认真观察设备的运行情况，若出现问题，应立即解决或切断电源，避免扩大故障范围。调试观察的主要部位如图 8-45 所示。

表 8-10 为联机调试的正确结果。若调试中有与之不符的情况，施工人员首先应根据现场情况，判断是否需要切断电源，在分析、判断故障形成的原因（机械、电路、气路或程序问题）的基础上，进行调整、检修、解决，然后重新调试，直至设备完全实现功能。

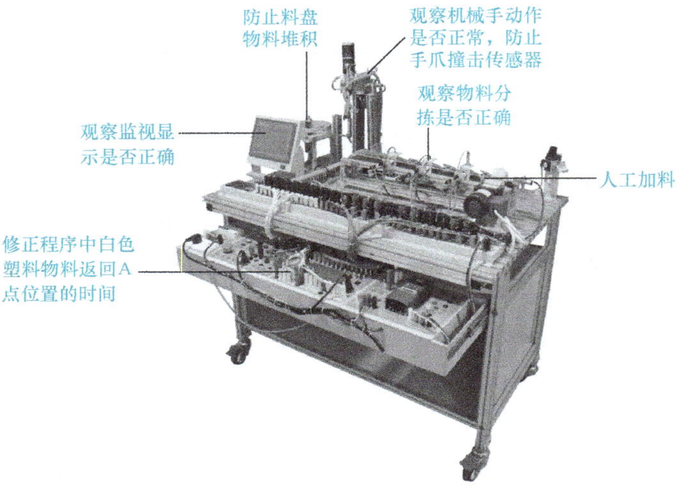

图 8-45 多功能加工及分拣设备

表 8-10 联机调试结果一览表

步骤	操作过程	设备实现的功能	备注
1	按下 SB1 或触摸起动按钮	机械手复位	
		警示灯绿灯点亮	运行
2	人工加料(方式一)	金属物料,高速传送至 C 点位置加工 2s,返回至 A 点位置,推入料槽一内	加工分拣
		白色塑料物料,高速传送至 C 点位置加工 2s,返回至 B 点位置,推入料槽二内	
		黑色塑料物料,高速传送至 C 点位置加工 2s,传送至料台内,由机械手搬运至料盘中	
3	人工加料(方式二)	料槽一内:金白组合 料槽二内:金白组合 料槽三内:不符合要求的金属和白色塑料物料	组合分拣
		黑色塑料物料被传送至料台内,由机械手搬运至料盘中	搬运
4	重新加料,按下 SB2 或触摸停止按钮,设备完成当前工作循环后停止工作		

（4）试运行 施工人员操作多功能加工及分拣设备，运行、观察一段时间，确保设备合格、稳定、可靠。

8. 现场清理

设备调试完毕，施工人员应清点工量具、归类整理资料，并清扫现场卫生。

1）清点工量具。对照清单清点工量具，并按要求装入工具箱。

2）资料整理。整理归类技术说明书、电气元件明细表、施工计划表、设备电路图、梯形图、气路图、安装图等资料。

3）清扫设备周围卫生，保持环境整洁。

4）填写设备安装登记表，记载设备调试过程中出现的问题及解决的办法。

9. 设备验收

设备质量验收见表 8-11。

表 8-11　设备质量验收表

验收项目及要求		配分	配分标准	扣分	得分	备注
设备组装	1. 设备部件安装可靠，各部件位置衔接准确 2. 电路安装正确，接线规范 3. 气路连接正确，规范美观	35	1. 部件安装位置错误，每处扣 2 分 2. 部件衔接不到位、零件松动，每处扣 2 分 3. 电路连接错误，每处扣 2 分 4. 导线反圈、压皮、松动，每处扣 2 分 5. 错、漏编号，每处扣 1 分 6. 导线未入线槽、布线凌乱，每处扣 2 分 7. 气路连接错误，每处扣 2 分 8. 气路漏气、掉管，每处扣 2 分 9. 气管过长、过短、乱接，每处扣 2 分			
设备功能	1. 设备起停正常 2. 机械手复位正常 3. 机械手搬运物料正常 4. 传送带运转正常 5. 料槽一物料分拣正常 6. 料槽二物料分拣正常 7. 料槽三物料分拣正常 8. 变频器参数设置正确 9. 触摸屏人机界面触摸正常	60	1. 设备未按要求起动或停止，每处扣 5 分 2. 机械手未按要求复位，扣 5 分 3. 机械手未按要求搬运物料，每处扣 5 分 4. 传送带未按要求运转，扣 5 分 5. 料槽一物料未按要求分拣，扣 10 分 6. 料槽二物料未按要求分拣，扣 10 分 7. 料槽三物料未按要求分拣，扣 10 分 8. 变频器参数未按要求设置，扣 5 分 9. 人机界面未按要求创建，扣 5 分			
设备附件	资料齐全，归类有序	5	1. 设备组装图缺少，每处扣 2 分 2. 电路图、气路图、梯形图缺少，每处扣 2 分 3. 技术说明书、工具明细表、元件明细表缺少，每处扣 2 分			
安全生产	1. 自觉遵守安全文明生产规程 2. 保持现场干净整洁，工具摆放有序		1. 漏接接地线，每处扣 5 分 2. 每违反一项规定，扣 3 分 3. 发生安全事故，按 0 分处理 4. 现场凌乱、乱摆放工具、丢杂物、完成任务后不清理现场，扣 5 分			
时间	8h		提前正确完成，每 5min 加 5 分 超过额定时间，每 5min 扣 2 分			
开始时间		结束时间		实际时间		

四、设备改造

多功能加工及分拣设备的改造要求及任务如下：

（1）功能要求

1）起停控制。按下 SB1 或触摸人机界面上的起动按钮，机械手复位：手爪放松、手爪上升、手臂缩回、手臂右旋至限位处；设备开始工作，警示灯绿灯点亮，变频器以 35Hz 运行，电动机反转，传送带自右向左高速传动。

按下 SB2 或触摸人机界面上的停止按钮，警示灯红色灯点亮，当前物料处理完毕，且各气缸回到原位后，设备停止工作。

2）物料加工功能。设备起动后，入料指示灯 HL 点亮，表示可向落料口人工加料。加料后，HL 熄灭，表示禁止加料，此时变频器的运行频率变为 25Hz，传送带便由高速转为中速运行。当物料至 C 点位置时，传送带停止，加工物料。2s 后加工结束，设备进入物料分拣程序。

3）分拣功能。设备具有两种分拣功能，方式选择只能在设备停止时进行。

分拣方式一。当转换开关 SA1 置于“方式一”位置时，设备实现简单分拣功能，工作过程如下：

① 若加工的是金属物料，则在 C 点位置加工完成后，变频器以 25Hz 频率驱动传送带将它输送到 A 点位置后停止，推料一气缸活塞杆伸出，将其推入料槽一内。

② 若加工的是白色塑料物料，则在 C 点位置加工完成后，传送带以同样的速度将它输送到 B 点位置后停止，推料二气缸活塞杆伸出，将其推入料槽二内。

③ 若加工的是黑色塑料物料，则在 C 点位置加工完成后，变频器以 25Hz 频率驱动传送带将它输送到 D 点料台后，传送带停止，机械手开始搬运。手臂伸出→手臂下降→手爪夹紧，抓取物料→0.5s 后手臂上升→手臂缩回→手臂左旋→0.5s 后手臂伸出→手爪放松，物料掉入物料盘内→手臂缩回→手臂右旋至限位处停止。当物料被机械手取走后，变频器运行频率恢复到 35Hz，传送带自右向左高速传动，HL 点亮，等待加料。

分拣方式二。当转换开关 SA1 置于“方式二”位置时，设备实现组合分拣功能，其中黑色塑料物料被视为不合格物料，白色塑料物料和金属物料被视为合格物料。

① 合格物料的分拣。对于符合要求的合格物料在 C 点位置完成加工后，变频器以 25Hz 频率驱动传送带将它向右输送，再根据料槽一和料槽二的物料情况进行分拣。所谓符合要求，是指料槽一和料槽二内推入的物料均为白色塑料物料与金属物料的组合（第一个物料必须是白色物料），且两槽逐一完成。

② 合格物料逐槽分拣组合，自动交替进行。当料槽一完成了一次物料的分拣组合后，便进行槽内物料的包装，在此期间进行料槽二的分拣组合；同样当料槽二完成了一次物料的分拣组合后，便进行槽内物料的包装，在此期间设备又重复料槽一的分拣组合工作，如此自动交替进行。每个物料分拣完毕后，变频器的运行频率都会恢复为 35Hz，传送带自右向左高速传动，HL 点亮，等待加料。

③ 对于不符合要求的合格物料，则在 C 点位置完成加工后，直接由推料三气缸活塞杆推入料槽三内。

④ 不合格物料的处理。对于黑色塑料物料，在 C 点位置完成加工后，由变频器以 25Hz 频率驱动传送带输送到料台后，传送带停止，机械手将它搬运至料盘中。同样当物料被机械手取走后，变频器运行频率恢复为 35Hz，传送带自右向左高速传动，HL 点亮，等待加料。

4）触摸屏功能。

① 人机界面首页设有“×××多功能加工及分拣设备”的字样，并有界面切换按钮“进入命令界面”和“进入监视界面”。

② 命令界面上设有“起动按钮”与“停止按钮”。

③ 监视界面的上方设有“系统状态”的字样，下方显示系统当前状态：系统运行中、系统已停止、方式一和方式二。

（2）技术要求。

1）设备的起停控制要求。

① 按下 SB1 或触摸人机界面上的起动按钮，设备开始工作。

② 按下 SB2 或触摸人机界面上的停止按钮，设备完成当前工作循环后停止。

③ 按下急停按钮，设备立即停止工作。

2）电气线路的设计符合工艺要求，安全、规范。

3）气动回路的设计符合控制要求，正确、规范。

（3）工作任务

1）按设备要求画出电路图。

2）按设备要求画出气路图。

3）按设备要求编写 PLC 控制程序。

4）改装多功能加工及分拣设备实现功能。

5）绘制设备装配示意图。

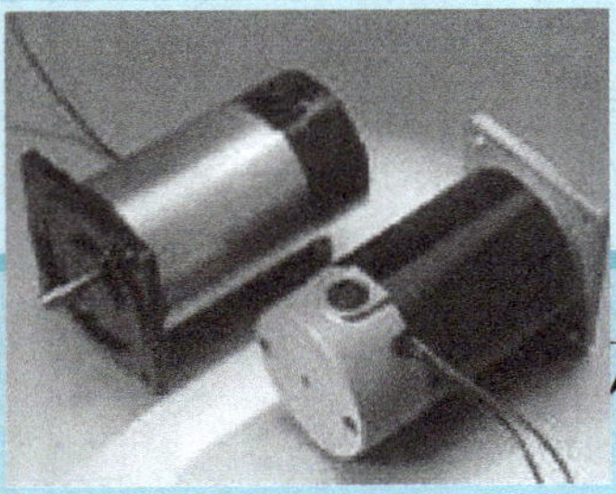

附录 机电设备组装与调试竞赛图形符号

组装和调试机电一体化设备过程中，设备涉及的元件和器件的图形符号，统一使用中华人民共和国国家标准中规定的图形符号。国家标准中没有而竞赛又需要的图形符号，使用大赛指定的图形符号。竞赛试题中的电气图、气动系统图等，按印发的图形符号绘制；选手制图，也应按印发的图形符号绘制。

一、电气元件图形符号（见附表 1）

附表 1　电气图形符号

引用标准及序号	图形符号	说明	备注
GB/T 4728.6—2008 S00819	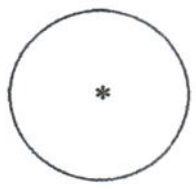	电机的一般符号，符号内的星号用下述字母之一代替：C 为旋转变流机，G 为发电机，M 为电动机，MG 为能作为发电机或电动机使用的电机，MS 为同步电动机	
GB/T 4728.6—2008 S00823	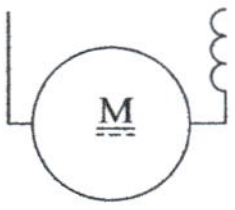	直流串励电动机	
GB/T 4728.6—2008 S00824	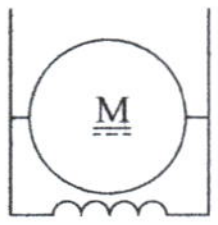	直流并励电动机	
GB/T 4728.6—2008 S00836	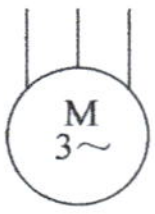	三相鼠笼式感应电动机	
GB/T 4728.6—2008 S00837	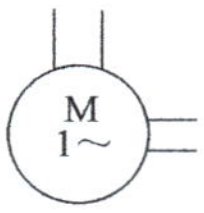	单相鼠笼式感应电动机	
GB/T 4728.7—2008 S00227		动合（常开）触点 本符号也可用作开关的一般符号	

（续）

引用标准及序号	图形符号	说明	备注
GB/T 4728.7—2008 S00229		动断（常闭）触点	
GB/T 4728.7—2008 S00254		自动复位的手动按钮	
※	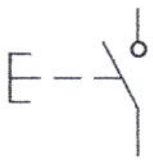	具有动合触点不能自动复位的按钮	全国职业院校技能大赛组委会指定
GB/T 4728.7—2008 S00258	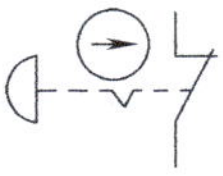	应急制动开关	
GB/T 4728.7—2008 S00305	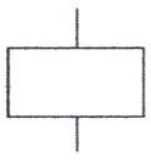	驱动器件一般符号 继电器线圈一般符号	
GB/T 4728.7—2008 S00354		接近传感器	
GB/T 4728.7—2008 S00355 S00356	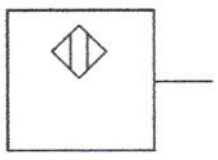 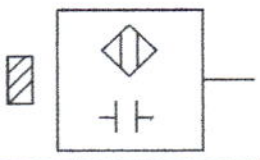	接近传感器器件 操作方法可以表示出来 容性接近传感器器件	
GB/T 4728.7—2008 S00357		接触传感器	
GB/T 4728.7—2008 S00358	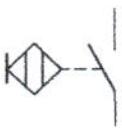	接触敏感开关，具有动合触点	
GB/T 4728.7—2008 S00359		接近开关，具有动合触点	
GB/T 4728.7—2008 S00360	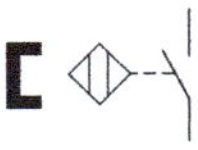	磁控接近开关，具有动合触点	
GB/T 4728.7—2008 S00361	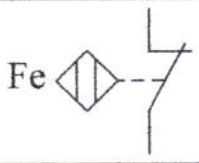	铁控接近开关，具有动断触点	
※	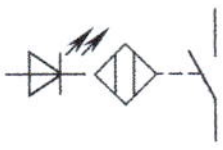	光电传感器	光纤传感器借用此符号 全国职业院校技能大赛组委会指定
GB/T 4728.8—2008 S00965		灯，一般符号；信号灯，一般符号 如果要求指示颜色，则在靠近符号处标出下列代码：RD—红，YE—黄，GN—绿，BU—蓝，WH—白	
GB/T 4728.8—2008 S00966	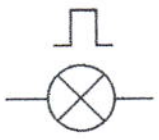	闪光型信号灯	

（续）

引用标准及序号	图形符号	说明	备注
GB/T 4728.8—2008 S01417	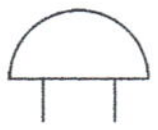	音响信号装置，电铃（一般符号）	
GB/T 4728.8—2008 S00973	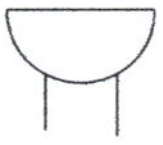	蜂鸣器	
GB/T 4728.8—2008 S00975	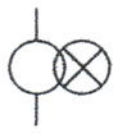	由内置变压器供电的信号灯	

二、气动元件图形符号（节选自 GB 786.1—2009，见附表 2）

附表 2　气动图形符号

名称	图形符号	说明
单向阀		
溢流阀	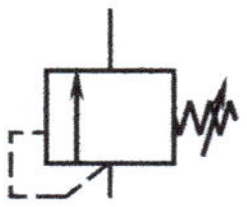	
减压阀	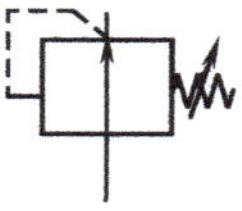	
节流阀		
二位五通单线圈电磁方向控制阀	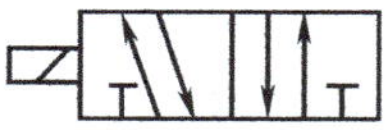	
二位五通双线圈电磁方向控制阀		
双作用单出单杆气缸	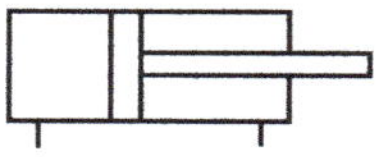	
※气动手指气缸	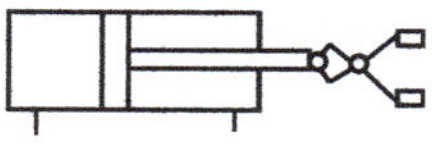	全国职业院校技能大赛组委会指定
※气动摆动马达		全国职业院校技能大赛组委会指定

（续）

名称	图形符号	说明
气动双向定量马达	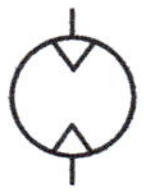	
气动双向变量马达		
空气过滤器		
组合元件	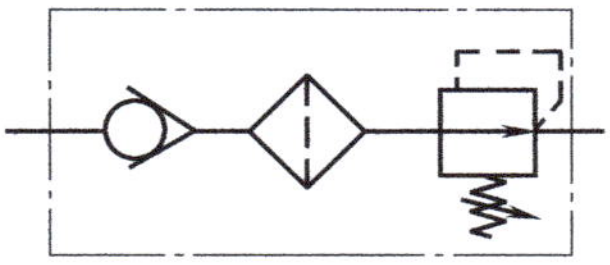	由单向阀、空气过滤器和减压阀组成的器件

参考文献

[1] 肖前慰. 机电设备安装维修工实用技术手册 [M]. 南京：江苏科学技术出版社，2007.

[2] 周建清，王金娟. PLC应用技术 [M]. 2版. 北京：机械工业出版社，2018.

[3] 周建清，王金娟. 机床电气控制 [M]. 北京：机械工业出版社，2018.